U0136622

林產利用

生態／復育／永續

林業實務專業叢書

目 錄 CONTENT

第四單元　木材化學加工利用

CHAPTER 20 | 木竹生質能源利用

圖目錄　LIST OF FIGURES

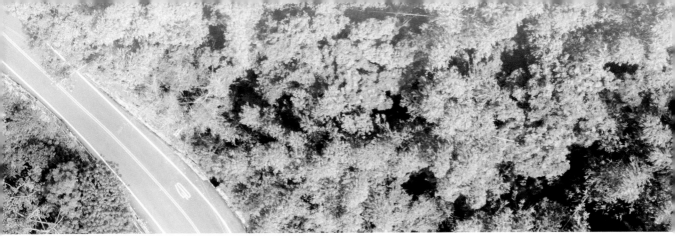

圖目錄　LIST OF FIGURES

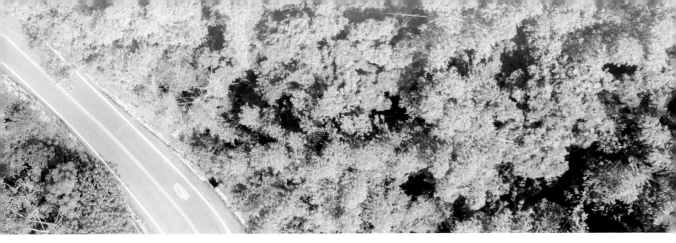

表 目 錄　LIST OF TABLE

表 目 錄　LIST OF TABLE

1

第一單元

永續林產利用

林產品的循環利用

撰寫人：王松永　審查人：卓志隆

1.1　循環型社會與木材

資源循環經濟社會之關鍵詞為 3R，即 Reduce(減量)，Reuse(再利用) 及 Recycle(再生利用)，而木材及塑膠產品更加上 Recover(熱回收)。塑膠或紙張、木材等並非廢棄物，最終均可作為能源，即生質能源利用，因此稱之 4R「小的資源循環」。但木材可再加上 Renew(再生產)，稱之 5R「大的資源循環」，其重要觀點係可取自地球外之能源 -- 太陽能，再藉由樹木之光合作用，進行永續生產之人為操作，即永續經營之人工林

作業。如此木材資源即可生生不息，取之不盡，用之不絕，有別於礦物資源、無機資源、石化資源等有枯竭之日。

為使社會大眾瞭解人工林永續經營，需於人工林達最大生長量後，於適當時期、適當地點做計畫性的收穫 (伐採)、更新造林。一般稱為永續經營者，從植林、育林、收穫、製造 (加工)、利用、解體廢棄、更新造林之整個流程需永續進行。

1.2　生態材料之木材

木材在材料領域稱之為生態材料，其被理解為環境調和型材料 (environment conscious material=ECO materials)。而其目標為能發揮優良之性能、對於地球環境為低負荷，在資源枯竭時可完全循環利用、使人們感覺舒適 (amenity)。

生態材料意即材料之生產、使用、廢棄之流程中，需經常自我提出審視的概念。環境調和型素材，即使能滿足生態材料之基本條件，但若被使用之時機或場所，在全球性環境污染，或資源枯竭的觀點

下不能發揮功能時,稱為生態材料之事實亦會被質疑。尤其以自由市場經濟的立場,一度被使用之資源,若不合乎經濟效益,將於使用後被廢棄不回收,就會喪失再利用程序。即使為微量、高機能性,或性能被確認,若超過某限度時,亦會導致資源之枯竭;愈微量且分散的使用,將使得利用後之回收變困難,雖賦予回收之義務,若管制系統不能發揮效能時,環境調和型材料或環境調和型製品 (Environment conscious products=ECP) 亦會被垃圾化。環境調和型材料涉及生態系意識時,其定義如次:

一、資材生產所需資源量較少。

二、資材之生產過程不會汙染環境。

三、資材之原材料可再資源化。

四、資源不會過度消費。

五、使用後或解體後之廢材能再利用。

六、廢材之最終處理不會污染環境。

七、廢材料能持續的生產。

八、對於使用者的健康或周遭之生態系不造成不良影響。

對照上述要件時,木材幾乎可滿足環境調和型材料所需具備的所有特性,然仍需檢視於人類活動中,是否可以發揮其機能。舉例來說,二次大戰後,由於資源嚴重不足,在垃圾之中甚少看到木材之端材、廢材,在燃料不足的情況下,木材廢料亦是相當貴重的資源。即使現代的開發中國家,在垃圾處理廠亦難看到木材,甚至是木屑。因木材為重要的生活資源,其回收再利用為基本的多階段型 (cascade),如實木製品、回收後再製造粒片板、纖維板、再次利用等,最終可成為燃料,燃燒後所產生的二氧化碳與水回歸自然界,故具備生態材料的要件。

都市環境保全或永續發展的出發點應為「守護資源」與「自己創造出資源」；但能滿足利用「自己創造出資源」之最基本者即為森林，從其生產的木材所構成的都市即為「再生的一座森林」。因此，耐用年數之增加與回收再利用之推動，係為都市森林的保全。

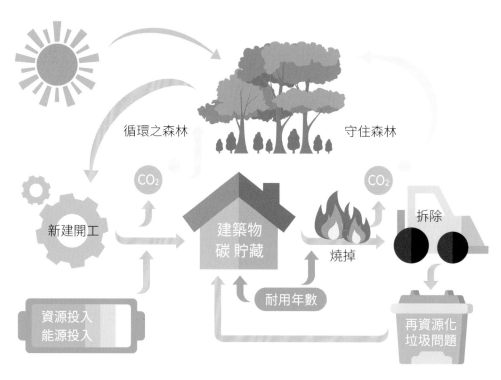

▲ 圖 1-1 森林與都市的合作關係

1.3.1 循環型資源之木質廢棄物

木材利用最終端之木質廢棄物，是「森林都市」的重要課題。重點包括耐用年數之增加及木質廢棄物之減量。木材利用處理之階段，藉由生命週期管理 (Life cycle management；LCM) 之課題整理於次：

一、　建築物不解體：為了不會從建築物產生廢棄物，最基本的即是建築物不解體。但建築物一旦被使用，其劣化或機能性的老化是不可避免的。因此維護管理、修補等之設計是必要的。對維護所需能源、資源、環境負荷的評價也是必要的。

二、延長解體的年限 (生命週期之增加)：

即使不解體為其基本，但最終必定會被解體。因此建築物被保存的期間，成為耐用年數評價的對象。耐久年數延長時，新建造數量可逐漸加以減量。

三、即使解體，盡可能以接近原形狀再利用：維護原狀態使用時，該材料之能源消耗最少。再利用之評價包括再生所需能源，以及再生品之儲存量、再生品又再次被解體廢棄時之影響等。

四、階段型利用之再生製品盡可能選擇耐用年數較長者：優先以結構用材，其次為非結構用材為順序，且斷面形狀較大者優先使用。紙之再利用，雖其耐用年數多半較短，但紙之消費量大亦不可忽視。

五、燃燒即使是最低階利用，但可轉為能源利用：木材直接燃燒，係以往木材工業所採用為熱源之方式。區域性的熱利用、發電等，可依該區域之廢棄物處理狀況調整。燃燒時之能源利用即使熱能效率較差，但亦可抑制化石燃料之消耗。

六、炭化可為安定化之碳保存：木質材料燃燒會變成 CO_2 與灰分，容積減少，與最終廢棄場所之問題相關聯。雖如此，如站在抑制 CO_2 之排放立場，燒製木炭可成為碳儲藏之重要型態。木炭之於熱能、生物分解等，與木材不同，其安定性甚高。尤其木炭之機能有隔熱、吸濕、保水、土壤改良等，具有多種正面貢獻。

七、單純的燒燬應盡可能的避免。

1.4 練習題

① 試說明在循環型社會之「大的資源循環」與「小的資源循環」之不同。

② 環境調和型材料（ECO materials）之定義為何？

③ 試說明木質廢棄物在循環型資源的角色？

第一單元 永續林產利用
林產品之碳效益
撰寫人：干松永 審查人：卓志隆

2.1 地球暖化與碳循環

2.1.1 地球暖化現象

地球暖化之主因，係「溫室效應」造成。當陽光照射到地面，短波長之紫外線 (<380 nm) 會被吸收，但長波長之紅外線 (>380 nm)，因大氣層二氧化碳濃度太高而無法反射回到宇宙，致籠罩在大氣層，並轉換成熱能，導致地面與大氣下層部分之溫度上升。而造成溫室效應，其最主要原因為人類燃燒化石燃料如石油、煤碳及森林被破壞。如圖 2-1 所示。

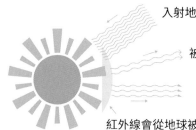

入射地球之太陽光線

被反射之太陽光線

紅外線會從地球被反射，其中一部分會被壟罩在大氣之下層

▲ 圖 2-1 溫室效應現象

2.1.2 碳循環 (流動)

依政府間氣候變遷專家小組 (Intergovermental Panel on Climate Change, IPCC)(2000) 之資料，全球之森林以生質量 (Biomass) 蓄積者有 5,000 億公噸碳，而森林土壤則蓄積有 2 兆公噸碳。引起地球暖化之大氣中的碳量有 7,600 億公噸，森林之碳量比其高甚多。附帶的，石化燃料及水泥生產所排放之碳量約 63 億公噸，而相對的陸域生質量所吸收碳量約 7 億公噸，海洋所吸收碳量約 23 億公噸，因此排放之碳量超過甚多。地球之碳流動如圖 2-2 所示。

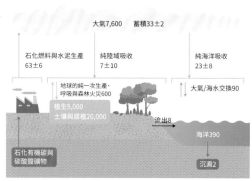

大氣7,600 蓄積33±2

石化燃料與水泥生產 63±6

純陸域吸收 7±10

純海洋吸收 23±8

地球的純一次生產、呼吸與森林火災600

大氣/海水交換90

植生5,000
土壤與腐植20,000

流出8

海洋390

石化有機碳與碳酸鹽礦物

沉澱2

單位：億公噸碳

▲ 圖 2-2 地球上之碳流動
修改自 IPCC 2000；松本光朗，2005

2.1.3 地球溫暖化，氣溫上昇與大氣中二氧化碳濃度之關係

依日本所進行的模擬如圖 2-3 所示，為使產業革命以後之氣溫上昇不會陷入溫暖化危機之狀況，需控制在 +2℃以內，大氣中之溫室氣體濃度須保持在 475 ppm 以下。為達到此目標，於 2050 年世界之溫室氣體排出量有必要比 1990 年削減 50%。

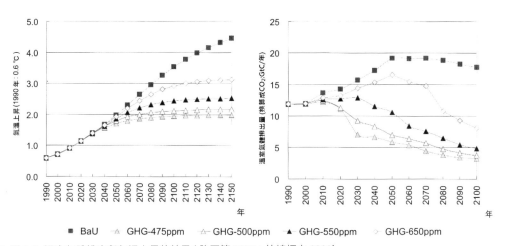

▲ 圖 2-3　溫室氣體排出與氣溫上昇的結果 (肱岡等 2005 ; 外崎恒次 2008)

註 : BaU: Business as usual, 二氧化碳排放基線, GHG :Greenhouse gas, 溫室氣體

2.2.1 木材加工之省能源

木材製品如紙漿蒸解，木質板材類之熱壓，製材之人工乾燥等全部均在 200℃以下溫度即可完成。其比起需以 1,000℃才能製造之鐵、水泥或陶瓷等製品，或以 800℃溫度之塑膠，很明顯的木材製品係省能源材料。

如利用木質材料以取代高耗能材料時，其所消費能源之差的部分即可削減 CO_2 排放的部分，此可稱為木材利用之「減碳」(省能源) 效果。1 公尺長之棟梁材以木構材取代鋼材，可削減 4.68 kg/kg 之 CO_2 排放，大斷面集成材取代鋼梁可削減 3.24 kg/kg 之 CO_2 的排放。木窗取代鋁窗可削減 32.04 kg/kg 之 CO_2 排放量。

2.2.2 碳貯藏效果與伐採木材之評價

木材利用對於 CO_2 削減效果已有共識，於京都議定書第一約束期 (2008~2012 年)，森林伐採後木材涵存 CO_2 即會回歸大氣中，但第二約束期 (2013~2017 年)，「伐採木材」已被評價有「碳貯藏效果」。

此係依近年全球每年林木伐採量約 51 億 m³，因工業用材利用，如建造木構造建築，家具等已試算出每年全球約可削減 6000 萬公噸碳之排放。在煤碳火力發電廠等之 CO_2 隔離已成話題。但此只不過不會使大氣中之 CO_2 濃度增加，並非減少 CO_2 濃度。而將循環之木材碳隔離在大氣碳循環系之外，具體來說，使在建築物等木材製品貯藏量增加，在其生命週期內，即可使 CO_2 濃度減少，此稱為木材利用之「碳貯藏效果」。此係因木材之內部涵存有 50% 碳。木材構成元素為 50% 碳 (C)，43% 氧 (O_2)，6% 氫 (H_2) 及 1% 之 20 幾種微量元素。

木材不同於不會動的森林，其會以原木、

粒片、製材、合板、紙漿等各種製品進行國際貿易。貿易量相當於世界中所伐採工業用中之碳量的約 1/3。此輸出入木材之碳貯藏會被算在何國，已提出計算方法，依 UNFCCC(聯合國氣候變化綱要公約) 之報告 (UNFCCC 2003) 說明於次：

一、現行法 (IPCC Default approach)

被稱為現行之伐採木材的計算方法，即為「伐採取排出」，因此在被伐採成為木材製品之階段，即會以碳被排出加以計算。具體的計算式進行確認時，GPG 係由生質物 (biomass) 之生成所得到碳增加量，可由下式表示：

> $\Delta C_{LR} = (\Delta C_G - \Delta C_L)$
> 式中，ΔC_G：生質物成長所得碳增加量 (t–C/yr)，ΔC_L：生質物之損失所引起碳減少量 (t–C/yr)，生質物損失量係包含伐採等人為攪亂與自然攪亂之合計。此式可明確的表示 IPCC Default 之性質。依此方法，木材生產，輸出國會被評價成較大之碳排出。

二、蓄積變化法 (Stock change approach)

採取於兩時期之伐採木材所引起碳蓄積量之差，以此變化量作為碳之吸收、排出量的方法。此變化量係考量到伐採木

材之生產或輸入所引起的吸收，與腐朽、燃燒或輸出所引起的排出。如下式所示：

依此方法輸入國之吸收量會被評價成較大。如圖 2-4 所示。

三、生產法 (Production approach)

SC=ΔC_F+ΔC_D+ΔC_{IM}
=NEE+IM-EX-E_D-E_{IM}
式中 NEE：森林真正碳吸收量，H：
伐採碳量，SC：蓄積變化法，IM：輸
入碳量，EX：輸出碳量，ΔC_F：森林
碳蓄積量，E_D：國內碳排出量，E_{IM}：
輸入材碳排出量，ΔC_D：國內碳蓄積
量，ΔC_{IM}：輸入材碳蓄積量。

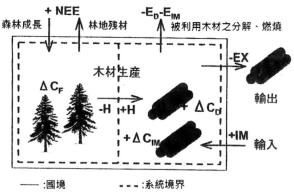

▲ 圖 2-4 蓄積變化法之圖解 (松本光朗 2005)

此方法係注重在國內所生產之伐採木材，
以該年度之生產量與腐朽，燃燒之差作
為吸收，排出量者。在輸入國，輸入木
材係不作為評價的對象。國內之木材生
產及木材利用的增加，係直接與吸收量
增加相關聯者。可以下式及圖 2-5 表示。
(松本光朗，2005)

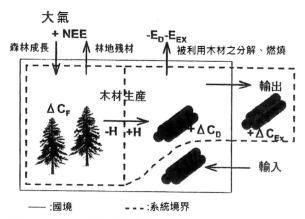

▲ 圖 2-5 生產法之圖解 (松本光朗 ,2005)

四、大氣流動法 (Atmospheric flow approach)

此方法係注重在森林及伐採木材之碳匯，與大氣之間的碳交換，伐採木材只評價其因
腐朽、燃燒所引出的排出。木材輸入國會被評價成排出會較大。可以下式及圖2-6表示。
(松本光朗，2005)

上述何種方法會被採用，其評價結果不管如何，在世界中林業投資很盛行，木材製品
貯藏量能增加，對於二氧化碳削減是有貢獻。如一味只管伐採量之擴大，對於削減並
無貢獻。因被伐採之樹幹材量之 1.7 倍為枝條、根等樹木整體之生物量。由原木製得之

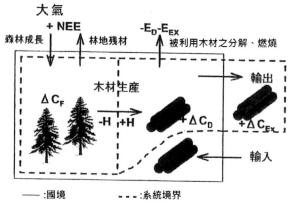

$$AF = \Delta C_F + \Delta C_D + \Delta C_{IM} - IM + EX = NEE - E_D - E_{IM}$$

式中：AF= 大氣流動法

▲ 圖 2-6 大氣流動法之圖解 (松本光朗 2005)

製材品的利用率亦只有 50%~60%，即最終木材製品之碳貯藏量也只有樹木全生質碳量之 30% 而已。因此，在森林蓄積會增加之際，在森林增加碳藏量之方法會較以木材製品之增加為有效。至少世界森林面積盡可能的使其再恢復，於木材生產林之蓄積水準達到定常狀態期間，努力於木材製品之長壽化，或殘材、廢材之回收再利用，邊省資源並增加貯藏量是甚為重要。

表 2-1 為世界森林面積之變化，現在尚持續的減少。其減少量已比 1990 年代減少一半。在巴西、印尼、緬甸等繼續有較大的減少，約佔減少之 2/3。其他在中國、澳洲、智利等溫帶各國森林面積反而增加。

2.2.3 木材利用之石化燃料替代效果

森林與木材領域可貢獻減輕地球暖化 (增加碳固存) 之最有效方法，即是將木材等生質生產物作為能源使用。現今全球所生產木材之一半以上被當作薪碳材使用 (FAO，1997)。不僅如此作替代能源，在先進國家亦活用生質能源，使得每年可削減 44 億公噸之石化燃料所排放碳量 (IPCC，2000)。

木材作為生質能源，雖在燃燒時會排放 CO_2，但其係樹木生長期間進行光合作用，自大氣中吸進 CO_2 者，因此燃燒後並不會增加大氣中 CO_2 濃度，故將生質能源燃燒視為「碳中性，或碳中和」。樹木進行光合作用製造 1 公噸木材，需自大氣中吸收 1.6 公噸 CO_2，並會釋出 1.2 公噸 O_2。

表 2-1 世界森林面積之變化（1990~2015 年）				
年度	森林面積（千公頃）	實質變化	面積（千公頃）	百分率（%）
1990	4,128,269	期間		
2000	4,055,602	1990-2000	-7,267	-0.18
2005	4,032,743	2000-2005	-4,572	-0.11
2010	4,015,673	2005-2010	-3,414	-0.08
2015	3,999,134	2010-2015	-3,308	-0.08

資料：FAO(2016)Global Forest Resource Assessment 2015

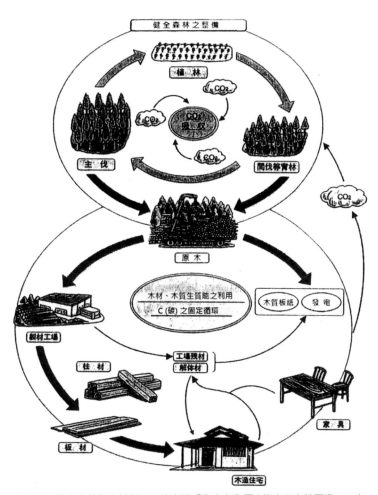

▲ 圖 2-7 藉由森林與木材利用以防止溫暖化之印象圖（修自日本林野廳 2004）

2.3　木材產品之固碳與碳足跡

2.3.1 木材產品之固碳機能

樹木於生長期間，由葉部之氣孔吸入 CO_2，和由根部輸送上來之水 (H_2O)，在葉部進行光合作用，將 CO_2 與 H_2O 轉變成葡萄糖，進而合成高分子之碳水化合物，如纖維素，半纖維素及木質素等，並釋出氧氣。此過程會在樹幹蓄積有機質碳水化合物，使得樹木會肥大，且樹木會增高。

為生產 1 公噸的木材，需自大氣中吸入 1.6 公噸 CO_2，並會向其周遭釋出 1.2 公噸 O_2。木材構成元素為碳 (C)：50%、氧 (O_2)：43%、氫 (H_2)：6%、20 幾種微量元素：1%。因此以固體狀態使用之木製品，其內部會涵存 50% 之碳，即將木材絕乾密度 (V_o) 乘以 0.5，就可求出木製品之含碳量。如絕乾密度 350 kg/m^3 之柳杉製品之含碳量為 350×0.5=175 kg/m^3，換算成 CO_2 時，為 175 kg/m^3×44/12=641.6 kg/m^3。此即為木材產品之固碳效果。

2.3.2 木材產品之碳足跡

為因應低碳社會來臨，今後對於各種產品，從原料採取、加工、使用、維護、廢棄等過程均需評估其「碳足跡」。木竹製品亦不例外。在此，碳補償：carbon offset 之意義，例如某種產業會排放溫室氣體，則其需投資與其相平衡之吸收源或排放削減事業，將本身之環境負荷相互抵消。在日本已開始發行森林碳吸收證書。

表 2-2 各種木材製品製程及生命週期中之 CO_2 排放量、CO_2 儲存量及碳足跡

木質材料種類 [註1]		密度 [kg/m³]	各種製程之 CO_2 排出量 [kg/m³]	生命週期之 CO_2 排出量 [kg/m³]	各種材料之 CO_2 儲存量 [kg/m³]	各種材料碳足跡 [kg-CO_2/m³]
原木	〔針〕	400	27.30	93.86	733.33	-639.47
	〔闊〕	800	27.30	93.86	1,466.67	-1,372.81
製材	〔針、天乾〕	450	31.24	125.10	825.00	-699.90
	〔闊、天乾〕	800	31.24	125.10	1,466.67	-1,341.57
	〔針、人乾〕	450	66.09	159.95	825.00	-665.05
	〔闊、人乾〕	800	258.37	352.23	1,466.67	-1,114.44
製材	〔針、防腐天乾〕	450	33.12	126.98	825.00	-698.02
	〔針、防腐人乾〕	450	80.84	174.70	825.00	-650.30
合板、LVL 單板層積材		5 50	71.93	165.79	1,008.33	-842.54
天然木化粧合板 〔3 mm 厚〕		550	108.86	202.72	1,008.33	-805.61
熱處 理材	〔針、天乾〕	450	132.67	226.53	825.00	-598.47
	〔針、人乾〕	450	167.52	261.38	825.00	-563.62
	〔闊、人乾〕	800	359.97	453.83	1,466.67	-1,012.84
	合板	550	173.36	267.22	1,008.33	-741.11
集成材	〔冷壓〕	550	66.09	159.95	1,008.33	-848.38
	〔熱壓〕	550	212.46	306.32	1,008.33	-702.01
	〔防腐冷壓〕	550	80.84	174.70	1,008.33	-833.63
	〔防腐熱壓〕	550	214.34	308.20	1,008.33	-700.13
條狀 地板	〔針、天乾〕	450	151.18	245.04	825.00	-579.96
	〔闊、天乾〕	800	151.18	245.04	1,466.67	-1,221.63
	〔針、人乾〕	450	164.05	257.91	825.00	-567.09
	〔闊、人乾〕	800	378.31	472.17	1,466.67	-994.50
方塊及 鑲嵌地 板	〔針、天乾〕	450	151.18	245.04	825.00	-579.96
	〔闊、天乾〕	800	151.18	245.04	1,466.67	-1,221.63
	〔針、人乾〕	450	164.05	257.91	825.00	-567.09
	〔闊、人乾〕	800	378.31	472.17	1,466.67	-994.50
複合木 質地板	〔濕式熱壓〕	550	122.10	215.96	1,008.33	-792.37
	〔乾式熱壓〕	650	368.49	462.35	1,191.67	-729.32
粒片板		650	733.00	826.86	1,191.67	-364.81
纖維板		750	1,320.00	1,413.86	1,375.00	38.86

註 1：表中、針：針葉樹；闊：闊葉樹；天乾：天然乾燥；人乾：人工乾燥。

上述木材產品之碳足跡，但國內木材消費量 99% 依賴進口，因此進口木材之產品需加上表 2-3 船運原木及木質材料至臺灣港口之 CO_2 排出量。

「碳足跡：carbon footprint」之意義，係就每種產品之製造隨之會產生溫室氣體排放量，在各種產品進行標示者。由此可期待消費者會選擇對環境負荷較少之產品。因此，輔導木竹材生產業者對於各種產品加工過程的碳足跡進行盤點，使得各種木竹產品均能標示其碳足跡。

木材產品因有固碳效果，因此其碳足跡之計算為製造（加工）工程之碳排放量減去固碳量，正（+）值表示屬於碳排放型材料，負（-）值表示屬於碳貯存型材料。

木材產品生命週期之 CO_2 排出量需從原木收穫，運輸至木材加工廠，在工廠加工之各製程，流通及廢棄回收處理等各階段所消費能源，進而排出之 CO_2 量均須累加而得者。原木收穫之 CO_2 排出量為 27.3 kg/m^3（卓志隆，2013），貯木場至木材加工廠之運輸為 39.59 kg/m^3（林憲德，2013），各製程之 CO_2 排出量如表 2 所示，流通為 10.97 kg/m^3 及廢棄回收處理為 16 kg/m^3（渕上祐樹，2014）。各種木材產品之生命週期之 CO_2 排出量，CO_2 貯存量及碳足跡如表 2-2 所示。

表 2-3 船運原木及木質材料至臺灣港口之 CO_2 排放量

地區	距離 km	CO_2 排放量 kg/m^3
亞洲	2,093~4,595	16.72
北美	10,043~10,216	50.65
中南美	19,006~22,943	105.02
非洲	22,248~22,420	111.67
歐洲	19,609	98.05
紐澳	8,893	49.47

2.4 練習題

① 試試說明地球暖化現象之原因。

② 試說明木材加工之省能、減碳、碳替代效果。

③ 試說明「碳足跡」之定義,並略述木材產品碳足跡之盤點。

林產品產業鏈

撰寫人：王松永　審查人：卓志隆

3.1 木材資源之永續性生產

森林是樹木的集合體，因樹木係有生命的，其亦會年老、病死，所以森林如不進行經營管理，在林內將充滿朽木、枯木、倒木，不但容易引起森林火災，亦會在豪大雨時形成大量漂流木，對水庫、河流造成二次公害。

以生產木材資源為目的之人工林，大部分為生長旺盛之壯齡樹木之集合體，作為大氣中 CO_2 之吸收源的機能會較高。森林在壯齡林生長旺盛，老齡林生長會衰退，其總生長量（樹木藉光合作用所生產有機物之總量），純生長量（總生長量減去樹木為維持生命進行呼吸作用所消費後所得之量），現存量（純生長量減去樹木之枯死，昆蟲、白蟻、菌類之分解，動物之攝食後所得之值），均會隨林齡增長而增加，但在約 10-30 年左右會達最大值後，總生長量與純生長量會維持一定，但現存量則會隨林齡增長而減低。此意味著所生長物質並非全部會被蓄積下來，其中一部分會由於枯死或動物攝食、昆蟲、白蟻、菌類分解而被消費掉。

由圖 3-1（外崎 · 恒次，2008）可看出進入老齡期之森林，由於樹體之呼吸量增加，引起純生產量的減少或枯死木的分解等結果，二氧化碳收支接近於零。為使二氧化碳淨減少，需伐採不超過壯、老齡木整體之生長量，使森林內適度含有旺盛吸收二氧化碳之壯齡林木，成為能進行永續經營之森林。

永續林業之木材碳循環的碳（碳中和），不會引起大氣中溫室氣體濃度的上昇。木材利用之林業投資會關聯到永續林業的促進或林業之相對經濟優位性的課題。若能如此，藉由森林吸收之活化或森林面積之回復，可達成二氧化碳之削減。

林業生物量比起農業生物量，單位面積之平均碳貯存量顯著大甚多。為生產森林生物量之肥料製造或機械化作業等所需投入能源亦非常小，此為其特徵。

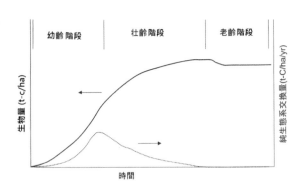

▲ 圖 3-1 天然林之發達階段與碳涵存（藤森 ,1998; 外崎與垣次 ,2008)

木材生產與利用過程之碳貯存變化

在林地栽植之樹木會自大氣中吸收 CO_2，藉其生命力在樹體內以碳加以固定，隨著年數之經過會使其貯存量增加，此為樹木之生長。經過一定時間後，生長至某大小的造林木會被砍伐（一部分被廢棄），而被搬運至工廠製材，當作住宅等之構材所使用。此時，在樹木中所貯存的碳會保持在該狀態下而被貯存於製材品等木質材料中是當然之事。經若干年後這些住宅會被解體，但被解體之一部分會被製成粒片，而再被加工成粒片板，這些板材會當作家具材料等所使用，在此期間亦會將碳貯存起來。在一定期間後，這些家具又會被解體，而被廢棄掉。在此階段，樹木生長期間所貯存的碳全部會回歸大氣中。如將此碳貯存量的經時變化以模式表示時，如圖 3-2 所示。

圖 3-2 表示在 1 公頃林地栽植柳杉，從其生長曲線求出碳貯存量者，但為簡化，實際上在各階段所生產之疏伐木視為和主伐木一起生產進行處理。而此資料係依據日本北關東地區，二等級地位林地之柳杉生長資料所畫出者。在造林 50 年後，將林地皆伐，所生產全生物量並非全被利用，其幹材被造材後，成為木材

工業之原木。此林地之全生物量 794.2 m^3/ha 中，515.7 m^3/ha 是當作幹材而獲得。原木被搬運至製材工廠，加工成柱、樑等建材，該階段之製材利用率為 60%。使用這些製材品建設住宅，供 33 年居住後，此住宅會解體，其中 60% 被搬運至粒片板工廠，而加工成粒片板，該階段之製造利用率為 80%。由這些解體材所得板材是當作家具部材使用，這些家具使用 17 年後會解體廢棄掉。

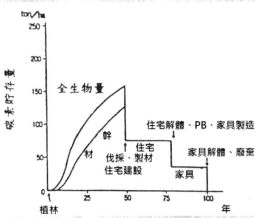

▲ 圖 3-2 1 公頃柳杉造林木之育林期間及木材利用全過程之碳素貯存量狀態（造林地為北關東，地位二等地，引自大熊幹章 1998）

上述狀況是從栽植至砍伐的經年變化換算成碳貯存量者。花費50年所貯存之碳，在其生長期間亦有部分被排放至大氣中，但被加工成製材品部分是被當作住宅構材33年，回收利用之粒片板部分是當作家具材料更被貯存17年。於是從新植至100年生長期所固定之碳，會全部回歸大氣中。在圖3-2，從造林至50年是表示林業生產，從後半之伐採至解體廢棄為止之50年期間表示木材利用之狀況。其係結合木材生產與木材利用，林學與林產學的模式圖。

這些木材生產與利用若以伐採地進行更新造林為條件，圖3-3所示可說為永續性、可經長期重覆進行的系統。在此期間，更新栽植樹木之生長，所貯存之碳與當作住宅或家具材料被貯存碳總和之全碳量，由圖3-3可看出可持續保持極高水準。此圖係以1公頃林地為對象之計算值；如就全世界造林地考慮時，則可產出全球之巨大碳貯存量。

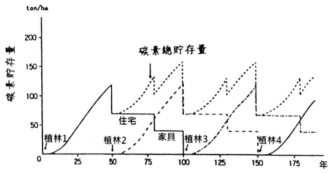

▲ 圖 3-3 碳貯存量之永續性（造林地伐期為 50 年，住宅使用 33 年，家具使用 17 年，引自大熊幹章 1998）

3.3　木材之生產與利用全過程之 CO_2 吸收、排放量收支

在此就栽植 1 公頃柳杉造林木、以 100 年為 1 循環期（伐期 50 年，住宅使用 33 年，家具材料使用 17 年）之 CO_2 吸收、排放之收支加以計算。一般木材在生長時會吸收大氣中之 CO_2 加以固定。另方面，在木材利用之各過程會消耗能源，其為獲得能源需要燃燒石化燃料，會向大氣排出 CO_2。又在各工程，不能成為製品之部分（廢材）會被廢棄，或當作鍋爐之燃料燒掉，成為 CO_2 排放。這些狀況在前述栽植 1 公頃之柳杉造林地以數值表示時，可得圖 3-4 之棒狀曲線，即橫軸所示經過年數之各時期所吸收、排放之碳量，以虛線之棒狀曲線加以表示者。

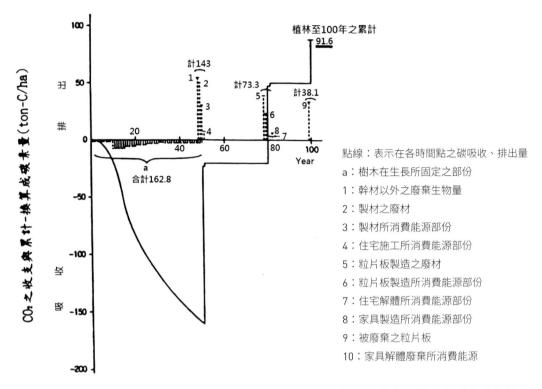

縱軸：CO₂之收支與累計-換算成碳本量（ton-C/ha）

植林至100年之累計 **91.6**

計143
1
2
3
4

計73.3
5
6
8 7

計38.1
9

a
合計162.8

點線：表示在各時間點之碳吸收、排出量

a：樹木在生長所固定之部份

1：幹材以外之廢棄生物量

2：製材之廢材

3：製材所消費能源部份

4：住宅施工所消費能源部份

5：粒片板製造之廢材

6：粒片板製造所消費能源部份

7：住宅解體所消費能源部份

8：家具製造所消費能源部份

9：被廢棄之粒片板

10：家具解體廢棄所消費能源

▲ 圖 3-4 栽種 1 公頃柳杉造林木之育林及木材利用全過程之 CO₂ 吸收與排放，及從造林時的累積（換算成碳量加以表示，每 1 公頃林地，每 1 循環期在 100 年間會排出 91.6 公噸之碳量）

在這些過程對碳之吸收，排出量是從造林至該時期為止加以累計，表示其收支時可畫出圖 3-4 之實線。從栽植至 100 年後，1 公頃的林地，造林木的利用於全部終了後，全生產物被解體廢棄階段，91.6 公噸之碳會全部被排出。但在此期間，我們生活所必要之資材之相當量係從此系統可得到，這是造林木對人類之重要貢獻，必須加以正視。

3.4　木製品之地產地消、產銷履歷及良好生產規範

3.4.1 木製品之地產地消

一、定義

地域產品在地域內消費即所謂「地產地消」，不限於木材，在許多領域均進行。

所謂地域，依美國建築大樓之環境性能評價系統之 LEED(Leadership in Energy and Environment Design)(NC2009) 對 地域資源之定義為「500 哩以內所生產、收穫、再生、加工製造之資材」，更進一步，

其運輸方法為利用鐵路或水路，與其運輸方法相對應的可從更廣範圍的資材供給係可被容許。從此觀念，運輸過程之 CO_2 排放量係被考量的。日本京都府於 2005 年開始實施以使用「木材哩程 CO_2（wood mileage CO_2」指標，對於從運輸過程之 CO_2 排出量削減作定量化之木材驗證制度。

依京都府之資料，建造一棟總地板面積 125.8 m^2 之建築（住宅），如全部使用地域（京都府產）木材之住宅（假定 150km 距離）時，運輸過程排放 CO_2 為 494 kg，如全部採用日本產木材之住宅（國內平均）為 1,206 kg，一般住宅（包含進口木材之國內平均）為 2,857 kg，全部使用歐洲木材之住宅為 6,782 kg。

由上述可知，京都府之木構造住宅，利用當地產木材會較歐洲木材，於運輸過程減少 CO_2 排放量達 6,296 kg，換算可減少相當於 2,737 公升汽油（1 公升汽油會排放 2.3 kg CO_2）或 2,712 kg 柴油（1 公升柴油會排放 2.5 kg CO_2）之使用。

我國木材使用量 99% 依賴進口，如以歐洲木材計算時，一棟木構造建築總樓地板面積 190.42 m^2，所使用木材及木質材料為 40.62 m^3，歐洲港口至臺灣港口之船運所排放 CO_2 為 98.05 kg/m^3 計算時，將比國產木材多 3,982 kg CO_2 之排放。因此地產地消之標語為「當地培育之木材，在當地使用，對木材、對人、對地球都是最為良好的」。

二、「木材哩數」（Wood miles）

表示木材運輸距離（km），但建築物係由多個產地，經由不同運輸距離，最後將木材輸送至最終消費地為通例，其中有大量運送木材之路徑，亦有僅運送少量木材的路徑。因此，只將各個運送距離單純的累加，並無法正確分析出來，需要將全部路徑的木材哩數算出，再除以木材量。以木材平均運輸距離作為「木材哩數」，已成為計算建築物或木製品之平均木材運輸距離所使用。

三、木材哩程
CO_2（Wood mileage CO_2）（kg- CO_2）

木材數量（m^3）× 輸送距離（km）×CO_2 排放原單位（Kg · CO_2/m^3 · km），輸送的木材量與距離已知、其後以何種方法（貨車、船、鐵路）運送已知，則運輸過程之消費能源可計算出，進而可換算成 CO_2 排出量，此稱為「木材哩程 CO_2」，可作為木材輸送能源之指標。

依 FAO 之「林產物統計年報」，於 2000 年全球之木材貿易總量（紙製品除外）約為 3 億 7,800 萬 m^3。以美國進口 6,035.8 萬 m^3 為最多，其次為日本之 5,201.1 萬 m^3，再次為德國之 1,162.8 萬 m^3。FAO 之林產物統計亦有包含紙製品在內，但在此僅以原木、粒片、製材品、單板、合板、粒片板及纖維板等 7 品項為對象。

就木材哩程比較時，日本哩程為 3,844 億（m^3 · km），相對的美國為 842 億（m^3 · km），德國為 178 億（m^3 · km）。日本較美國大 4.5 倍，較德國多 21 倍的木材哩程，此係日本輸入木材有 60% 來自距離 1,000~8,000 km 之國家，40% 來自距離 8,000 km 以上的國

家。此一事實更凸顯地產地消之重要性。

3.4.2 國產木竹材產地證明制度

近年來，國際間對於非法木材貿易相當關注，已成為政治議題，國內亦被質疑有非法木材進口，並且國內亦不少以非法手段取得國產貴重樹種之木材。為使國內永續經營之人工林，包含國、公有林、私有林、平地造林及農地造林等合法伐採所生產之木竹材，及國、公有林主管機關合法處分之國產木竹材能取得合法來源之證明，並與非法砍伐木竹林做區隔，林務局於民國 100 年即以科技計畫，委由財團法人工業技術研究院 (簡稱工研院)，進行「國產木竹林產地證明制度」之建立研究。迄 106 年度已進行示範性驗證 (共 7 家廠商驗證)，並輔導林農、加工廠商申請國產木竹材產銷履歷及良好農業規範 (TGAP)、優良農產品林產品 (CAS) 標章。

本制度之建立，係林務局為執行「產業創新條例」第 7 條規定，輔導林業、木竹製品製造業等傳統產業提升產品品質，並協助政府 (經濟部) 依貿易法第 20 條之 2 核發原產地證明書及製品證明書之規定，建立國產木竹林產品原產地為臺灣製造證明制度。本制度規範由自然人或廠商 (林農、伐木業者，木竹加工業者，林業產銷合作社者等) 自願參加，並委由林產相關公 (協) 會以第三者專業公正執行驗證工作。

國產木竹材證明書區分成「生產地證明書」及「製品產地證明書」，前者經由主管機關許可採伐及國、公有管理經營機關合法處分之木竹材者，申請人得向執行機關 (驗證單位) 申請換發「國產木竹林生產地證明書」，非林地生產之木竹材，因無核發之經營管理機關，則由申請人向執行機構申請，由執行機構派員至現場會勘後核發。「非林地木竹材申請生產地證明會勘作業程序」由執行機構擬定後，報林務局核定。

使用具有「生產地證明書」之木竹材所製造之製品，可向執行機構申請核發「製品產地證明書」。而驗證廠商須由依法登記之獨資，合夥事業或公司檢附所須文件向執行機構提出申請，經評核通過後，核發「驗證廠商」證書。

本制度之執行係採大水庫理論,依進貨單、出貨單(考量製品利用率等)、庫存單,以評核是否合理,避免混用非生產證明之木竹材。驗證廠商需將上述資料,每半年向執行機構報轉林務局備查。另訂有追蹤查核辦法及合約書等,期能落實本制度。

3.4.3 國產木竹材產銷履歷臺灣良好農業規範(TGAP 第 1.0 版)

一、目的

林產物木材或竹材臺灣良好農業規範(以下簡稱本規範),係針對森林所有 人、伐木業、木材或竹材行、木材或竹材初級加工業者,以臺灣地區伐採生產與 運銷出貨之林產物木材、竹材為原物料,於原物料伐採與搬運、驗收、初級加工 處理作業、產品儲存、出貨及銷售過程中,就各階段環境、器具設施、人員及其文件紀錄所定標準化作業流程及模式,藉由原物料來源、製程管控及產品追溯碼識 別,有效排除風險因素,杜絕其他非法來源木材、竹材混充,以達到識別林產物 木材或竹材來源合法及追溯追蹤之目的。

二、適用範圍

(一)本規範適用於臺灣地區完全生產之林產物木材或竹材伐採與運銷(含驗收、儲藏、初級加工、產品儲存、出貨及銷售)等各項作業管理、人員管理、產品 管理、場地管理及紀錄管理。

(二)其他經中央主管機關或其證認之驗證機構所判定符合本規範之品項。

三、名稱定義

(一)原物料:指林產物之木材或竹材。

(二)批次:指農產品經營業者為實施本規範,區隔林產物原物料之生產出處或來源、搬運或驗收時間、初級加工作業處理階段、產品儲存及出貨等不同階段分別編定號碼以供識別。

(三)產銷履歷追溯碼(下稱追溯碼):指用以辨別不同批次產銷履歷林產物產品之代碼。

四、產銷履歷驗證申請者(以下稱申請者)應遵循下列事項:

(一)產品主要原物料應使用產自國有林、公有林及私有林林產物之木材或竹材,且應經林業主管機關依法許可伐採或同意處分,並經查驗後運銷者,或經 依本規則驗證之非屬森林法所稱森林及林地(以下簡稱非林地)產出之木 材或竹材。

(二)廠(場)內林產物衛生安全及其追溯追蹤等相關管理措施,皆應符合本規範 「生產及出貨作業流程圖」、「生產及出貨風險管理內容一覽表」、「生產及出 貨流程標準作業書」、「自主查核表」及「木材或竹材生產管理履歷紀錄簿」 之基礎要求,落實執行相關程序與紀錄。

(三)申請者應依實際生產及出貨情形制

定本規範「生產及出貨」之相關內容。

(四)申請者得自主增修本規範「生產及出貨流程標準作業書」及「木材或竹材生產管理履歷紀錄簿」之內容與格式，建置符合廠(場)內實務操作之程序與記錄表單。

(五)本規範所引用之法規及衛生安全標準如有修正時，以新公告或發布者為準。

(六)其他經中央主管機關指定之法令規章。

3.5 國產木竹材標章 -「台灣木材」標章

一、打造國產材綠色品牌 - 農委會首推木竹材溯源管理與國產材標章

為了振興臺灣林業，農委會林務局啟動國產木竹材溯源管理及認證制度，2016年11月27日並公佈國產木(竹)材標章，未來消費者認明「台灣木材」標章，即可安心選購。林務局鼓勵消費者支持國產木竹材製品，不只優質耐用，更能提振山村經濟、促進林地林用，也減少進口木材跨海長程運輸製造的碳足跡。

甫落幕的 2017 年 APEC 林業部長級會議中，「永續營林、提升依賴森林為生的居民收益」是重要共識；2015年聯合國森林論壇也指出，適度的營林和增加林農收入，是達成全球森林生態永續目標的關鍵方法。

國內私有林地面積 13.7 萬公頃，惟因林產業式微，致使大部分林地荒廢，甚至違規使用，不但造成寶貴的可再生資源閒置，更引發國土保安疑慮，追根究底，正因國產材市場萎縮，以致林業經營收益低落，居民難以仰賴林木為生。因此，為了提振本土林產業，林務局將致力打造品牌形象，讓消費者看見國產木竹材，逐步提升市場需求，帶動生產量與產業鏈，開啟人工林之造林、利用、再造林的永續循環。而林務局的振興林業策略也將從私有林開始，讓山村居民得以運用森林資源改善收入。

為回應木材合法貿易的國際趨勢，林務局近年積極推動國產木竹材「產銷履歷農產品驗證(TAP)」制度，制定「臺灣良好農業規範(TGAP)」，將於2019年上路，盼民眾也從消費端把關，協力杜絕不肖業者盜伐珍貴天然林木。同時，林務局特別報請農委會於今(106)年10月30日公告，在 CAS 認證中增訂了林產品「木製材品」品項。此二項制度，可建構國產木竹材原料來源的合法性與加工產品品質管理，保障消費者權益，並提升國產木竹材的永續性與市場競爭力。

2017 年 12 月 14 日至 17 日，林務局以

國家館名義參加國際建材大展，邀集使用國產材的 8 家民間業者聯手出擊，在南港展覽館的「2017 第 29 屆台北國際建築建材暨產品展」共同打造臺灣館。每一片板、每處構工，都是臺灣優美木竹材和精巧工藝的結晶，廣邀建築相關從業人士及民眾免費參觀，認識這個紮根臺灣土地的產業，體會國產綠建材的迷人。

【設計說明】

整體意象以台灣自產木材概念為出發，藉由良好的生產流程規範，環繞形成一個永續循環的圈，傳達台灣森林永續經營的概念，並透過向上發展的枝幹展現台灣木材的擴散效益。其有計畫性的種植、固碳、疏伐，最後加工製成台灣木材，並加以利用再製成為各類木製品的過程，讓固定在木頭裡的碳不會跑掉而保存於都市生活之間。故此標章以永續（圓）為出發，透過發散的枝幹（樹幹）展現宏觀的阡陌網絡，探討「森林」與「都市」之間的互存共榮想法。

而人工林因合理的經營而達到永續再生，因此認明此標章即能消費環保愛地球，除了買到好產品亦能幫助生態平衡，對人體對環境都是能更友善，達到減緩溫室效應符合環保的永續消費。在實質上，亦能藉由驗證的機制追溯木材來源的合法性，保障消費者權益。

▲ 圖 3-5 國產木竹材識別標章

3.6 促進國產木竹材利用之意義

國內自 1990 年以來，國公有林撫育疏伐及皆伐作業逐年減低，相關之伐木、集材、造材等技術人員亦逐年老齡化或凋零，且私有林、租地造林等林地分散，面積又偏小，更提高林木收穫之生產成本，而有利不及費，國產木材價格無法與進口木材相競爭，致使林業收益惡化，或林業勞動者減少等，使得山村社會環境發生很大的變化。其結果地域居住者與森林的關係變成淡薄，森林被放置或荒廢等，更造成森林所具有多樣性機能無法發揮。

近年來我國森林覆蓋率雖已增至60.71%，但國產材自給率不及 1%，仍有 99%依賴進口、此不均衡的現象勢必會受到國際間的質疑，未合理的經營林業，作為地球的一份子，有調整的必要。

透過本指南的執行，可使林業再生與森林之適當的整備相聯結，由於消費者之認同，並愛用國產木竹材，可輔導國內木材工業之發展，並促使上游人工林永續經營的合理化，建造成健康森林、則森林所具有多樣性機能之持續性可發揮，並可提供國內所需部分之國產木竹材，提高自給率，進而創造出山村地域之造林、伐木等從業人員重新的雇用，並將木材銷售利益還原至森林所有者等，則可活化山村地域之經濟。

「當地培育之木材，在當地使用，對木材，對人，對地球來說，其是最為良好」，為本制度之標語。經由促進國產木竹材之利用結果，可形成健康，且溫暖舒適之生活空間並透過 CO_2 排出之抑制及增大在建築物等碳儲存量、以形成地球溫暖化之防止，或資源循環型社會的形成，更進一步可期待對於國內林業、木材產業之扶植亦有貢獻。

3.7 國際森林管理驗證制度與產銷監管鏈

FSC™(森 林 管 理 委 員 會 ；Forest stewardship council) 由獨立、非政府、非營利組織內多方面利益相關者，以會員制成立。於 1992 年聯合國的永續發展會議後，1993 年成立 FSC，推廣下面三方面目標的世界森林管理。

一、環境適當：確保林木及非林木的伐採能維持森林生物多樣性、生產力及生態的過程；

二、社會獲益：幫助當地民眾及社會能長期獲益，也提供當地民家以長期的管理計畫永續森林資源的誘因；

三、經濟可行：在不犧牲森林資源、生態系統及社區影響下，森林作業能有結構性及管理的十足獲利力。

3.7.1 森林管理驗證 (FSC Forest Management；FSC^{FM})

對於森林與林地的驗證，由森林管理者進行申請，可以證明林地的經營方式是良善的；所謂良善的經營即是符合森林驗證體系所制定的原則及標準，朝著「負責任」經營的方針來經營森林；從經過驗證的森林出產的森林原料也是具有保障、非來路不明的原料。申請程序如圖3-6：

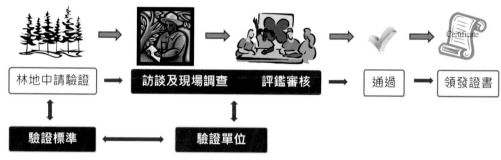

▲ 圖 3-6 森林管理驗證程序

森林管理驗證審查、評價之 10 項原則 (FSC，2012)

一、本組織應遵守所有適用的法律、法規和國際批准的國際條約、公約及協定。

二、本組織應保持或強化勞動者的社會和經濟福祉。

三、本組織應確認且維護原住民對其土地、領域及資源之擁有、使用與經營之法源及權利。

四、本組織應為維持或加強該地域居民的社會和經濟福祉作出貢獻。

五、本組織應有效管理經營區域內之多元產品與服務，以維持或提高長期經濟可行性以及環境和社會效益。

六、本組織應維護、保存及／或恢復經營區域的生態系統和環境品質，並應避免、修復或減輕對環境的負面影響。

七、本組織應制定符合其政策和目標的經營計畫，並與其經營活動的規模、深度和風險相稱。 經營計畫應根據監測資訊實施並持續更新，以促進適性化之經營管理。 相關的規劃和程序文件應充分指導工作人員，告知受影響的權益相關者和利益關係者，並為經營決策提供依據。

八、本組織應證明：經營目標的執行進展、經營活動的影響和經營區域的

狀況，應與經營管理的規模，深度和風險成比例地進行監測和評估，以便實施適性化經營管理。

九、本組織應透過採取預防措施，藉以維持及／或強化經營區域的珍稀物種。

十、由本組織所執行之經營活動選擇和實施應有其目標性，且應以本組織之經濟、環境與社會政策為依據，同時遵守前述所列之原則與標準。

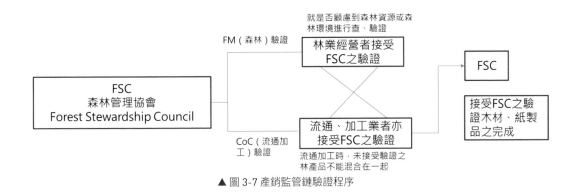

▲ 圖 3-7 產銷監管鏈驗證程序

3.7.2 產銷監管鏈驗證 (FSC CoC)

使用 FSC 森林所生產木材或回收再利用材等適當的原材料，其木材及紙製品能確實進行識別管理之驗證制度。係以最終製品為止之製造業者，或經營此類製品之公司為對象。在製品附上 FSC 標章，可做為驗證製品進行銷售。

產銷監管鏈的意義即是每個林木產品從木材原料、製品生產、加工處理、流通到銷售，每個產銷的環節均有監控管理，如此一來就可以保證該林木產品的原料是來自經過驗證的森林，且不會在製造過程中混入來路不明的原料。

表 3-1 FSC 驗證之內涵	
	FSC
驗證地區	全球
組織性質	由獨立、非營利、非政府的團體建立
標準制定程序	由社會、經濟、環境三方面組織代表平衡參與，並透明化公開制定
允許人工林	是 1994 年後禁止天然林轉成人工林
禁止使用基因轉殖物種	是
維護生物多樣性	是 嚴格規定高保育價值森林的保護
瀕臨絕種物種的保護	是
提高森林生態系功能	是
環境之影響	盡量不使用化學性的農藥劑，減少化學汙染
原住民的權利	原住民及其傳統需被尊重，當地居民有權利擁有、使用及經營他們的土地以及領地。

表 3-2 FSC 驗證面積及廠商家數 (2019/1/1)	
森林經營管理 (Forest Management；FM)84 個國家 全球總驗證面積 1.82873 億公頃 （大約有 50.7 個臺灣大小）	林產品產銷監管鏈 (Chain of Custody；CoC) 全球驗證廠商總數 26,910
臺灣通過的森林面積：1437 公頃	臺灣通過的 CoC 家數：259

3.8 練習題

① 簡述木材資源永續生產之重要性。
② 木製品之「地產地消」之定義為何？並簡述「木材哩程 CO_2」之重要性。
③ 試說明使用國產材的好處。

延伸閱讀 / 參考書目

🌲 王松永、羅盛峰 (2016) 木質材料生命週期之二氧化碳排出量及碳足跡評估，林產工業 35(2):67-80。

🌲 林憲德 (2013) 建築物設計階段碳揭露標示法之研究 (1)- 建築物碳揭露方法及碳排放資料庫之研究。內政部建築研究所委託研究報告 P122。

🌲 林務局 (2016) 森林用永經營及產業振興計畫 (106 至 109 年度)

🌲 卓志隆 (2013) 對環境友善之森林收穫作業與技術開發 (1/3) 成果報告。行政院農業委員會林務局委託計畫 P106。

🌲 塗三賢、王松永 (2005) 木質建築物在 CO_2 減量與碳貯存之貢獻。森林經營對二氧化碳吸存之貢獻研討會論文集 P245-266。

🌲 塗三賢、王松永 (2006) 框組壁工法木構造建築在碳減量與碳貯存之貢獻。林產工業 25(2):91-100。

🌲 有馬孝禮 (2002) 循環型社會與木材 - 都市にもぅーっの森林を，社團法人全日本建築士会 P8。

🌲 岡崎泰男、大熊幹章 (1998) 炭素ストック，CO_2 放出の觀點から見た木造建築の評價，木材工業 52(4):161-165。

🌲 渕上佑樹 (2014) 木質系建材のライフサイクルで發生する CO_2 量と CO_2 排出削減對策の定量的評價 - 地産地消，りサイクルの效果。木材工業 ,69(4):144-148。

🌲 松本光朗 (2005) 地球溫暖化対策としての木材利用，木材工業，60(1):2-7。

🌲 恆次祐子 (2005) 木材利用における環境影響評價にりいて木材工業，60(1)8-12。

🌲 拡岡靖明 (2005)：季刊環境研究 NO.138：67ñ76。

🌲 大熊幹章 (1998) 炭素ストック, CO_2 收支の観点から見た木材利用の評価。木材工業，53(2):54-59。

🌲 外崎真理雄、恆次祐子 (2008) 地球溫暖化防止と木材利用。木材工業，63(2):52-57。

🌲 久保山裕史 (2018) 特集 持続可能な社会に向けて (3) 木材利用と地球環境—日本の森林①—山林 2018.6 P9-16

🌲 FAO (2005) Global Forest Resources Assessment。

🌲 Fuchigami Yuki ; Keisuke Kojiro ; Yuzo Furuta (2012) calculation of CFP verification of effect on CO_2 emission reduction for the use of certified wood in Kyoto prefecture, Journal of wood Science, 58(4):352-362

2

第二單元
木材收穫

友善環境之木材收穫

撰寫人：卓志隆　審查人：王松永

木材收穫作業係森林資源經營的重要事項之一，也是根據森林生長發育和人類對木材需求所進行的營林措施，其經營目的包括促進林木生長發育、改善林分組成結構、有利林分更新復育、維護對植物多樣性、合理利用木材資源及創造環境與美學效益等。不論是單一樹種造林地或不同齡級混和的自然地，需要藉由收穫作業的執行，去除不需要的立木，達到符合日照、地利的林地條件，以利林木的生長發育；在林分結構林地區界調整作業上，可透過下層、行列、塊狀等疏伐或擇伐等不同收穫作業方式來達成預期目標；造林樹種更新、林木病蟲害防治或林木防火線的建置亦須透過木材收穫手段；藉著木材收穫之原木資源，透過木材加工利用，可供為建築、家具、室內裝修、印刷等人類日常生活相關之用途。木材收穫如果執行不當，不僅會對森林環境與生態產生衝擊，更使得具關聯性的森林經營無法順利地推動，以致無法達成森林永續經營的目標。故惟有嚴謹的木材收穫作業計畫與妥善的管理方法，才能達到減少對森林環境的衝擊。

就一個完整的木材收穫作業系統而言，其涵蓋範圍包括收穫計畫擬定、林道網規劃及施工、伐木造材作業、集材裝車作業、運材卸貯作業、原木檢尺與分等、原木貯材與管理。對環境友善之木材收穫作業係透過有系統之計畫與執行，主要目標為可減低對森林土壤與水域干擾，減少對野生動物衝擊及降低對留存林木的損傷，同時可實現永續森林經營的理念。減低對森林土壤與水域干擾避免收穫作業後造成土壤表層破壞與壓實，間接影響後續林木生長、種子發芽、水域生態變化及地表逕流水增加。減少對野生動物衝擊除避免收穫過程中對野生動物棲息地及食物來源影響外，同時透過木材收穫作業營造之多樣化植群結構提供更適合昆蟲、鳥類及野生動物之棲息場所。降低對留存林木的損傷則透過適當保護留存木措施，儘可能減低收穫過程中對樹皮及樹冠之損傷，維持留存木之生長潛力及森林的健康。

4.1　臺灣地區林產處分作業行政程序

依據森林法第四十五條規定，凡伐採林產物，應經主管機關許可並完成林產物處分作業。林產物處分對象區分為主產物與副產物二種，主產物指生立、枯損、倒伏之竹木及餘留之根株、殘材；副產物指樹皮、樹脂、種實、落枝、樹葉、灌藤、竹筍、草類、

菌類及其他主產物以外之林產物。林產物處分作業流程依據依森林所有權不同而有所差異，國有林林產物處分依森林法第十五條第二項規定「國有林林產物之採取，應依年度採伐計畫及國有林林產物處分規則辦理」，國有林林產物處分方式包括直營採取、公開標售與專案核准採取等三種方式，相關處分流程如圖 4-1、4-2、4-3 說明；國有林事業區租地造林木處分依「國有林事業區出租造林地管理要點」規定，處分流程如圖 4-4 說明；公、私有林林產物採取依「林產物伐採查驗規則」規定，處分流程如圖 4-5 說明。國有林管理經營機關編訂年度採伐計畫之程序如下：

一、林管處應於每年 10 月底前編具次年度採伐計畫送林務局並登打伐採計畫管理作業系統。

二、各管理經營機關採伐計畫送林務局審核彙編。

三、年度採伐計畫送農委會核定、公告，並刊登於農委會公報。

四、採伐計畫公告（核定）後，如須於原核定採伐總數量範圍內調整、變更時，應於當年 8 月底前編具調整、變更採伐計畫，送林務局報陳行政院農業委員會核定後實施。

五、當年度採伐計畫未及處分者，應另行編入後年度採伐計畫。

六、各管理經營機關應於每年 3 月底前，將上一年度採伐計畫實施情形，填造「國有林採伐計畫實績表」四份，送林務局彙辦備查。

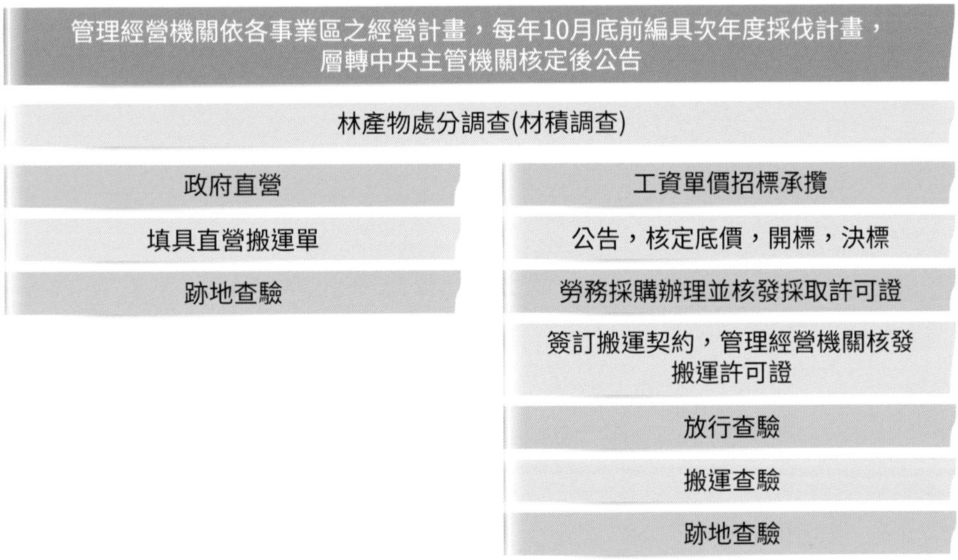

管理經營機關依各事業區之經營計畫，每年10月底前編具次年度採伐計畫，層轉中央主管機關核定後公告

林產物處分調查(材積調查)

政府直營	工資單價招標承攬
填具直營搬運單	公告，核定底價，開標，決標
跡地查驗	勞務採購辦理並核發採取許可證
	簽訂搬運契約，管理經營機關核發搬運許可證
	放行查驗
	搬運查驗
	跡地查驗

▲ 圖 4-1 國有林林產物直營採取 SOP 說明

管理經營機關依各事業區之經營計畫，每年10月底前編具次年度採伐計畫，層轉中央主管機關核定後公告

林產物處分調查(材積調查)

標售公告，核定底價，開標，決標

得標者繳納林產物價金

簽訂搬運契約，管理經營機關核發採取(搬運)許可證

放行查驗

搬運查驗

跡地查驗

▲ 圖 4-2 國有林林產物公開標售 SOP 說明

管理經營機關受理專案核准採取申請

專案核准採取者除造林障礙木每公頃材積平均超過30立方公尺或竹材超過2萬枝者外，不受年度採伐計畫之限制。

林產物處分調查

審查並查定價金，須繳納價金者，通知採取人繳清價金

簽訂搬運契約，管理經營機關核發採取(搬運)許可證

放行查驗

搬運查驗

跡地查驗

▲ 圖 4-3 國有林林產物專案核准採取處分流程

租地造林人填具採運申請書並附復舊造林計畫書，向管理經營機關提出申請

書面審查符合規定後，管理經營機關辦理材積調查

依承租合約約定之林產物分收率，查定採伐林木分收價金，
層報主管機關核准

通知申請人繳納採取林產物分收價金

管理經營機關核發採取許可證

採取人申請放行查驗

搬運查驗

跡地查驗

▲ 圖 4-4 國有林租地造林林產物處分流程

採取人填具採運申請書並附跡地造林計畫書與水土保持計畫書等文件，
向當地鄉鎮公所提出申請，層轉縣市主管機關審核

書面審查符合規定後，派員實地勘查審核

核定後發給採運許可證

跡地查驗

▲ 圖 4-5 公、私有林林產物處分流程

4.2 收穫計畫層級

有完善的收穫計畫方能確保對環境友善之木材收穫作業的執行成功，達到降低對森林生態系統的傷害。收穫計畫須包含於具長遠發展的森林經營計畫中，執行層面需考量對生態、環境及社會經濟的影響。對於作為木材生產之林木經營區應在整體森林經營計畫下提出策略性 5 年期之收穫計畫及分年度執行計畫，相關作業層級建議如圖 4-6。5 年期之收穫

計畫內容主要包括各分年度規劃之作業區域；須受保護區域及生產作業區劃分；植群型態與地形圖；每年估計的木材可生產量；採用之收穫作業系統與設備；技術訓練與人員培訓時程；主要林道設計等。其中林木收穫作業系統為一項重要任務，主要受地形影響，地形坡度小於 30%(17°) 時，可允許採用地面集材系統 (如國內採用之怪手配合絞盤之集材作

業）；坡度在 30%-70%(17°-35°) 時，為避免對土壤及植群的過度破壞，應採架空索集材作業並不得在林地內採用任何地面集材方式。坡度超過 70%(35°) 時，則不得進行任何林木收穫作業，需劃定為保護區。

分年度計畫內容包括年度採伐計畫、收穫作業前森林資源調查清單、伐木計畫、作業道路網計畫、採運作業監督、採運作業後計畫等。為確保對環境友善之疏伐收穫作業執行的成功，應成立委員會稽核收穫作業符合對環境友善之規範與時程要求。委員會主要任務為提供對環境友善之疏伐收穫作業現場監督團隊之管理與監督方向，現場監督團隊的主要任務包括所有收穫作業前的管理及監督；現場所有程序執行之管理與監督；提供林木收穫作業專門技術與建議；作業方式與時程變更之決定；定期向委員會提出報告。透過有系統的計畫、執行、監督及評估採運作業的方法，加強道路建設、提升伐木及集材的效率，在適當的政策及規範下，減低對環境與社會的衝擊，提高林產品經濟效益及行銷。

4.3 友善環境之木材收穫作業

4.3.1 收穫前置作業

在木材收穫作業前調查作業區內所有相關林木及環境資料，並依此製作收穫計畫與圖說。考量國內現行林產物處分方式，本階段作業涵蓋內容包括林木蓄積量調查、切除蔓藤、作業條件調查、受保護區域劃分、林道、土場及作業道設計、集材架線設計、伐木準備計畫、標準作業量及林產物價金查定、收穫作業前檢查等項目，依序說明如下：

一、林木蓄積量調查

❶ 以系統取樣方式或選取具有代表性林分，設置樣區或標準地。每樣區面積 0.05 ～ 0.1 公頃，樣區面積約佔實際面積 5-10%，樣區間之相隔距離以 100 公尺以上為原則。林分生長若均勻，數目可酌減，若不均勻，數目宜增加。調查內容包括樹種組成、株數、林木胸高直徑、樹高、立木材積等，並依調查結果製作林木蓄積調查結果表，如表 4-1 之範例。若是採疏伐作業或間伐作業時，依疏伐選木（含障礙木）結果計算疏伐率及疏伐立木材積與預計搬出利用材積，以立方公尺計。人工林木材收穫作業搬出利用材積一般以疏伐立木材積之 70% 計算。

❷ 標示未來具生長潛力樹木，避免伐木時受到損傷。

❸ 標示稀有、受威脅及瀕危樹木，可參考 CITES 及自然保育聯盟 (IUCN) 紅皮書內列為

受保護物種種類。

❹ 與在地民眾生計相關之非木質林產品保護。

❺ 野生動物生存所需之重要樹木或資源。

❻ 以界木標示作業範圍。

所有可收穫立木與受保護之立木建議以不同顏色標籤標示。本項作業應在收穫作業前 6 個月期完成。

二、切除蔓藤

蔓藤會嚴重危害伐木人員安全及影響伐木倒向，因此附著於收穫立木上之蔓藤，須於收穫作業前切除，可配合林木蓄積調查時一併施行。考量臺灣蔓藤種類與

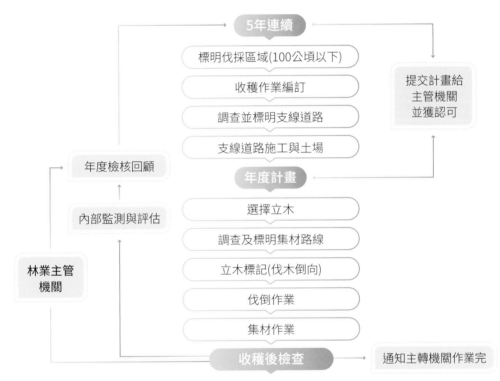

▲ 圖 4-6 木材收穫作業計畫層級

大小及氣候狀況，切除蔓藤依區域情況，建議於採運前 3-6 個月前施作。

三、作業條件調查

由於林道、作業道及架空索路線均須依據地形設計，故依航照圖、衛星影像圖、雷達影像圖等製作正確的地形圖是基本要求。同時依據地形圖、氣象資料、道路狀況及現場調查收穫作業案林地之平均地面坡度、地表狀況、降雨日數及交通時間等影響作業量的因子。每個因子分為 5 級，作為伐木造材或集材作業等標準作業量查定之依據。

表 4-1 林木蓄積調查結果表範例									
地點	面積 (ha)	樹種	株數	平均胸徑 (cm)	平均樹高 (m)	平均立木材積 (m³)	合計株數	合計材積 (m³)	備註
○○林班 ○○號造林地		杉木	5,000						生長潛力立木
		柳杉	10,00						收穫立木
		臺灣杉	5,000						生長潛力立木
		台灣油杉	10						保育類
		板栗	30						動物食物來源

四、受保護區域劃分

❶ 無法作業區域：地面集材作業坡度超過 30%(16.7°)；其他採運系統之坡度超過 70%(35°)；岩石裸露；商用木材蓄積低之林地。

❷ 具文化宗教價值區域。

❸ 保育區域：保護具有獨特性或地質破碎之棲息地；高生物多樣性區域。

❹ 海岸線，潟湖，湖泊等；保育區及保護區；社區林業及在地社區；野生動物保育區、科學研究區；原住民保留區等。

❺ 溪流水域周邊保護帶：依溪流寬度不同，所需求之保護帶寬度不同，如表 4- 2。

表 4-2 溪流水域周邊保護帶規定	
溪流寬度 (m)	保護帶寬度 (m)
＜ 1	不須設保護帶
1-10	20
11-20	50
21-40	80
＞ 40	200

五、林道、土場及作業道設計

❶ 林道設計

林道設計目的為發展最適化林道網，減低林道密度並提供至收穫林木所在區域之可及性。依對環境友善的工程執行林道建設，可減低對土壤沖蝕及對溪流的污染，設計準則說明如下，相關作業道設計規範可參考林務局全球資訊網，查詢「人工林作業道設計及施工原則」。

(1) 良好的永久性林道網計畫。

(2) 路幅：在可集材情況，路幅應降低至最低，須注意道路要有良好的排水。

(3) 障礙木移除與填土：兩者盡可能減至最低，避免土壤裸露及沖刷的可能性。

(4) 過溪橋梁：減低對溪流及植群的衝擊，橋樑使用之木料應符合 CNS 3000 加壓注入防腐木材之 K4 或 K5 等級防腐木材之性能。

(5) 設置邊溝與截水溝。截水溝間距設置規定如表 4-3。

(6) 道路坡面盡量平緩，最大容許坡度為 20%(11.3°)。最大容許坡度 (20%) 之林道長度限制為 500 m 長，但須確保可減低對林地土壤之干擾，在兩段坡度較大之林道間須間隔 100 m 平坦的或低坡度之路面。

(7) 應設置道路進入許可之門禁管制設施。

(8) 訓練熟練之工程師執行道路計畫與施工監測管理。

(9) 施工時間至少在採運作業前 3 個月完成。

❷ 土場設計

為減少土場設置對環境衝擊，注意事項如下：

(1) 土場設置區域儘可能臨近山脊處，確保集材方式為上坡集材及具良好排水性。土場應設置在坡度 6° 以下的平坦區域，距離或湖泊等水域 100m 以上。

(2) 土場應臨近林道，便利原木裝載與運輸。

(3) 每一處土場面積限制在 0.2 公頃以下。

表 4-3 各級林內道路截水溝設置間距		
道路種類	坡度（%）	截水溝間距
作業道	＜ 10（5.7°）	不須設置
	10-20（5.7°-11.3°）	30 m
	20-30（11.3°-16.7°）	20 m
	30-45（16.7°-24.2°）	10 m
林道	＜ 5（2.9°）	不須設置
	5-15（2.9°-8.5°）	80 m
	15-20（8.5°-11.3°）	20 m

❸ 作業道路網設計

依林分蓄積調查之立木資料及地形評估之地形資料作為作業道路網的設計依據。注意事項如下：

(1) 沿等高線設計，儘可能愈通直愈好。

(2) 避免通過陡峭、溪谷、沼澤及不穩定土地質之地區。

(3) 減少通過溪流數量。

(4) 坡度不得超過 45%(24°)。

(5) 不得通過排除區域。

(6) 最大作業道路幅為 4 m。

(7) 依坡度大小設置截水溝。

❹ 集材架線設計

(1) 於計畫圖說中繪製集材路線及說明集材作業方法。

(2) 應依地形縱剖面圖並透過架空索負荷索線形評估，設計原木集材時可懸空集材之路線，避免對林地土壤之干擾。

(3) 集材架空索之中點下垂度在 0.025-0.05 間。

(4) 集材架空索之鋼索安全係數應在 2.7 以上；回控索、支持索等鋼索安全係數應在 4.0 以上；吊材索安全係數應在 6.0 以上。

(5) 集材路線轉折處易造成留存木損傷，應設置護木，保護留存木。

▲ 加羅湖內林道 / 圖片來源：林務局影音資訊平台

六、伐木準備計畫

依圖 4-7 程序決定應伐倒之立木後，烙打『查』、『障』印，其餘未烙印之造林木不得砍伐。

① 胸徑是否符合收穫對象之要求

② 枯立木、瀕臨滅亡

③ 因應作業道或集材主線開設之

④ 必要移除之立木

Yes / No

是否為特定不允許伐採樹種

No / Yes

伐倒之立木距保育區、水道等距離是否符合規範

Yes / No

樹木是否為後續採種母樹

No / Yes

標示為伐倒對象

保留對象

▲ 圖 4-7 立木伐倒決定程序

七、標準作業量與林產物價金查定

依林務局出版之「林產處分實務」查定作業案預定收穫之各項作業之標準作業量並依林產物市價、合理企業利潤率、台灣銀行公告之資金利率及林木收穫相關之生產費用，計算相關之林產物價金。

八、收穫作業前檢查

由收穫作業現場監督團隊依收穫作業計畫與圖說檢查道路標示位置、伐木倒向規劃、收穫立木之烙印、土場設置、蔓藤切除是否符合計畫內容。

整體友善環境之木材收穫作業須確保可維護森林環境並在可接受安全標準下，依相關法律或法規進行合法之收穫作業，建議之查核清單如表 4-4。

4.3.2 收穫作業實施

一、成立收穫作業實施團隊

依據收穫作業規模，組成收穫作業實施團隊，所有成員皆須了解其工作責任、

表 4-4 對環境友善之木材收穫作業查核清單建議		
項目	子項目	是 / 否 / 不適用
1. 收穫計畫	是否已編訂收穫計畫	
	是否為允許作業之林地區分	
	收穫材積是否符合年度容許採伐量規定	
	是否超過作業坡度之限制	
	是否已標註須受保護之區域及特定須注意安全之區域	
	是否具備建立健康與安全管理機制	
2. 許可生產證明文件	是否已取得林產主產物或副產物採取許可證。	
	是否已通過防火檢查	
	是否已取得林產物搬運許可證	
3. 伐木造材作業	是否穿戴適當防護裝置	
	懸架木是否標示	
	是否有解決懸架木問題之安全方法	
	是否有誤伐、擅伐或盜伐伐情況	
	是否有倒木倒向受保護區域	
	伐株根株高度是否符合規定	
	造材規格是否符合規定	
	伐木作業員是否遵循安全工作準則	
	伐木作業員是否熟悉收穫計畫相關內容	
4. 集材作業	是否穿戴適當防護裝置	
	集材機或怪手是否具備安全防護裝置及警示標誌	
	各級鋼索安全係數是否符合規定	
	錨定用鋼索是否與架空索具有等性能	
	架空索在負載時，是否與地面保持適當安全距離確保原木在地面拖行	
	主尾柱等及錨定用之生立木是否具備足夠之強度支持性能	
	纏繞於捲筒內是否達 5 圈以上	
	易受損害之留存林木是否設置保護措施	
	現場是否具有可正常運作之集材信號系統且作業人員熟悉信號內容	
	在集材範圍內或架線鋼索下作業時，相關鋼索是否為靜止狀態	
	架線系統是否通過安全檢查	
	集材作業員是否熟悉收穫計畫相關內容	

項目	子項目	是 / 否 / 不適用
5. 原木整堆作業	是否穿戴適當防護裝置	
	整堆用機械是否具備安全防護裝置及警示標誌	
	整堆之原木是否不影響交通	
	原木整堆位置是否遠離電線或枯立木	
	材堆是否具安全穩固措施	
	原木規格是否符合規定	
	原木是否依規定編號並記錄檢尺資料	
	作業人員是否熟悉收穫計畫相關內容	
6. 運材作業	作業人員是否具備駕照	
	運材車輛是否具有合法之行車證照	
	是否具備運材路線計畫並了解可能發生影響交通之問題	
	行車速度是否依各級道路之規定	
	車輛載重與裝載後尺寸是否符合規定	
	駕駛員是否熟悉收穫計畫相關內容	
7. 跡地檢查作業	是否申報跡地檢查	
	查實有否越界、盜伐、誤伐、擅伐情形	
	是否完成留存木傷害與林地破壞狀況調查	
	是否產生對環境嚴重衝擊之事項	
	殘材是否依規定處理	
	是否於根株上烙打跡查印	
	是否完成林產物採取跡地檢驗報告表	
	是否已發給作業完畢證明書	
8. 作業人員保障事項	是否提供作業人員社會保險或意外災害保險等	
	是否提供作業安全個人保護裝置	
	是否於作業開始前提供作業人員適用的安全教育訓練	
	是否定期檢討健康與安全事項與因應作法	
	是否具備急救與緊急醫療後送措施	
9. 森林環境相關事項	作業現場是否已清楚標示各應受保護之區域	
	是否具有控制土壤侵蝕與保護水資源之措施	
	燃料及化學物質等是否依相關法令貯放與作業	
	有害化學物質是否清楚標示並提供物質安全資料表	
	廢棄物是否依相關法令妥善處理	
	作業人員是否將臨時住所整理恢復成原本之森林狀態。	

職掌、預期工作程序及應遵循之標準等。並透過定期會議討論作業之進度與施工品質。人員組成包括生產作業主管、現場檢查稽核員、領班、伐木工與助手、機械集材操作人員與助手。廠商須提供團隊名冊給委託機關。廠商同時應具備良好的薪資系統與保險制度，以確保良好的作業品質。

二、作業道〔或集材架線主要路線〕與土場開設

❶ 依收穫計畫圖說開設作業道或集材架線主要路線與土場，相關開設作業須於伐木作業前完成，障礙木伐倒高度越低越好。

❷ 作業道路幅不得超過 4 m，集材架線主要路線寬度以 6-8 m 為原則，每一處土場面積限制在 0.2 ha 以下。

❸ 過溪流作業道不允許寬度超過 5 m，且橋樑須建設在岩盤上。

三、伐木造材規範及注意事項：

❶ 經烙打『查』、『障』印之疏伐木應全部伐採，其餘未烙印之造林木不得伐採。

❷ 檢查欲伐倒立木狀況、決定倒向、清理周圍、設定脫逃路徑、人員安全注意區域。伐木倒向與及材路線間之最適角度為 30°-45°〔人字形〕或平行；儘可能倒向開闊地；在陡峭區域中，沿著等高線倒向上斜坡面。

❸ 根株之倒口與背口愈低愈好，伐採高度原則為上坡地面 30 公分處以下。

❹ 避免倒向溪流或保護區，同時避免損傷及具生長潛力及受保護的樹木。

❺ 木除冠與去枝。

❻ 修整首端，原木首末兩端與長軸方向夾角在 10° 以內，以避免資源浪費。

❼ 依當地一般市場消費習慣與實際需要量而定造材規格，並據以實施造材。倒木截斷造材時，造材長度須有 6-15 公分延寸，造材延寸不計入原木材積計算。作為商業用途之原木應避免生產彎曲、腐朽或中空之低品質原木。彎曲木造材時先鋸切受壓側再鋸切受拉側，避免原木撕裂。

⑧ 為避免造材產生低質原木，造材長度規定應有彈性比例可造短材。

⑨ 在與原木首端標記立木編號，供跡地檢查與生產履歷追溯用。

⑩ 臨時附帶設施：住宿工寮、機具、物料與燃燒儲藏庫房應受機關之現場人員指定場所設置。

四、集材整堆規範及注意事項：

❶ 原木集材：依勞動部頒布之林場安全衛生設施規則執行機械集材設施架設並經安全檢查通過後開始作業。

❷ 原木整理堆置：集材搬出之原木，依原木規格分批整齊堆置於林道兩側或貯木場。

❸ 集材整堆：廠商應將收穫之原木負責集運至機關指定之地點，並將原木末端以同方向堆放整齊，以便機關派員檢尺驗收，依樹種及造材長度分批堆放，並提供各堆放批量原木之材積明細表。

❹ 每一材堆應於底部地面設置墊木，提高材堆穩定性並避免原木受生物因子危害。

五、原木檢尺編號規範及注意事項：

❶ 原木檢尺與材積計算依中華民國國家標準 CNS 442 規定進行。

❷ 原木末端直徑 12 公分以上，應每支編號並可清楚辨識，末端直徑 12 公分未滿之原木，依末端直徑分別統一計算數量；每一材堆亦應分批註明堆號。廠商應於完工後通知招標機關，以備派員檢尺驗收。

六、作業安全規範及注意事項：

❶ 廠商應遵照政府頒行之「職業安全衛生法」與「林場安全衛生設施規則」等規定，確保採運工作人員之安全。

❷ 廠商應依照「林務局各林區管理處重要作業地區防火安全檢查要點」切實注意防範森林火災；如其防火設備不符規定經機關警告三次仍未改善，則予暫停其作業，俟防火設備充實經機關檢查合格後，始准恢復作業，其停工日數不得補足。

❸ 廠商在契約有效期間釀成森林火災，致使機關所受之損失及所支出之救火費用，概由廠商負賠償責任。

❹ 作業區域內及其相關設施，因設置欠缺、施工不良或管理不當之原因，致機關發生國家賠償事件時，機關對廠商有求償權。

4.3.3 收穫作業後檢查

一、作業跡地檢查驗收標準包含作業範圍、界木查核、受保護區域與保留帶是否符合規定，如表 4-5，收穫作業後驗收採取百分制，總分建議達到 85 分為合格。

二、伐採林木查核：經烙打『查』、『障』印之伐採林木應全部砍伐，其餘未烙印之造林木不得砍伐。

三、留存林木損傷查核。

四、林地土壤損傷查核指標。

五、不搬出之伐倒木或殘材，應使其不易移動，如有必要應進行穩固作業並不得妨礙留存木之生長，樹冠枝葉應依後續造林規劃進行局部整理，以利造林作業之時實施。

六、環境整理：土場清理、臨時住宅設施清理、殘材、垃圾、鋼索、燃料等清理。

七、林道封閉：林道若不再繼續使用時，須封閉。封閉時須移除原木結構設施、臨時橋梁及截水溝。

表 4-5 收穫作業後檢查驗收標準			
檢查項目		標準分 (總分 100)	檢查方法及評分標準
1. 收穫 作業品質	收穫方式	5	符合調查設計要求得滿分， 改變收穫方式的為不合格伐區
	收穫面積	5	符合調查設計要求得滿分， 越界收穫的為不合格伐區
	收穫蓄積	5	允許誤差 5%，每超過 ±1% 扣 2 分
	搬出材積	5	允許誤差 5%，每超過 ±1% 扣 2 分
	應採未採木	5	應採木漏採 0.1 m³ 扣 1 分
	收穫未烙印 的樹木	5	每採 0.1 m³ 扣 1 分
	鬱閉度	5	符合調查設計要求得滿分，否則不扣分
	伐株高度	5	要求伐根高度超過 30 cm 比例低於 15% 的，每 超過 1% 扣 1 分
	留存木損傷	10	下層疏伐作業之留存林木之損傷比例須在 10% 以下；行列疏伐作業之留存林木之損傷比例須 在 5% 以下，每超過 1% 扣 1 分
2. 伐區清理	清理品質	10	符合調查設計要求的得滿分， 伐採剩餘物歸堆不整齊，有病菌和害蟲的剩餘 物未用藥劑處理得不得分

檢查項目		標準分 （總分 100）	檢查方法及評分標準
3. 環境影響	緩衝區	10	發生下列情況之一的扣 2 分： · 每個未按收穫設計設置的緩衝區 · 每個有收穫活動的緩衝區 · 每個有伐倒樹木的緩衝區 · 每個未經批准卻有機器進入的緩衝區 · 每個被損壞的古蹟和禁伐木
	水土流失	10	收穫作業生活區建設時破壞的山體未回填扣 2 分 對可能發生沖刷的集材道未作處理扣 4 分 對可能發生沖刷的集材道處理達不到要求扣 2 分 集材道出現沖刷不得分 集材道路未設水阻止帶，車轍、 沖溝深度超過 5 cm 扣 8 分
	場地衛生	5	符合下列情況之一的扣 2 分： · 可分解的生活廢棄物未處理 · 難分解生活廢棄物未運往垃圾處理場 · 收穫作業生活區的臨時工棚未撤除徹底 · 建築用材料未運出 · 抽查 0.5 hm² 收穫面積，人為棄物超過 2 件 · 輕度損傷的樹木未做傷口處理，重度損傷的樹 木未伐除
4. 資源利用	伐區丟棄材	10	丟棄材超過 0.1 m³/ 公頃扣 10 分
	裝車場丟棄材	5	裝淨得滿分，否則不得分

4.4　練習題

① 試述一個完整的木材收穫作業系統應涵蓋的範圍。

② 試說明林產物的種類及國有林林產物處分方式。

③ 試說明對環境友善之木材收穫作業查核項目應涵蓋的項目。

木材收穫前置作業

撰寫人：卓志隆　審查人：王松永

5.1 木材收穫系統

全球普遍採用的木材收穫系統包括短材、長幹材及全木等三種作業方式。短材作業在伐倒立木的現場，立木伐倒後立即除枝、除冠，並依市場需求按照尺寸截斷成為標準的短材原木，集材後搬出利用。長幹材作業在伐採現場，將伐倒的立木實施除冠與除枝後，依集材設備的能力與林道運輸狀況盡可能造成較長幹材，藉集材之便而搬運之長幹材作業方式。全木作業，立木伐倒後立即利用地面集材系統或架線集材系統將倒木集中至林道旁或土場處再進行造材作業。表 5-1 為三種木材收穫系統之相關伐木造材、集材與對土壤及留存木影響之特性。表 5-2 為三種木材收穫系統與育林更新系統間之相關適用性，三種收穫系統皆適用於同林齡之皆伐作業，採傘伐作業時則不適合採用全木收穫作業系統，擇伐作業或疏伐作業較適合採用短材收穫作業系統。表 5-3 為三種木材收穫系統優缺點比較。

表 5-1　木材收穫系統的特性			
特性	短材	長幹材	全木
伐木設備	鏈鋸 林木收穫機	鏈鋸 伐木聚材機 林木收穫機	鏈鋸 伐木聚材機
集材設備	裝載式集材車 附鋼索式拖拉機 架線集材	附鋼索式拖拉機 抓勾式拖拉機 鋼索架線	
去枝除冠區域	倒木根株處	倒木根株處	林道旁或土場
造材區域	倒木根株處	林道旁或土場	林道旁或土場
林道側土場需求	小	大	最大
車輛交通面積	低	高	高
對林地土壤干擾	低度	中度	高度
留存木保護及更新	良好	中等	不佳

表 5-2 木材收穫系統與育林更新系統之適用性

育林更新作業	短材	長幹材	全木
同齡林			
1. 皆伐 (1) 塊狀採伐 (2) 列狀採伐（交互式） (3) 列狀採伐（漸進式）		良好	
2. 傘伐	良好	中等	不佳
3. 保留母樹作業法	良好	良好	中等
異齡林			
1. 單木擇伐	良好	不佳	不佳
2. 群狀擇伐	良好	中等	不佳
其他			
1. 選木疏伐	良好	不佳	不佳
2. 行列疏伐	良好	中等	不佳
3. 上層疏伐	良好	中等	不佳

表 5-3 三種木材收穫系統的優缺點

收穫系統	優點	缺點
短材	1. 初期投資及作業成本有時較低。 2. 對環境衝較低 3. 根株處有殘材 4. 可於集材作業道上鋪設枝條等保護土壤及樹根 5. 較少設備需求 6. 土場面積需求較少 7. 集材作業道可容許較多彎曲 8. 集材作業道路幅可較窄	1. 有時初期投資及作業成本較高 2. 生產性較低 3. 可能需要勞力密集之作業 4. 較陡峭地形無法承受高載重 5. 枝條或樹冠之墊可能不適合完全支撐某些設備
長幹材	1. 枝條殘留在根株處 2. 林分內殘材可保護土壤 3. 道路旁之枝條殘留物可減至最低 4. 土場面積可稍小 5. 集材作業到可不必很寬 6. 裝載時之緩衝樹需求較不需要	1. 木材有較髒之趨勢 2. 若枝條未留在集材作業道上，則土壤損傷會較高 3. 對留存木及幼苗損傷會較大 4. 需設置緩衝樹
全木	1. 最高材積利用率 2. 高度生產效率 3. 單位生產之人力成本較低 4. 可容許集中多項之批量作業，特別是小徑木 5. 主伐區域沒有殘材遺留，減低造林清理作業成本 6. 一般而言此方法之單位材積之收穫成本最低	1. 初期投資及作業成本高 2. 提供之設備需求高 3. 土壤空間需求較大 4. 作業轉移費用較高 5. 短期及長期作業之木材需求量較大 6. 重型機械可能導致根部損傷、土壤壓實及沖蝕 7. 道路路幅要較寬 8. 土場殘留材較多 9. 較多的森林養分會被移走

5.2　林道網整備與高性能木材收穫機械

林道係以合理經營森林為目的所開設之森林道路，廣義的林道包括山地軌道、索道、森林鐵路、木馬道、卡車路等；狹義林道僅指卡車道，為產業道路之一種。林道提供造林撫育、木材生產、森林育樂、森林施業及管理等之用，可將林產物有效率的搬運至木材加工廠或市場；適當的林道網，可降低木材生產成本，提高森林的經濟價值，尤能減低林地內之移動時間而提高造林、撫育及管理等作業效率，可使人工林之經營更符合經濟性而達到集約性經營之目標。林區內林道網整備包含林

道主線與支線，其建設目的為永續性森林資源生產的實現；林道網中路幅最小的作業道，則用來提高運輸能力、加強林地管理及作業效率。此外亦可兼顧地域性交通運輸，促進森林遊樂事業與農工業的發展。林道的發展程序如下：

一、首先開發林區的聯外道路，主要為公路，不屬於林道網系統。

二、建設林區內林道網骨幹的林道主線與支線，目的為永續性生產的實現。

表 5-4 不同地況下相對應的作業方式與林道密度建議

地形狀況	築路難易度	適合作業方式	林道密度
平坦地形	容易	林內運材車集運與卡車林外運材	30-50 m/ha
丘陵地形	中等	拖拉機中短距離集材與卡車運材	20-30 m/ha
山岳地形	困難	架空索中距離集材與卡車運材	10-20 m/ha
險峻地形	非常困難	架空索長距離集材與卡車運材	5-10 m/ha

三、 最後開發林道網路的作業線，用以
　　提高運輸能力、加強林地管理及作
　　業效率。

5.2.1 不同地況下相對應的作業方式與林道密度建議

林木經營區之林木是否能有計畫性收穫利用，需視林道系統是否完備而定，因近期機械化林木收穫系統進步迅速，完備之林道系統日趨重要，德國及奧地利為可更集約經營森林，其林道網密度達 118 m/ha 及 90 m/ha，日本約為 30 m/ha，不同地形狀況下之合適林道密度如表 5-4 所示。依林務局資料顯示目前台灣共 81 條林道總長度為 1645.84 m，即台灣全區林道網密度現況為 0.75 m/ha(1645.84 m/2197.090 ha)；林木經營區之平均林道密度為 3.12 m/ha，相對較林業發達國家偏低許多，也不利於人工林之集約經營及林業業務之推動。

5.2.2 高性能木材收穫機械

為提升木材收穫作業效率，降低木材生產成本，全球林業技術先進國家近年來積極研發高性能之伐木造材及集材機械，這類型機械須有完善的林道網配合，方能充分發揮它的功能。也由於林道網密度增加及引進高性能林業機械，導致這些地區採用長距離多徑間固定式鋼索集材架線的作業方式逐漸減少，固定式集材機逐漸被移動式塔式集材機或回旋式集材機所取代；造材加工機及林木收穫機逐漸取代鏈鋸；人工林林木收穫流程由伐木造材、集材與運材之短材作業方式，逐漸變為伐木、集材、造材與運材的全木作業方式。若台灣地區有足夠穩定的木材供應政策，建議可先引進造材加工機於土場進行造材作業，除可明顯提高作業效率外，亦可透過全木集材方式減少林地中殘材，有利於後續造林更新作業。

目前全球主要高性能林木收穫機械說明如表 5-5，相關採用作業流程如圖 5-1。開發使用的伐木機械、集材機械、造材機械及運材車均能有效於路幅 3m 之作業道操作運用，作業模式值得國內引進參考。

表 5-5 高性能林木收穫機械		
用途	機械種類	說明
伐木造材	林木收穫機 (Harvester)	為自走式機械，有輪胎式與履帶式兩種或兩者兼具。在機械本體的前方有帶臂型油壓伐採機構，後方備有打枝、剝皮與截斷功能的造材機械，為一人操作之伐倒、造材與集材之一貫處理機械。
	造材加工機 (Processor)	造材專用機械，在林地伐倒之林木，以其他集材機械送達造材處後，利用本機械進行打枝、剝皮與截斷作業，作業場地宜選擇面積較廣大之區域。

集材	塔式集材機 (Tower yarder)	又稱為機動塔式集材機，裝設有主柱用之集材塔與集材捲胴。由於具備自走功能，可在林道上行走且容易設置集材機，作業深度以道路兩側 100 公尺範圍內之作業效率高。
	鉗鉤式集材機 (Grapple yarder)	利用鉗鉤式集材機的架線方式與傳統架線方式相似，主要差異為綑綁木材的部份以鉗鉤的抓取方式取代捆材的鋼索，提高集材作業過程之安全性。與塔式集材機相較，由於機械臂可行回旋功能，故架線換線之速度快同時可進行轉材與裝材作業。
	裝載式林內運材車 (Forwarder)	將木材裝載於運材車上或拖車，此種作業方式適用於經造材後之中小徑材搬運，雖然裝卸較費工但不損傷木材，有利於較長距離之搬運。

伐倒 (felling) ⟶ 全木集材 (Yarding) ⟶ 造材 (Bucking) ⟶ 運材 (Transportation)

鏈鋸

塔式集材機

伐木聚材機

鉗鉤式集材機

造材加工機

裝載式林內運材車

林木收穫機

傳統固定式集機

▲ 圖 5-1 高性能林木收穫作業流程參考

5.3 木材收穫作業量查定

標準作業量，係以合理作業方法，並以普通的努力程度，從事作業時之作業量，通常以一日之標準功程稱之。本節就影響因子說明伐木造材及集材裝材作業標準作業量之查定方式。

5.3.1 伐木造材作業標準工作量

一、作業量指數

伐木造材之作業量主要與作業地之地面坡度、地表狀況、每公頃採集量、每木材

積、林相狀況、降雨日數及交通時間等因子有關,就作業量與作業區各作業因子,訂出「伐木造材作業相關因子作業量指數」,如表 5-6,所列各作業相關因子所屬級值分別乘以有關比重值,合計得作業量指數 (b)。

二、作業方式係數

依使用工具、皆伐、擇伐或疏伐作業別、樹種及機械使用年限等因子,依「伐木造材作業之樹種、作業方式係數」,如表 5-7,查定其有關係數 (x)。

三、標準日作業量

每日標準日作業量 (Y),可由下式之作業量指數 (b),乘以有關係數 (x) 而得,即 Y=bx。

表 5-6 伐木造材作業之相關因子作業量指數 (b)											
級值	地面坡度		地表狀況		每公頃採集量 (m³)		每木材積 (m³)		林相狀況	工寮至工地時間(分)	月降雨日
	皆伐	疏伐	皆伐	疏伐	皆伐	疏伐	皆伐	疏伐			
1	31° 以上		極礙作業		150 以下	30 以下	1 以下	0.06 以下	林型極劣	121 以上	13 以上
2	26°	~30°	甚礙作業		151-300	31-60	1.01-3	0.07-0.22	林型甚劣	91-120	11-12
3	21°	~25°	頗礙作業		301-450	61-90	3.01-5	0.23-0.38	林型頗劣	61-90	9-10
4	16°	~20°	稍礙作業		451-600	91-120	5.01-7	0.39-0.54	林型頗佳	31-60	7-8
5	15° 以下		無礙作業		601 以上	121 以上	7 以上	0.55 以上	林型甚佳	30 以下	6 以下
比重值	4	6	1	2	5	4	2	5	2	2	2

表 5-7　伐木造材作業之樹種、作業方式係數 (x)							
作業別	皆伐作業				擇伐作業		疏伐作業
	其他針二級木	闊葉樹	針葉造林木	針一級（含冷、雲、帝）	其他針二級木	各樹種	
作業方法　鏈鋸作業	0.32	0.28	0.22	0.28	0.16	0.14	0.13
手鋸作業	0.08	0.07	0.06	0.05	0.05	0.04	0.04

四、標準月作業量

每月之標準工作日，以 22 日為計算基準，故上述標準日作業量之 22 倍，即為標準月作業量。

5.3.2 固定式集材機集裝材作業標準工作量

臺灣之集材作業多使用固定式集材機配合鋼索架線作業，並為作業之連續性，多將裝材作業歸屬於同一作業機組實施，以期作業之連續性與工資計算之便利。

一、作業量指數

集裝材之作業量主要與作業地之地面坡度、每公頃採集量、每次集材材積、集材距離、降雨日數及集材機已使用年限等因子有關，就作業量與作業區各作業因子，訂出「集裝材作業之相關因子作業量指數」，如表 5-8 之級值與有關比重值，分別相乘合計得作業量指數 (b)。

二、作業方式係數

依作業對象林分之樹種別，皆伐、擇伐或枯立倒木之整理或疏伐作業別，機械動力及作業方式等因子，依「集裝材作業之各作業方式係數」，如表 5-9 為部分收穫方式之有關作業方式係數 (x)。

三、標準日作業量

每日標準作業量，乃依一般工作現場之習慣，以每日 8 小時工作時間為基準所得之作業量，標準日作業量 (Y)，係分別依息木及散材集材作業，就表 5-8 及表 5-9 之作業量指數 (b) 乘各作業方式係數 (x) 而得，即 Y=bx。

表 5-8 固定式集裝材作業之相關因子作業量指數 (b)

級值	集材機年期（年）		地面坡度（度）	每公頃蓄積採集量 (m³)		每次集材材積 (m³，t)		各段別集材距離 (m)	月降雨日
	集材	裝材		皆伐	擇、疏伐	皆伐	擇、疏伐		
1	9~	9~	31 ~	~150	~ 90	~ 1	~0.2	551 ~	13 ~
2	7~8	7~8	26 ~ 30	151~300	91~140	1.1~ 2	0.21-0.3	391 ~ 550	11 ~ 12
3	5~6	5~6	21 ~ 25	301~450	141~190	2.1~ 3	0.31-0.4	241 ~ 390	9 ~ 10
4	3~4	3~4	16 ~20	451~600	191~240	3.1~ 4	0.41-0.5	91 ~ 240	7 ~ 8
5	1~2	~2	~ 15	601~	241~	4.1~	0.51~	~ 90	~ 6
息木值	2	1	3	0		7		5	2
散材值	2	1	2	6		4		3	2

表 5-9 集裝材作業之各作業方式係數 (x)

作業別	皆伐作業				擇伐或枯立倒木整理作業		疏伐作業	
樹種別	針葉樹		闊葉樹		針葉樹		各樹種	
馬力 HP	~99	100~150	~99	100~150	~99	100~150	~99	100~150
一散直接集裝	0.55	0.72	0.40	0.50	0.35	0.46	0.25	0.33
二散直接集裝	0.47	0.61	0.34	0.43	0.30	0.39	0.22	0.28
二散一息集裝	0.35	0.46	0.26	0.33	0.22	0.29	0.16	0.21
二散間接集裝	0.30	0.39	0.22	0.28	0.19	0.25	0.14	0.28

四、標準月作業量

生產作業之標準月給工資計算，故以標準日作業量之 22 倍為標準月作業量。

5.3.3 怪手配合絞盤集材標準作業量建議

怪手配合絞盤集材為可仕林業道路上行走之移動式集材裝置。其集材之每日標準作業量建議如表 5-10，並可依作業現場狀況進行標準作業量之調整，相關係數值如表 5-11，每月標準作業量為每日標準作業量之 22 倍。

表 5-10 怪手配合絞盤之集材日標準作業量（疏伐）						
集材距離 (m)	50 以下	51~100	101~150	151~200	201~250	251~300
日標準作業量 *(m³/ 日)	7.0	6.3	5.5	4.6	3.8	3.3

* 為 3 人 1 組之日標準作業量。

表 5-11 怪手配合絞盤集材之集材日標準作業量調整係數		
項目	狀況	調整係數
地面平均坡度	15°	1.10
	16°~25°	1.00
	26° 以上	0.90
蔓藤及枝條狀況	蔓藤茂盛 蔓藤中等 蔓藤稀疏	0.90 0.95 1.0
	枝條密度高 枝條密度中等 枝條密度稀疏	0.90 0.95 1.0
至工地時間（分）	60 以上	0.90
	30~60 未滿	0.95
	30 未滿	1.00

5.4.1 林產物價金查定

林產物價金查定適用於國有林林產物標售作業,由管理經營機關依下列公式計算之:

$$\frac{林產物總市價}{1＋企業利潤率＋資金利率}－生產費用$$

一、林產物市價之查定

目前單位材積市價之調查,係由各林管處以轄區內主要業商生產原木躉售價格及直營伐木生產原木批發〔標售〕價格為主,一般消費市場之原木買賣價格為輔,每月查編「林產物〔木材〕市價調查表」報林務局,並與鄰近林管處交換市場情報;造林生產組林產科則每月按主要產地及樹種別製作「市價調查比較表」,分析所報市價之準確性。各類別樹種用材原木分別上材、中材、下材,就基準規格查定市價而後依末徑、材長之增減予以加減。管理經營機關根據「處分樹種材積明細表」及本地區上月份「林產物〔木材〕市價調查表」,編列「處分木材市價明細表」,作為處分價金查定之售價基礎。

二、利息利潤率之查定

林產處分價金之利率,現行規定為參酌銀行牌告利率查定之。林產處分價金之企業利潤率,依各處分案承採林木所冒風險之程度,在標準利潤 10％ 上下給予

如 10％ 至 15％〔現行規定為百分之十至十五〕之六級變動幅度,即就當時市場利息之高低,作業面積、位置及期限之長短,內銷外銷市場之需求,地形氣候對作業之影響等資料,由標售底價最後核定人在可變動幅度內直接將查定之價金予以調整為決標底價。

5.4.2 生產費用之查定

木材收穫相關生產費用之查定,應先就處分目標之區域、位置、地況、林況、材積等作業條件及相應之作業方式作成「處分預定調查報告」,其格式請參考林務局之「林產處分實務」說明。生產費用之查定,應分別就主要作業、附屬作業、各作業種及工作細目,以其數量與單價相乘積求合價,總計各作業種之合價得全部生產費用。生產費用查定內容包括工資、機具使用費用、物料動力費用、築路養路修護費用及間接管理費用,摘要說明如下:

一、工資查定:

❶ 標準日工資額〔元／日〕:應分別主附作業之各作業種及工作項目,於每月由林管處向林務局函報其時價。

❷ 標準日工作量〔m^3／日〕:就林務局規定主附作業各作業種或工作項目所訂之編組或規範,及其最高、最低與平均之工作量以為標準,由林管處以各標案所調查

之地況、林況、材積、樹種比率及作業方式，採用適當之日工作量。亦可依林木收穫標準作業量查定方法，計算伐木造材與集材裝車之標準作業量。

❸ 生產費用之單價工資（元/m³）：標準日工資額除以標準日工作量為生產費用之單價工資。

二、機具使用費之查定：

各作業機具之折耗率，為實際生產之原木材積（m³）或延材積里程（m³km）量對機具主體及其主要附件之規定耗竭量（m³或 m³km）之比率。此一比率乘以該機具主體及其主要附件之購置價格，為該機具

之使用費率。前項之購置價格每月由林管處向林務局函報結果。各項機具主體及其主要附件之規定耗竭量標準如林產處分實務之規定。

三、物料動力費用之查定：

作業機具所需物料動力，包括燃料、油脂、機械零件三項；燃料、油脂，以 L/m³ 或 L/m³km 為單位，耗率計列如林產處分實務之規定。機械零件更換（含維護工資）所需費用，以機具使用費用之百分比計算，鏈鋸為主機折耗 10%；集材機為主機折耗 10%；裝材機為主機折耗 5%；運材車為車輛折耗 15%。

四、築路養路修復費用之查定：

❶ 築路費用，每公里計列 1,500 工至 2,500 工，平均 2,000 工。如為較重要之支線或為主線林道，須以附帶條件委由承採業商代築時，應另依工程標準設計，編列施工費用，並於價金計算公式生產費中特別標明此項附帶設施工程費用。

❷ 使用堆土機開設簡易林道（卡車路）之築路費用，按下列工作量標準查定：

（1）普通土 36 m³/ 時（288 m³/ 工）、軟石 15 m³/ 時（120 m³/ 工），堅石以人工挖炸 5.4m³/ 工再以軟石即 15 m³/ 時（120 m³/ 工）處理。以上在特殊地形、山區得酌予加減 10% 範圍內調整。

(2) 炸藥、雷管等物料得按實計列。

(3) 養路費用，就利用線路新路每公里計列養路工一人，舊路 2-3 公里計列養路工一人，依規定作業期間 (月數) 計工。

(4) 災害修復費用，以養路費用之一成至三成計列，由使用林道之路況、地質、氣候等因素決定之。

五、間接管理費用之查定：

❶ 作業現場管理所需人事費用，每生產 200 m³ 支付一個月管理人員費用，以等同公務員委任五職等之統一薪俸為人事費用。

❷ 作業應支之雜項費用依上項管理人員薪給之 20% 計算。

❸ 房舍設施以工／坪為單位，工人宿寮於每年生產原木 250 m³ 配予一坪，年產量 2,500 m³ 以上者，事務所共配 30 至 45 坪，倉庫共配 20 至 30 坪，年產量 2,500 m³ 未滿者酌減之；每坪造價概以含工料若干元計列。

❹ 業商應繳稅捐，依政府規定辦理，現階段依生產費用之 5% 計算。

5.5 練習題

① 試述全球普遍採用的三種木材收穫作業方式及其優缺點。

② 試列舉 3 種目前全球重要的林木收穫作業機械並簡述其功能。

③ 試說明林產物價金的查定計算方式並詳述其內容。

傳統的林木生產即將林分中可利用之立木伐倒，依林木生長及木材市場需求，並配合伐採搬運之便利，以一定的尺寸造成原木，集積於固定地點後搬運至工廠，或在貯木場分類堆積銷售。木材收穫現場作業，通常分為伐木、造材、集材、裝材及運材等等步驟。

一、伐木及造材。

二、集材：將伐倒木移至堆材場待運。

三、運材：以陸路、鐵道或水路將木材運送到加工廠或貯木場。

四、卸載：於貯木場或製材廠，為一需高度機械化的工作。

五、貯材：等待後續之加工。

六、原木檢尺與分等。

6.1　伐木造材作業

6.1.1 伐木作業

伐木作業可分為人工伐木與機械伐木兩種方式，目的為將立木依特定的方向使其倒伏於林地上；避免倒木過程中對留存立木造成損傷與因地形關係造成林木折斷或破損；有利於後續的集材作業。

一、人工伐木

人工伐木作業採用手鋸、斧頭、鏈鋸及輔助工具等將立木伐倒。臺灣目前絕大部分使用鏈鋸作為伐木工具，鏈鋸規格從 3-9 馬力，採用可更換長度的鋸板，幾乎可處理任一徑級的立木。伐木作業人員隨身裝備應包含斧頭、楔塊、燃油、急救藥箱、維修工具、滅火器及協助控制立木傾倒的工具。人工伐木在森林收穫作業中，是危險性最高的工作，伐木人員都需經過訓練，累積相當經驗後始投入實務作業以減少受傷的風險。

伐木作業前，伐木人員需先評估立木傾斜方向、最佳倒向、樹冠重量分佈、樹幹的目視缺陷，以及任何影響立木傾倒方向的因素，清除立木周邊雜物，並預設好危急時之脫逃路線後，開始伐木作業。伐木者首先於立木上鋸出倒口；倒口鋸切於立木預期倒向之樹幹面上，除了控制倒向之外也可讓切面以滑動方式折裂傾倒並避免發生回衝現象。倒口成形後，隨即於沿倒

口水平面，於立木另一側上方 3 到 6 公分處鋸切背口；使倒木受根砧之抵制得以落向預期的倒向，如背口低於倒向口底線時立木倒下時易發生劈裂、回衝等現象，危害工作人員之安全，如圖 6-1 所示。

立木伐倒作業須力求作業之安全，並使倒木損傷減低到最小。伐木人員首先應背靠著樹幹來決定伐倒方向，以鏈鋸鋸切倒向口時須力求達可確實控制伐倒方向，鋸切背口時應利用楔等輔助工具確實可把握伐倒方向。伐木倒向的選定是伐木造材作業中重要的工作之一環，為了避免錯誤的發生，對立木周圍的狀況，需有充分的了解，並依作業人員的技術能力站立在安全位置，進行適當安全的伐木作業。

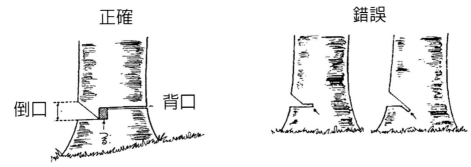

▲ 圖 6-1 正確倒口與背口的鋸切方式

由於疏伐作業時，無論何種作業方式，均有可能會攀掛到鄰近立木而難於伐倒；對此類懸架木之處理經常遭遇困擾，故疏伐作業應細心地控制倒木方向，萬一成為攀掛木，亦應巧妙的解開為宜。攀掛木如為胸高直徑 20 公分未滿之小徑木，應使用槓桿原理，將懸架木根端部分逐步地移動，使掛枝脫離。若是中大徑木時，則利用滑輪、鋼索及省力工具，安全地移動攀掛木，如圖 6-2。千萬不可使用如圖 6-3 的處理方式。

▲ 圖 6-2 正確的懸架木處理方式

▲ 圖 6-3 錯誤的懸架木處理方式

二、機械伐木

為提高伐木作業效率，許多先進國家陸續開發不同型式的高性能伐木機械。依其功能可分成三種不同的類型，單功能的伐木機械僅能做到定向伐木的要求，雙功能的伐木機械（另稱為伐木聚材機）可於立木伐倒之後，搬移成堆。多功能伐木機械（也稱林木收穫機），可集伐倒、除枝、剝皮、造材及原木堆疊之功能於一機，如表 6-1。機械伐木較人工伐木速度快而且安全性高，伐木聚材機僅需 3 到 6 秒鐘，就可完成一次伐木作業。

伐木機械（如圖 6-4）依其立木伐倒機制，可分成剪刀式伐木機、圓盤鋸伐木機，以及鏈鋸式伐木機三種。剪刀式伐木機利用油壓動力，控制剪刃以剪斷立木；圓盤鋸伐木機則以大型鋸盤鋸切立木；而鏈鋸式伐木機，則如同採用機械操控大型鏈鋸的方式，達到伐倒立木的目的。所有的機型都設計有夾具夾住立木後，驅動切斷設備將樹幹鋸斷，並提供控制立木倒向的動力。機械伐木的優缺點如表 6-2。

伐木聚材機

林木收穫機

伐木機

林木收穫機

▲ 圖 6-4 高性能伐木機械

表 6-1 高性能伐木造材機械

用途	機械種類	說明	適用狀況
伐木造材	伐木機 (Feller)	僅能做到定向伐木功能,可分成剪刀式伐木機、圓盤鋸伐木機、鏈鋸式伐木機。	適用於平地造林林地或地形坡度小於 20 度之林地。
	伐木聚材機 (Feller-buncher)	是一種可伐倒樹木又能堆放木材的自走式機械。主體前頭有伐木機構,由圓鋸與護盤組成,可垂直和水平轉動,以利於貼近地面並切斷樹幹,並由機械臂在伐木中抓住樹幹,俟樹木切斷後,舉放於車後的拖材車上,適用於中小徑木的伐採作業。	
	林木收穫機 (Harvester)	為一自走式機械,有輪胎式與履帶式兩種或兩者兼具。在機械本體的前方有帶臂型油壓伐採機械,後方備有打枝、剝皮與截斷功能的造材機械,為一人操作之伐木、造材與集材之林內綜合的一貫處理機械。	
	造材加工機 (Processor)	造材專用機械,在林地伐倒之林木,以其他機械送到後,利用本機械進行打枝、剝皮與截斷作業,作業場地宜選擇面積較廣大之區域。	適用於任何採全木集材至林道後之造材作業。

表 6-2 機械伐木的優缺點

優點	缺點
作業效率與安全性高 伐木倒向控制性好,減少殘留木的損傷 集材效率高 可進行根部鋸切,使得林木利用率提高	有作業徑級的限制所需資本較高 剪式伐木機可能造成樹幹的壓縮破壞 重型機具的移動,造成土壤損傷 傾斜坡度會影響降低其作業效率 崎嶇地形、岩層地表,以及留存木密集的作業區影響其作業空間

6.1.2 造材作業

造材目的為減少立木體積,使其適合集運作業、生產符合市場需求之規格、提高原木品等及適應製材設備等。作業時將倒木依照特定的長度鋸製成段木,段木的長度對原木價格影響甚大,通常需要複雜的決策分析,始能訂出段木的最適長度。造材作業在長度尺寸有嚴謹的要求,且需與樹幹垂直方向鋸製,以減少材積損失。以鏈鋸進行造材作業時,為確保安全,需注意下列事項:

一、除枝

確定伐倒木穩固後,便可進行除枝作業,原則為從基部向梢端依序進行,沿材面將枝條平滑地切除,以免木材纖維產生破裂。使用鏈鋸時,避免使用導板前端部分除枝,容易產生回彈現象。長且粗大的枝

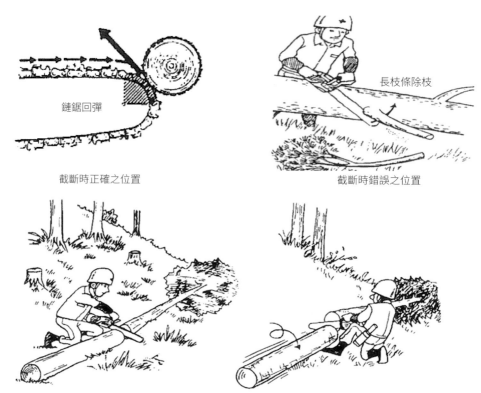

鏈鋸回彈

長枝條除枝

截斷時正確之位置

截斷時錯誤之位置

▲ 圖 6-5 除枝、截段時應注意事項

條，先從枝條中間切斷，再從枝條底端鋸切。對伐倒木具有穩定作用的枝條，應等截段後再修枝，如圖 6-5 所示。

二、截段

伐倒木除枝後，為配合集材及適合市場之需要，常將倒木分鋸成段，稱為截段。作業時應由鋸切點向中心成直角鋸入，作業人員應立於斜坡之上方工作，且作業時注意腳部不可深入倒木或導板下方（圖6-5）。

木材收獲機進行收獲作業時，除枝及造材為其整合作業程序上的一部份；其造材方式為應用電子偵測系統，精確量測全木長度，並於現場進行造材作業。此外對於全木集材的林木，可於作業面積較寬敞之處，利用造材加工機（Processor）進行除枝、剝皮及截段工作。

三、造材長度

長度以首末兩端之最短垂直角之連接直線為準，以公尺為單位。疏伐木一般為中小徑木、年輪寬度大且節數量較多，因此常被視為較低質材料。但若施以各種加工技術的改良，疏伐木的用途，其實相當廣泛；如各種木樁、木構造等建築用材、土木工程用材、包裝及輸送用材、電桿材、集成材等，徑級較小的部分亦可製作成粒片板、纖維板等複合材料或紙漿用材、木質燃料顆粒等。因此疏伐木要能被市場上

接受，必須事先了解每支原木的適當用途、規格後，再依長度造材，方可充分利用林木資源。

6.2 集材作業

集材作業是將倒木或段木，從伐木現場搬移至臨時集材場的作業程序。集材方法的選擇，須視林地面積大小、疏伐量、疏伐率、地形狀況，作業難易程度等而定。伐採面積大且疏伐量大時，使用大規模系統，小面積疏伐量少時，則使用簡易系統即可。若疏伐對象為小徑木或保育性疏伐，則以小型集材系統就足夠應付了，大徑木的利用性疏伐就必須採用大形的集材系統。弱度疏伐時，留存木多，小型運材車不易在林內作業。一般坡度大且地表狀況惡劣時採用架線方式集運，坡度緩和且地表狀況良好則適合使用地面拖曳集材。地面拖曳集材方式為駕駛集材車輛進入作業區將伐倒木拖曳至集材區，集材車輛有坡度的限制，因此在陡峭地形上，多採用架線集材系統，以動力集材機藉由鋼索將伐倒木拉曳至集材場。

集材使用機械，可視林道網情況或地利條件，自由選擇合適之機械。購置機械必須先行投資，故如何充分活用機械為整體作業的重點。因此依照坡度狀況及集材距離等設定作業程序後，應審慎計畫，選擇適合於該作業程序之機械。

6.2.1 地面拖曳集材方式

地面拖曳集材配合林道網及地形等，可採用林內運材車與單軌道集材方式。

一、林內運材車集材作業

❶ 適合林內運材車業場所

(1) 地形較緩，一般路面坡度在 20°以下為宜。

(2) 已整備之高密度林道網。

(3) 集運方向以水平或下坡集材較適宜。

(4) 考慮避免損傷留存木，林內運材車操作需備具優良之技術。

❷ 不適合林內運材車作業之場所

(1) 地形急峻。

(2) 濕地地帶。

(3) 岩石裸露明顯之處。

❸ 林內作業車行走難易度：應用林內運材車進行木材集運作業時，須考慮地面坡度、地面障礙密度、地表狀態及車輛寬度等因子。一般地形較傾斜、障礙物出現頻率較高、地表狀態為較軟且粘著係數較低的土壤時，行走困難度會增加。

表 6-3 林內運材車作業方式	
作業方式	說明
地曳式	將木材直接以地曳方式拖出，地曳方式一般利用於大徑材或全幹材之搬出，但有損傷木材之缺點。
裝載方式〔圖 6-6〕	將木材裝載於運材車上或拖車後搬出，此種作業方式適用於經造材後之中小徑材搬運，雖然裝卸較費工但不損傷木材，有利於較長距離之搬運。
半裝載方式	由運材車或拖材拱架裝載木材之一端予以施出。比地曳作業方式，木材損傷較少且每次作業量較高。

▲ 圖 6-6 裝載式林內運材車

❹ 林內運材車型式：林內運材車可分為輪胎式與履帶式兩大類，利用車輛牽引力拖拉原木進行集材作業。此等運材車可於車輛前端加裝鏟土板或木材夾鈎，或在尾端配置犁或捲胴等不同裝置，而可用於整地、築路、播種、育苗、集材、轉材等林業工作上。林內運材車作業方式如表 6-3 說明。

二、林業用單軌道集材作業〔圖 6-7〕

❶ 適用場所：林道網路的整備為森林經營時之關鍵要件，林道網可減輕搬運勞力且有助於各項作業效率的提升。然因地形或其他因素，很多地區之林道或作業道之路網整備極為困難，雖然可利用架空索方式，但在疏伐作業時，仍有許多問題有待

克服。能補救架空索之短處，可代替林道之功能而易於建立永久基礎且為急傾斜地之搬運設施之單軌道，似可視為機械化木馬的方式。適合單軌道及運材作業之條件如下：

(1) 地形上無法開設林道之場合。

(2) 防止林地遭受破壞。

(3) 架空索或作業到無法導入之場合。

(4) 用地或構造物（電線、建築物、水源地等）形成障礙，使用其他方法施行有困難之場合。

(5) 作業材積不多且木材分散之場合，如疏伐、擇伐作業等。

表 6-4 單軌道集材作業優缺點	
優點	缺點
1. 架設容易且架設時限制較少。 2. 不需特殊技術與資格。 3. 較道路或架空索敷設用地少，且不破壞地表。 4. 木材之裝卸以少數人員即可勝任且容易作業〔離地約 40cm〕。 5. 自裝材場至卸材場可自動行走，可無人駕駛。	1. 器材費用高。 2. 不利於一次大量的搬運。 3. 屬單線單方向搬運方式，距離愈長之作業效率愈低。

❷ 單軌道集材作業優缺點〔表 6-4〕

6.2.2 架線集材系統

將地面收獲系統發展為陡峭地形的森林收獲作業系統的過程中，引發了大眾對於收獲作業對環境潛在衝擊的關切。事實證明，在美國西北部與歐洲所應用的架空架線集材方式，在陡峭地形的作業中，對環境的衝擊甚小。與地面收獲系統比較時，架空索集材作業需投入較高的成本，以及集材作業的困難度也高許多。架線集材為應用集材機與鋼索，將伐倒之林木，搬運至集材場的作業程序。架線集材系統最適用於地形陡峭以及土壤鬆軟之處，地面收獲系統無法運作處的收獲作業。所有的架線集材系統都可以向上坡作業，某些系統亦可向下坡進行集材作業；其集材距離可達到 400 公尺之遠，為所有地面收穫系統之最。架線集材方式，視其集材設備，能有不同的作業能力，無論皆伐或是擇伐，都可以採用架線集材方式，進行集材作業。

集材機動力可從數十到數百馬力，可結合不同數量之捲筒，產生許多種不同的作業方式。一般均設置主柱，將架線鋼索升高，集材機可設於主柱旁。若將鋼索由主柱延伸至伐木基地尾端時，集材機利用作業鋼索將搬器於架空之鋼索上來回運行，以便將倒木搬運至集材場，此則稱為架空架線集材系統。架空架線若能升離地並有足夠高度時，原木集運

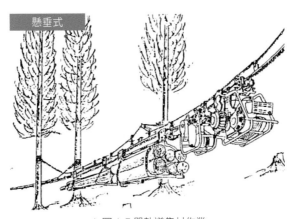

▲ 圖 6-7 單軌道集材作業

時就能避免或減少地表土壤的損傷。研究報告指出，應用小型架空索集材設施於闊葉林疏伐作業時，集材成本與單位面積的集運材積、伐倒林木的大小、徑級以及集材距離之間，有極高的關連性。

塔式集材機 (Tower yarder) 又稱為機動塔式集材機，裝設有主柱用之集材塔與集材捲胴。由於具備自走功能，可在林道上行走且容易設置集材機，作業深度以集材道路兩側 100 公尺範圍內之作業效率高。單筒式捲揚機可將主索利用重力垂放至林木搬運地點進行拖曳集材作業，雙筒捲揚機配合塔式集材機作業，則可將主索拉向作業地點。塔式集材機集材作業系統之集材距離較傳統定張式架空架線作業系統短，適用於疏伐或擇伐收獲之集材作業。影響到架線集材系統作業效率與投入成本的關鍵因子為鋼索的承載能力，而鋼索承載能力則受地形與鋼索設施的方向所左右。一般而言，能允許下垂量越大的鋼纜設施方式，能獲得越大的載重量，鋼索張的越緊，因其負載時的下垂量小，會減低其載重的能力；超過 200 公尺的架空架線，必須設置中間支柱。由於架線集材系統多用於陡峭地形，機械伐木作業不易，因此多配合人工進行伐木作業。影響塔式集材作業效率之主要因子為平均原木材積、集材距離、收穫量 (強度)。

架線集材系統，以動力集材機藉由鋼索將伐倒木拉曳至集材場。與地面拖曳集材相比較，集材系統除了需要較多的知識與技術層面的要求，更還需要更為詳盡周詳之作業規劃。集材作業規劃內容必須在作業方式初步預定之後，加上作業區的現場查勘，作為預定計劃修正之參考。由於鋼索架設位置的不當會使得集材成本增加。由於鋼索架設方式的不同，對林道的位置與施工方式也有不同的要求，因此在架線集材系統規劃時，必須將林道的規劃一併考量。鋼索架設時應考量的因子很多，其中之柱的荷重與承載量以及地錨之固定能力為三項最重要的安全因子。各種不同之架線集材型式如表 6-5。

就台灣地區目前的集材設備與技術，並考量地形因素，有效率疏伐木之集材方式在短期內仍將以傳統架空索集材系統為主。不過這些集材型式適合較大面積伐採作業，較不利於如下層或上層疏伐作業的收穫作業。

表 6-5 架線集材型式	
地曳式集材 (Ground-lead logging)	僅使用鋼索及單胴集材機作業，先由人力或畜力將捲胴內鋼索拉出至木材地點，將木材捆束套緊後，再捲收集材機捲胴之鋼索，將木材拉至木材集中處。本作業方式作業效率低，僅適用於小面積小量之作業區。
高曳式集材 （圖 6-8） (High-lead logging)	本作業方式所需主要設備為雙胴集材機、主柱、集材索、回控索及鐶鏈索等。作業時，集材索由捲胴引出經主柱上之滑車而接於供吊曳木材用鐶鏈索的一端；回控索則經此接鐶處延伸繞經數個材根之導索滑車，迂迴轉回主柱之另一滑車後，最後連接於另一捲胴上。由捲胴捲取捆材索而拉集木材，木材前端抬離地面越過障礙。
架空索集材 （圖 6-9） (Cable skidding; Cable yarding)	利用集材機及鋼索將伐區的木材集中於一定場所。集材方法由地曳式、高曳式逐漸演變成各種高架式的型態。集材柱也由立木、鋼鐵柱而發展至桁架結構型式，除集材外，亦能應用於裝材作業。

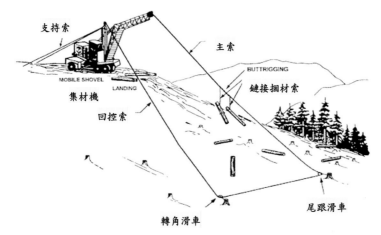

▲ 圖 6-8 高曳式集材作業

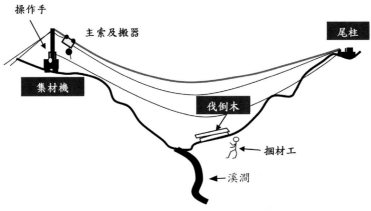

▲ 圖 6-9 架空索集材作業

當原木運至集材土場，經過必要的造材處理與檢尺、分等後，即堆疊待運。若原木從林地搬出後，隨即裝載的作業方式，成為直接集運作業，若原木先堆放於集材場再加以裝載，則稱為停息木裝載作業。原木可直接堆疊於運材卡車上，或是裝載於平台板車上等待卡車運輸。原木裝載機有兩種常用的類型，一種為鏟裝機，另一則為吊材裝材機；鏟裝裝材機為前端設置能將原木鏟叉後舉高的履帶或輪型車輛 (類似堆高機)，吊材裝材機作業方式 (如圖 6-10)，通常為將原木自端部夾住後，藉車台的移動與旋轉，將原木吊送至運材卡車上；吊裝裝材機可裝設於拖車、卡車或履帶車上。

短材集材機與自裝運材卡車，可用於吊材式裝載作業；短幹集材機主要用於將作業現場造材後之短幹木集送之集材場之機具，若設置有吊桿時，即可於原木集送至集材場時，直接將原木吊置於停放路邊的運材卡車上，這樣的集運方式，將原木由集材作業，不經停息置放而直接裝載，可以縮小集材場的設置面積。有些運材卡車上配置有吊桿絞盤，可以自行吊載原木，稱為自裝運材卡車，很適合停息木裝載作業。

▲ 圖 6-10 吊臂裝材機作業

運材作業為將原木自集材場裝載後運送至後續處理處所的作業。這個項目的作業成本，幾乎佔了收穫作業成本的一半，有研究指出原木運輸的開銷甚至影響到最適輪伐期，以及其他經營上的決策。原木運輸作業的選項，依照原木形式（短木、粒片或全幹木運輸）、道路標準及等級（坡度及彎度）、在地設備等因素而定。雖然大型卡車單位重量的運輸成本較低，有其經濟上的效益，但崎嶇蜿蜒的山路，仍以選用較為短、小的卡車為宜。

原木運輸作業評估時，應考量到運材道路的建設、養護成本。採用較佳等級路面標準，結合大型運送載具的作法，可得到最低的原木運輸支出，單單採用低成本道路設計標準，往往因道路狀況不佳，使得載運受到侷限，會造成總運輸支出反而增加的結果。

造林木原木材積及品等為決定木材加工利用之重要因素，原木檢尺之目的為確定原木材積，檢尺的範圍包括長度、直徑及材積之計算或利用容積重量轉換為材積。造林木原木分等目的為使木材資源可充分應用在不同產品用途上，分等方法依照原木材面上節、彎、鋸口縱裂、鋸口環裂等缺點之數量、大小或比例進行目視分等。因近年來國內林業機構在永續森林經營理念下，逐年擴大人工林林木經營區之林木收穫量，為使國內造林木原木市場產銷過程中相關原木材積與品等有一致性的標準，避免交易糾紛，故有必要依現行 CNS 442「木材之分類」標準說明相關內容。

6.5.1 造林木原木材種分類

依照 CNS 442「木材之分類」標準，適用於台灣地區自產造林木樹種分類中，造林木針葉樹包括柳杉、杉木、琉球松、馬尾松等；造林木闊葉樹包括相思樹、柚木、泡桐、千年桐、鐵刀木、木麻黃等。造林木原木材種區分依原木末徑大小區分為大原木、中原木、小原木及枝梢材四種；區分標準如表 6-6。以往造林木原木材種區分依原木末徑與材長區分為普通原木、短尺原木、小徑原木與枝梢材四種。

表 6-6　造林木原木材種區分		
材種區分	尺寸類別	造林木原木規格
大原木	末徑	30 cm 以上
中原木	末徑	14 cm 以上，30 cm 未滿
小原木	末徑	6 cm 以上，14 cm 未滿
枝梢材	末徑	6 cm 未滿

6.5.2 原木檢尺

一、材積

原木材積以立方公尺為單位。於測定造林木針葉樹原木，計至單位以下三位為止；於測定造林木闊葉樹原木、山造角材及依棚積法測定之材積，計至單位以下二位為止，餘數均四捨五入，但指定尺寸者不在此限。如每根（每塊）之材積四捨五入至單位以下二位或三位均為零者，則計至單位以下三位或四位為止，第四位或第五位四捨五入，依此類推。如無法測計原木材積時，得憑其重量換算材積，主要造林木樹種用材及枝梢材容積重量表如表 6-7 所示。

表 6-7 主要造林木樹種用材及枝梢材容積重量表

樹種類別	樹種	容積重量 (kg/m³)	
		用材	枝梢材
針葉樹	柳杉	1,079	1,553
	杉木	790	1,651
	琉球松	1,255	1,639
	馬尾松	1,094	
闊葉樹	柚木	1,087	
	相思樹	1,144	1,217
	鐵刀木	1,110	1,223
	泡桐	794	809
	千年桐	779	990

註:各樹種之容積重量為去皮生材單位材積之換算連皮容積重量 (kgf/m³)。

二、長度

造林木針闊葉樹原木長度以首末兩端之最短垂直角之連接直線為準，以公尺為單位，計至單位以下一位，長度未滿 20 公分倍數之餘數不計，例如量測長度為 3.76 公尺，計為 3.6 公尺；5.52 公尺計為 5.4 公尺，但經主管機關指定造材長度者或依買賣雙方約定者，按照造材規格指定長度為準。原木最短直線長度之一端如有 4 公分以下長度之削端及延寸、根張或伐木倒口部份，均不計其長度。

三、直徑

就原木不含樹皮之木質部部分進行直徑量測。造林木原木直徑以其正長斷面最短之直徑與其成直角之直徑平均求之，如原木斷面形狀不規則時，應連測多個徑平均求之，各直徑測定讀數計至單位公分，平均數未滿 2 公分倍數之餘數去除，如連測 25.8 公分及 30.5 公分二相互垂直之直徑，測定讀數計為 25 公分、30 公分，二者平均得 27.5 公分，計算原木材積之直徑為 26 公分。

四、山造角材

山造角材測定厚度、寬度時，應測定最小鋸口面，測定讀數計至單位公分，餘數去除，例如 21.9 公分計為 21 公分計算材積。

6.5.3 造林木原木材積計算公式

6.5.3.1 材長未滿 5 公尺

$$材積 = (末端直徑)^2 \times 長度$$

6.5.3.2 材長 5 公尺以上

$$材積 = (首末平均直徑)^2 \times 0.79 \times 長度$$

6.5.3.3 山造角材

$$材積 = 寬度 \times 厚度 \times 長度$$

6.5.3.4 棚積

$$材積 = 棚高 \times 棚寬 \times 材長 \times 0.7$$

6.5.4 造林木原木幹空材積

幹空為空洞、抽心、抹香腐、麥稈腐、無償藕朽、鋸口腐朽及蟲蛀所據有之材積，如原木斷面一端之幹空面積相加換算之直徑滿 6 公分時，應由原材積扣除之；若原木斷面發生藕朽處之空隙超過該處面積 50% 以上，稱為無償藕朽，依幹空方式處理，藕朽處之空隙未達 50% 者，稱為有償藕朽，不得扣除材積。

一端幹空依照斷面直徑測定法平均其直徑，貫通者取首末兩端平均直徑；幹空於一端有二處以上者，以各該面積相加換算

為直徑，幹空如僅在根張部位者則不計。幹空材積計算方式如下：

6.5.4.1 造林木原木長度 5 公尺以上：

❶ 一端幹空：(一端幹空直徑 $\times 1/2)^2 \times 0.79 \times$ 材長。

❷ 兩端幹空：(幹空首末平均直徑 $)^2 \times 0.79 \times$ 材長。

6.5.4.2 造林木原木長度 5 公尺未滿：

❶ 正常原木 (首末直徑相差 1/3 未滿)
(1) 一端幹空：(一端幹空直徑 $\times 1/2)^2 \times$ 材長。
(2) 二端幹空：(幹空首末平均直徑 $)^2 \times$ 材長。
❷ 異常原木：首末徑相差在 1/3 以上者。
(1) 一端幹空：(一端幹空直徑 $\times 1/2)^2 \times 0.79 \times$ 材長。
(2) 二端幹空：(幹空首末平均直徑 $)^2 \times 0.79 \times$ 材長。

6.5.5 原木檢尺範例說明

例 1：柳杉原木末端直徑 32 cm，首端直徑 39 cm，材長 4.2 m，末端空洞直徑 8 cm，首端空洞直徑 14 cm，試求原木實材積。

說明：首末端直徑差異 =(39-32)/32=7/32，差異在 1/3 未滿，屬正常原木。

原木材積 =(0.32)2×4.2=0.430 m^3
幹空材積 =[(0.08+0.14)/2)]2×4.2=0.051 m^3
原木實材積 =0.430-0.051=0.379 m^3

例 2：泡桐原木首端直徑 36 cm，末端直徑 30 cm，材長 6.5 m，一端空洞直徑 6 cm 與 20 cm 二處，試求原木實材積。

說明：首末平均直徑 =(36+30)/2=33(cm)，計算原木材積之直徑以 32 cm 計，材長為 6.4 m。二處空洞直徑 6 cm 與 20 cm 換算之空洞直徑 =(6^2+20^2)$^{1/2}$=20.9(cm)，原木幹空直徑計為 20 cm。

原木材積 $=(0.32)^2 \times 0.79 \times 6.4 = 0.52$ m³
幹空材積 $=(0.2/2)^2 \times 0.79 \times 6.4 = 0.05$ m³
原木實材積 $= 0.52 - 0.05 = 0.47$ m³

6.5.6 造林木原木分等

6.5.6.1 原木分等依據

原木分等依原木材面上節、彎曲、鋸口縱裂、鋸口環裂、腐朽狀況等缺點之數量、大小或比例進行目視分等，造林木針闊葉樹分等標準如表 6-8 及表 6-9。造林木原木分等之缺點量測方法如下：

❶ 節：

依節徑大小及含有節之材面數量決定，節徑大小依照節的長徑，但節徑 1 cm 未滿者不視為缺點 (含死節與腐節)。死節或腐節的長徑計算方式為實測長徑之 2 倍。

❷ 彎曲：

計算方式依照原木彎曲部位之內曲面弦高對原木末口直徑或山造角材厚度的比率而定。若有二處以上彎曲時，合計各彎曲的比率後之 1.5 倍作為品等的判定基準。

❸ 鋸口縱裂：

計算方式依照材面上的開裂長度對材長的比率而定。若原木同一材端有 2 處以上開裂時，選取最長者為計算縱裂大小

的基礎；若原木兩端皆具有 2 處以上開裂時，則合計兩端最長之開裂長度作為縱裂之計算。若開裂已裂至原木髓心處，則縱裂以實測開裂長度之 2 倍計算。

❹ 環裂：

計算方式依照環裂之弧長對原木斷面周長的比率而定，但環裂弧長之兩端點與髓心所圍成之扇形區域內之其他環裂不視為缺點。同一端面有兩處以上之環裂時，合計各環裂弧長對斷面周長的比率而定，若兩端面皆存在環裂缺點，則以較大之環裂比率作為品等判定基礎。

❺ 幹空：

若原木具有空洞、抽心、抹香腐、無償藕朽 (腐朽空隙率 50% 以上者)、鋸口腐朽及蟲蛀等狀況，且其面積相加計算後換算為圓形空洞直徑 6 cm 以上時，視為幹空缺點。計算方式依照斷面幹空面積總和對末端斷面積之比率而定。

(1) 若原木兩端皆有幹空，依兩端幹空面積平均值對末端斷面積之比率而定。

(2) 若原木僅一端有幹空現象，則按照其面積的 25% 計算幹空比率。

(3) 根張之幹空部分可不計算。

❻ 材面腐朽、蟲蛀、穴、疵、破缺、瘤之缺點：

表 6-8 造林木針葉樹原木之品質

等級 缺點種類		1 等	2 等	3 等
節 (長徑未滿 1 cm 者不計)		有下列任何之一者 (a) 長徑在 5 cm 以下者 (b) 3 個材面以上不存在者 (c) 存在於 2 相鄰接之材面	有下列任何之一者 (a) 存在於 3 個材面，長徑 在 10 cm 以下者 (b) 存在於 2 個材面者	超過 2 等之限度者
彎曲		10% 以下	30% 以下	超過 2 等之限度者
鋸口縱裂		10% 以下	30% 以下	超過 2 等之限度者
環裂 (存在於鋸口 之中心至材緣為 止之 9/10 之外側 者不計)		10% 以下	30% 以下	超過 2 等之限度者
腐朽、 蟲蛀或 幹空	材面	無	存在於 2 個以下 之材面，輕微者	超過 2 等之限度者
	鋸口	無	30% 以下者	超過 2 等之限度者
其他缺點		輕微	不顯著	超過 2 等之限度者

表 6-9 造林木闊葉樹原木之品質

等級 缺點種類		1 等	2 等	3 等
節 (長徑未滿 1 cm 者不計)		有下列任何之一者 (a) 在 1 個材面存在者 (b) 相鄰接 2 個材面存在，其 長徑在 15 cm 以下者 (c) 生節只存在於相鄰接 2 個 材面，其數目，在木材長度為 2 m 或 2 m 未滿之餘數，為 2 個以下者	有下列任何之一者 (a) 相鄰接 2 個材 面存在者 (b) 在 2 個材面存 在，其長徑在 15 cm 以下者 (c) 在 3 個材面存 在，其長徑在 10 cm 以下者	超過 2 等之限度者
彎曲		20% 以下	40% 以下	超過 2 等之限度者
鋸口縱裂		20% 以下	40% 以下	超過 2 等之限度者
環裂		20% 以下者	40% 以下者	超過 2 等之限度者
腐朽 (只存在樹心腐朽， 在各端 20% 以下者除 外。)、蟲蛀或幹空	材面	1 個材面存在輕微者	輕微者	超過 2 等之限度者
	鋸口	40% 以下	50% 以下	超過 2 等之限度者
其他缺點		輕微者	不顯著	超過 2 等之限度者

註 1. 直徑 50 cm 以上之原木及寬度 50 cm 以上之山造角材各品等之生節、死節或腐節之長徑的規定為表中節徑規定加上 5 cm。

註 2. 無彎曲、腐朽或幹空，且其他缺點在 2 種以下，且其任何缺點比例均接近於上一品等規定限度者，除 1 等原木外，可提升 1 等。

註 3. 缺點有 4 種以上，且有 4 種以上缺點程度接近於該品等容許最大限度者，除 3 等原木外，可降低 1 等。

材面上存在腐朽、蟲蛀、穴缺點時，可依節的方式處理，視同該缺點實測徑 2 倍長之生節節徑。在材面上之疵及破缺視為等長之生節節徑。瘤則視為 1/2 長之生節節徑。

6.5.7 造林木針葉樹原木品等區分範例

6.5.7.1 **一等材**

一方有節 (長徑 5 cm)；無其他缺點

6.5.7.2 **二等材**

❶ 幹空 4%[(10/50)2×100]；一方有節 (長徑 6 cm)；縱裂 8%[(40/500)×100]；無其他缺點

❷ 三方有節 (長徑 10 cm 以下)；縱裂 21%[(84/400) ×100]；無其他缺點

6.5.7.3 **三等材**

❶ 三方有節 (長徑 15 cm 以下)；縱裂 25% [(100/400)×100]；無其他缺點

❷ 一方有節；彎曲 40% [(32/80)×100]；縱裂 50% [(100/200)×100]；幹空 76%[(70/80)2×100]

6.6 林場安全衛生設施規則

林業工作目前在國際勞工職業中仍是危險的行業之一，尤其進行林木伐採等木材收穫作業的事故仍然不斷發生，不僅伐木工人的職業病發生率高，而且林業從業人員的退休時間皆較早。在林業先進國家中，林業部門不斷地改善實施良好的安全衛生操作方式。同時，許多勞工組織成員都意識到，安全生產不僅是道義上之要求，而且能夠創造出更多效益。在林業上，安全生產也是實施對環境有益的管理，以及能合理利用自然資源為前提條件，更重要的是政府、企業、雇主和工人等都願意共同來做安全生產之工作。

臺灣非常重視降低勞工作業時之危險性，並提供安全舒適之工作環境。因此，民國 63 年 4 月即制定公布「勞工安全衛生法」，並於民國 102 年 7 月修訂公布「職業安全衛生法」，以防止職業災害，保障工作者安全及健康。林場安全衛生設施規則最初於民國 63 年由內政部台內勞字第 621019 號令訂定發布全文，民國 87 年根據行政院勞工委員會台勞安二字第 023393 號令修訂全文為 58 條，再於民國 103 年 7 月修正部分條文後，並於 103 年 7 月 3 日開始實施沿用至今，本規則由勞動部－職業安全衛生法第六條第三項規定訂定，適用於林業及伐木業。內容分為總則；作業管制；伐木造材；機械集材裝置集運材索道；木馬道及森林鐵路；貯木作業；搬運；機電；防護具；衛生；附則等共十一章 58 條條文。詳細條文內容請參考勞動部發布施行之林場安全衛生設施規則。

6.7 練習題

① 試述木材收穫作業現場的工作要項。

② 試說明架線集材的作業型式。

③ 試說明造林木原木材種種類及其規格。並說明原木分等之依據。

7.1 收穫木材查驗放行

依據「林產物伐採查驗規則」第十五條規定，林產物經造材集中於伐採區域或土場後，採取人應向該主管機關申請放行查驗，經烙打放行印後，始得搬運。林產物之放行查驗依下列規定辦理：

7.1.1 國有林林產物

7.1.1.1 申請查驗

林產物經造材集中於伐採區域或土場後，由採取人於運搬 5 日前，填具「林產物放行查驗申請書」向管理經營機關申請放行查驗，主產物末端口徑二十公分以上或天然生針﹝闊﹞葉樹貴重木末端口徑十二公分以上者，採取人應每支編號，使用已登記之印章以備查驗。

7.1.1.2 管理經營機關派員查驗

管理經營機關收到採取人之申請書後，應於 2 日內招派未經參加原材積調查之技術人員，領取放行查印，前往原木集中區域或土場就採取人已編號並烙打已登記印章之申請放行林產物，依照「台灣木材檢尺及材種品等區分規則」於木材編號之同端；另填送「甲種林產物查驗明細表」一式四聯，除管理經營機關存查外，分別交付林產物檢查站及採取業商以憑放行搬出，無法編號檢尺之枝梢材、廢材、工業原料材等，則以衡量查驗，填送「乙種林產物查驗明細表」亦一式四聯，分別存交同前，以憑放行搬出。

7.1.2 公、私有林及租地造林林產物

7.1.2.1 申請查驗

林產物經造材集中於伐採區域或土場後，由採取人填具搬運申請書向經營機關申請辦理放行查驗。

7.1.2.2 主管機關派員查驗

查驗人員查驗其木材確為原許可採取之樹種及檢尺材積相符後，於木材上加蓋放行印，並在採運許可證背面填具查驗放行數量及加蓋查驗人員印章後，交由採取人做為搬運憑證。

依照「林產處分規則」及「林產物伐採查驗規則」有關規定，業商應於許可採運期限 (包括核准延期及補足採運之期限) 內，將所採取之林產物 (或其製成品) 全部搬清，並於採運完畢後 10 日內，向該管理經營機關申請辦理跡地檢查。管理經營機關應指派未經參與原處分材積調查之技術人員辦理跡地檢查 (林政單位主辦)，跡地檢查人員應先領用「跡查印」前往現場實施檢查。

皆伐處分林班之採伐跡地，應查驗境界木是否完整及有無越界採伐情事，於原設界木編號蓋「界印」處，打蓋朱色「跡查印」。在伐區內查明有無砍伐未經許可之林木 (未蓋有查印之針葉樹及闊葉樹貴重木)。擇伐、間伐作業則應查明有無砍伐未蓋有查印之所有林木，並將已蓋有查印者加蓋「跡查印」；其他有關業商依約應履行其義務而未履行事項，亦應分別查明登記之。檢查人員於跡地檢查完畢後、應填具「林產物採取跡地檢驗報告表」，報請上級主管機關核備後，即由管理經營機關發給業商「作業完畢證明書」。

7.3　對生態及環境衝擊的評估

在木材收穫過程中，作業人員、機械設備及土木工程等在某種程度上一定會對森林生態或環境產生影響，以下僅就對森林土壤、林地內留存木、水質及其魚類資源，野生動物資源及景觀等加以說明。

7.3.1　對林地土壤的影響

伐採作業中，人，畜，機械或木材在林地上運行，以及修建的集運材道路和裝車場等土木工程，對林地土壤均會產生一定程度的損害，進而導致對更新的保留樹木生長的不良影響。損害的形式常為兩種：破裂和壓實。破裂的土壤，失去土壤表層，植被層的保護，在較強的雨水沖刷下，尤其是皆伐後的坡地上，大批具有生產能力

的土壤將會流失，局部土木工程中也伴有侵蝕，使作地土壤條件惡化，甚至局部（如集材道）被雨水沖刷成永久性的大溝；被壓實的土壤，對種子著床發芽乃至生長均產生一定程度的阻礙作用，主要表現在以下幾個方面：

(1) 壓實的土壤由於其密度增大，使土壤穿透阻力相應增大，這對樹根部的生長極不利。

(2) 壓實的土壤將阻礙土壤中的養分，空氣和水分的傳輸，而這些是樹木生長的必要要素。

(3) 被壓實的土壤降低了對地表水的滲透能力，加大了地表逕流強度，加劇了水土流失、土壤侵蝕並增大了區域性洪水發生的機率。

7.3.2 對林地內留存木的影響

森林伐採生產活動對作業地留存樹木的影響可分為直接和間接兩種。間接影響如上所述，如土壤被壓實後，變化了的土壤再作用於保留樹木，阻礙其根部發展並降低攝取生長所需的必要水分，養分和空氣的速率。直接作用，是作業中作業設備直接作用於保留樹木，並產生一定程度的損傷，如擦傷、刮傷，破裂和折傷等。

一般疏伐作業對作業地留存樹的損傷率在10%~18% 範圍之內。損傷率的高低取決於是否確實遵守作業規則和作業者在作業中保護樹木的意識之高低。受傷的樹木除生長發育會遭受阻礙外，其受傷部位極容易產生病、蟲等災害，對森林潛在更大的威脅。表 7-1 為加拿大安大略省林主要木損傷的評斷標準。

表 7-1 加拿大安大略省林主要木損傷的評斷標準		
損傷型式	**評斷標準**	
樹皮刮傷	胸高直徑 10~31cm 所有樹木若樹皮刮傷超過直徑的平方以上視為主要損傷；若是位於基部處則為直徑平方之 60%。	
枝條斷裂	33% 以上樹冠遭受破壞。	
根部損傷	25% 以上根部面積裸露。	
樹幹或樹木折斷	任何樹木。	
林木收穫作業完畢後，10 cm 胸徑以上的留存木須至少有 85% 以上沒有任何的主要損傷。		

7.3.3 對區域內河（溪）流、水及魚類資源的影響

不適當地採伐河流區域內的森林，尤其是靠近河岸的森林，會對河流及其水、魚資源產生負面影響。首先，流域內的森林被過度伐採，林地瞬時匯水強度大幅提高；在雨季，雨水挾著泥沙從山坡湧下，匯入河流之中，泥沙等沉積在河道上，使河床迅速升高。同時，失去上流涵養源的水流也將變小。這樣，將會導致河流的變小甚至枯竭，同時增大了洪水危害的發生機率。其次，失去森林庇護與保障的河水水質將比伐林前變差，而且水中的魚類資源也因此大量削減。

據美國西北部森林研究站在華盛頓和俄勒岡州數條河（溪）流中的試驗結果表明，在河流中、上游的主要集水區域森林被伐採後，尤其是大強度的伐採，河水變得明顯混濁，而且水中魚類資源也從伐採前的 13 種減至 7 種，同時魚的數量也減少約 50%。因此，歐美絕大多數國家有法律加以規範，禁止在河流或溪流的兩側一定距離內的森林進行伐採作業，或只允許改善性的小規模、低強度伐採。

7.3.4 對森林中野生動物資源的影響

野生動物以森林為生存棲息地。它們互相依賴，和睦共存。廣義地講，野生動物也是森林資源的重要組成部分。森林為鳥類提供了生存地，鳥類也為森林傳播種子和控制蟲害。西方許多發達國家在伐採規則中和伐採作業中，非常注意對鳥類的保護，如挪威和瑞士等國，在作業規程中明定，林中凡有鳥巢的枯立木和生立木一律禁止伐採。美國西北部也規定，即使皆伐跡地，伐後也必須保留或營造一定密度的鳥巢，以供鳥類棲息繁殖。同時，對於地面野生動物，西方林業發達國家也實行了有效保護，以儘量減少或避免伐採活動對其產生的傷害。如挪威和瑞典等國規定，在動物窩巢附近禁止有採伐活動；大型且流動性大的動物主要棲息地和行走路線上，禁止高強度的伐採活動。由於這些國家森林資源調查非常詳細，所以，制定出的條例也相當在明確、具體，具有很高的可操作性。

7.3.5 對自然景觀的影響

森林為人類提供自然景觀的作用是眾所周知的。在歐洲，森林多為集約型經營，同時具有提供林產品和旅遊的供能。所以，伐採活動還嚴格受自然景觀的約束，各級政府都有詳細的規定，詳細到每一塊地。即使是私有林，也都不能超過這些規定。無論是在旅遊區或是在住宅區，人和森林採伐活動不得破壞居民或旅遊者視野內森林景觀的和諧。

7.3.6 木材收穫作業之碳損失及二氧化碳排放

林木藉光合作用吸收大氣中的二氧化碳，並同時釋出氧氣，植物體的生理作用將二氧化碳轉換為有機碳形式貯存於植物體內，成為生物量的一部分。林木所貯存的碳量會隨著林齡而增加，所增加的量依林木生長率，枯死率等而異。林木收穫作業造成林地生物量立即降低，根據「IPCC指南」(2003) 建議的假定，從森林中所收穫的生物量中所有的碳都在清除當年氧化；此一假設為基於多數國家林產品蓄積量每年增加不明顯的關係。若某一國家能夠提出文件證明長期林產品的現有蓄積

▲ 木馬式集材 / 圖片來源：林務局影音資訊平台

量實際上是在增加的情況下，才應將林產品的碳儲存量包括在內。

木材收穫作業一定會對森林短期和長期發展產生不同程度的影響，當然，只要我們秉持著永續經營的理念，運用符合生態的技術，對於森林的保護以及資源的發展一定會有正面的效益。希望隨著科學技術的進步發展和人類對森林了解更深入，人與森林環境間的關係會越來越和諧，人類對森林收穫的方式會更合理，造成環境問題會越來越少。

7.4 練習題

① 試述國有林收穫木材之查驗放行與跡地檢查之作業流程。

② 試述木材收穫作業可能對林地與留存林木造成之影響。

③ 試根據 IPCC 說明有關商業性收穫作業後，林地的生物量損失所造成碳儲存量損失的計算方式。

8.1　木材交易市場

為了確保木材產業界所需要的木材能夠按照需求及時供應，必須加強其原料的供應管理，建立並發展與供應商的合作夥伴關係，保證供需雙方合作具有積極性，以確保產業界的需求能即時得到供應，從而提高企業生產的連續性，降低由於原料不足而造成的經濟損失，同時產業界也可以實現準時採購，減少不必要的庫存。具有可有效聯繫林業與木材產業間之樞紐的木材交易市場，可協調區域內木材產業的庫存，並根據市場上木材供給狀況、訂貨期、運輸時間等因素，確定適當的安全庫存。木材交易市場在有充足原料供應下，透過原木集中、交易、加工、分類、及附加價值之提升等方式可提供木材或纖維原料的市場服務，使木材資源更有效的利用。

木材交易市場或貯木場位置之選定宜合乎下列條件：

(1) 接近主要之木材生產林區，有完善的運輸道路

(2) 木材販賣業務與安全設施管理便利之處

(3) 有適當之集中面積，避免設施分散

(4) 臨近木材加工產業之區域

(5) 提貨搬出之交通順暢的場所。

原木交易市場之事業整備內容包括用地取得、建築物 (包括行政管理中心與機械保管倉庫)、機械設施 (包括抓鈎式原木裝載機、堆高機、原木選別機台、斗式木片裝載機、卡車過磅站等)、人員編制等項目，以確保業務推動與營運管理之順利。相關木材交易市場之重要業務內容說明如下：

一、原木進貨

將所生產原木運輸到木材交易市場，依可識別之傳票內容檢核進貨者姓名、車號、樹種、材積數量或重量與顏色是否無誤，作為未來交易與費用核算之基礎。

二、原木選別與分級堆積

將進貨後之原木按其長度、直徑與彎曲程度進行規格選別；原木品等依節徑大小、數量與彎曲程度等進行分等，最後依規格尺寸與品等分堆堆放，每一堆放單元之材積數約 40 立方公尺 (如圖 8-1)。材堆間需有合適之作業通道。

三、原木標售

公告每個月之木材拍賣時間，交易採競標方式，每堆材堆標示樹種、原木數量、材

積、規格、品等。競標者至現場看完後立即填寫標單，出價最高者得標。

四、業務報告書製作

包括進出貨數量與各分級原木價格報告書等。

五、原木庫存管理

針對傳統木材交易市場倚重現貨交易，中間環節多，令交易成本高，流通量低等問題，許多木材生產大國已開始實施木材的電子交易，將木材交易從有形轉向無形化的發展。會員可透過現貨掛牌、競買競賣、中遠期交易等多種交易模式，將標準規格化的木材原料、木製半成品等，按照市場的交易規則進行電子交易。林務局為改善國產木材生產端與需求端產銷資訊不對等之問題，同時促進國產木材交易，特自 2018 年輔導設立「臺灣木材網」資訊平台，提供國內林木生產端與林木需求端之交易媒合，及提供森林經營業者、原木生產業者、原木批發商、木材運輸業者等林業服務資訊，提拔優良業者，增進良性競爭與服務水準，使國內林業產業鏈能夠連結起來。並推廣森林經營與國產木材利用知識，望能進而提升國內木材自給率，帶動台灣林業活絡。目前可交易產品包括國產材木製品，國產材竹製品，國產材竹炭製品等三項。

▲ 圖 8-1 木材交易市場之原木材堆

8.2 木材利用方式

近年來全球每年木材消費量約為 35 億立方公尺，其中約 50% 作為建築、家具、造紙與紙板等工業用途使用，另外 50% 供作取暖、煮食、發電等能源使用。本文依 2017 年聯合國糧農組織 (FAO) 針對林產品的分類與定義說明木材可被利用的方式：

8.2.1 初級產品 (Primary product)

8.2.1.1 原木 (Roundwood)

❶ 木質燃料，含薪炭材
(Wood fuel, including wood for charcoal)：

供為加熱、煮食及發電等用途之原木，包括從樹幹、樹枝及樹的其他部位，收穫之原木可作為薪炭材或供為木炭、木質顆粒與團狀物 (如燃料棒) 之製造用。

❷ 工業用原木
(Industrial roundwood in the rough)：

木質燃料用原木除外，包括製材用原木、捲切或平切單板用原木、紙漿與粒片板或纖維板用原木材及其他工業用原木。工業用原木依樹種來源區分為針葉樹工業用原木及非針葉樹工業用原木。

8.2.1.2 木炭 (Wood charcoal)

透過部分燃燒或應用外部熱源而使木材炭化。可作為燃料；冶金提煉時的還原物；吸附劑；過濾用材料等。包括果殼炭與果核炭，不包括竹炭。

8.2.1.3 木片、粒片及木材殘餘物 (Wood chips, particles, and wood residues)

木片、粒片定義為木材被加工製成小型尺寸，可適用於紙漿、粒片板或纖維板製造；或做為燃料；或其它用途，不包括在林地直接將原木加工成木片。木材殘餘物為林產品加工之後剩下的副產品，包括製材廠的廢材、邊皮材、切邊材和切端材、捲切單板用原木芯材、破損單板、鋸屑、木工和細木工加工下腳料等，不包括在林地直接將原木加工者。

8.2.1.4 木質顆粒與團狀物 (Wood pellet and agglomerates)

木質顆粒為經由直接壓縮或添加重量百分率 3% 以下黏著劑所製造之圓柱體型之團狀物，其直徑在 25 mm 以下；長度在 100 mm 以下。木質顆粒以外之團狀物包括如煤球等產品。

8.2.1.5 製材 (Sawnwood)

原木經過縱鋸或型削等方法加工製成厚度超過 6 mm 的製材品，包括刨平、未刨平、縱接等形式的厚板、大梁、托梁、板材、椽條、小方材、板條、箱板和規格尺寸製材品等。但不包括地板材、枕木及裝飾板條 (如已製成舌榫、槽榫、嵌槽口、去角、製 V 型接口、製連珠、成型、製圓邊或類似加工等產品)。

8.2.1.6 木質板類 (Wood-based panels)

包含單板、合板、粒片板和纖維板等木質板類。

❶ 單板 (Veneer sheets)：

作為合板用或層積材結構及其他木材用單板，經縱鋸、平切或旋切切削 (不論是否經刨平、研磨、拼接或端接) 加工為厚度均勻且厚度不超過 6 mm 之產品。可使用於製造合板、層積結構材料、家具、單板容器等的木材。

❷ 合板 (Plywood)：

由相鄰各層單板間木理約略相互垂直組合，並利用膠合劑在一定溫度及壓力下壓製而成。兩側之單板品質通常相對於合板之芯板成對稱排列，芯板可為單板或其他材料。產品種類包括單板製合板 (用兩層以上的單板膠合所製成的合板，相鄰單板間的木理一般相互垂直)；木芯板 (即合板中間層厚度一般比其他曾大之實心合板，中間層由並排的窄板、短木塊或木條組成，不論是否膠合)；蜂窩板 (中間層為蜂窩結構的合板)；板類心合板 (合板芯板或其他層是由實木或單板以外之材料製成的合板)；單板層積材 (Laminated veneer lumber, LVL)。但不包括木理一般為平行層積膠合之集成材 (Glulam)。

❸ 粒片板、定向粒片板及其他 (Particle board, OSB and Others)：

粒片板是由小木片或其他木質纖維材料 (如方薄片、長薄片、碎片、束狀薄片、碎條、 刨花等)，利用有機膠合劑結合下列一種或幾種加工條件 (如加熱溫度、加壓壓力、濕度、催化劑等) 所製成之板類。產品種類包括定向粒片板、方薄片型粒

片板和亞麻粒片板。不包括利用無機膠合劑製成的粒片板及其它粒片板。

❹ 纖維板 (Fibreboard)：

纖維板由木質纖維或其他植物纖維交織成型之產品，主要結合力來自於纖維間之交織作用與纖維間固有之膠合作用力，亦可於製造過程中添加膠合劑或添加劑。纖維板形狀包括平板狀與模製成型兩種。產品種類包括由濕式法製成密度 0.8 g/cm³ 以上之硬質纖維板 (Hardboard)；由乾式法製成之中密度纖維板 (Medium density fiberboard；MDF) 或密度 0.8 g/cm³ 以上之高密度纖維板 (High density fiberboard；HDF)；由濕式法製成密度 0.8 g/cm³ 未滿之纖維板，包括中密度纖維板與輕質纖維板 (Insulation board)。

8.2.1.7 木漿 (Wood pulp)

將製漿用原木、木片、粒片、木質殘餘物或回收紙等材料，利用機械方法或化學製程所生產出之纖維材料，可進一步被加工成紙、紙板、纖維板或其他纖維產品。木漿種類包括機械木漿 (Mechanical wood pulp)、半化學木漿 (Semi-chemical wood pulp)、化學木漿 (Chemial pulp)、溶解級木漿 (dissolving wood pulp) 等。

❶ 機械木漿 (Mechanical)：

利用機械方法將製漿用原木或木質殘餘物磨解成纖維，或木片、粒片透過精煉等方法獲得之木漿。這種木漿也稱作磨木漿和精磨木漿可分成漂白及未漂白兩類。產品種類包括化學機械漿和熱磨機械漿。

❷ 半化學木漿 (Semi-chemical)：

將製漿用原木、木片、粒片或木質殘餘物經過一連串機械和化學處理而製成的木漿，先利用化學藥劑使木材原料結合力降低，再利用機械方法使纖維分開，可分成漂白或未漂白兩類。產品種類包括化學磨木漿、化學機械木漿等。

❸ 化學木漿 (Chemical)：

將製漿用原木、木片、粒片或木質殘餘物經過一連串化學處理過程所製成的木漿，可分成漂白、半漂白或未漂白三類。產品種類包括硫酸鹽木漿 (Sulphate wood pulp; Kraft pulp)、蘇打木漿 (Soda wood pulp)、亞硫酸鹽木漿 (Sulphite wood pulp)。不包括溶解級木漿。

❹ 溶解級木漿 (dissolving wood pulp)：

將具有特定材質的木材製成 α- 纖維素含量（通常含 90% 以上）很高的化學木漿（硫酸鹽木漿、蘇打木漿或亞硫酸鹽木漿），

此種木漿一般會經過漂白，適合造紙以外的其他用途，主要是以纖維素型態製造合成纖維、纖維素塑膠原料、硝化纖維棉塗料、炸藥等產品。

8.2.1.8 其他紙漿 (Other pulp)

以廢紙（回收紙或回收紙板）或非木材之外的植物纖維材料（稻草、竹子、蔗渣、茅草、蘆葦或其他草類、短棉絨、亞麻、大麻等）製成的紙漿，用於紙張、紙板和纖維板之製造。

8.2.1.9 回收紙 (Recovered paper)

為了再利用或貿易而收集的廢紙和碎紙片或紙板。種類包括已用於原來用途的使用過之紙張和紙板及紙張和紙板生產過程中產生的殘留物。

8.2.1.10 紙及紙板 (Paper and paperboard)

產品種類包含繪圖紙、家庭用紙及衛生紙、包裝材料用紙及其他紙張及紙板，但不包括紙盒，紙箱，書籍和雜誌等紙製品。

8.2.2 二次加工產品 (Secondary processed wood and paper products)

8.2.2.1 二次加工木質產品 (Secondary wood products)

❶ 進一步加工製材品 (Further processed sawnwood)：

沿著製材品材邊或材面進行縱切（包括用於鑲嵌地板但未組合之木條或飾條）且經連續型削（舌榫、槽榫、嵌槽口、去角、製 V 型接口、製連珠、成型、製圓邊或類似加工），且不論是否經刨平、研磨或縱接的製材品。但不包括竹製產品及材面經刨平、研磨處理以外的加工木材。

❷ 木質容器 (Wooden wrapping and packing equipment)：

裝貨用之木箱、木盒、條板箱、木桶及類似木製包裝容器；纏繞鋼纜用木軸；木製墊板、箱型墊板及其他可承載重量之木板；木製墊板圍框；各種木製箍桶、琵琶桶、大桶、盆、其他木桶及其配件，包括桶板。

❸ 家庭，裝飾用木器 (Wood products for domestic/Decorative use)：

供畫像、相片、鏡子或類似用品之木框；木製餐具與廚具；細工鑲嵌用木製品；木製珠寶箱；木雕刻品及其他木質裝飾產品。

❹ 建築用細木製品及大木作產品 (Builder's joinery and carpentry of wood)：

包括木窗、木門、鑲空格子木板、集成材、已組合完成之鑲嵌地板、木瓦及屋頂板等。

❺ 木製家具 (Wooden furniture)：

木製框架之椅類座物，但排除可轉換為床類傢俱之椅製家具、旋轉型椅類、醫療用椅。其他非椅類之木製家具，如辦公用、廚房用、寢室用及其他木製家具等皆涵蓋在內。

❻ 預製木質建築框架 (Prefabricated buildings of wood)：

由木製結構材、樓地板、外牆及其他具特徵性木材結構單元組成之預鑄式房屋。

❼ 其他木製品 (Other manufactured wood products)：

木製工具、工具柄、掃帚或刷子的柄；木製靴楦、鞋楦；木製衣架、棺木、箍木、木劈柱、木椿、木絲、木粉、緻密化木材或其他木製品。

8.2.2.2 二次加工紙製品 (Secondary paper products)

二次加工紙製品包括所有可以使用之紙製品。

❶ 組合紙及紙板 (Composite paper and paperboard)：

利用膠合劑將紙或紙板黏合為捲筒或平板狀且表面未經塗佈或浸漬的組合紙及紙板，不論其內部是否有強化處理。

❷ 特別塗佈紙 (Special coated paper and pulp products)：

產品包括所有經塗佈、浸漬、被覆、表面著色、表面裝飾或印刷的捲筒或平板

狀紙、紙板、纖維素絮紙或纖維素纖維網，如焦油，瀝青或柏油紙及紙板，但不包括組合紙及紙板。

❸ 家庭用紙和衛生紙 (Household and sanitary paper, ready for use)：

包括衛生紙及類似用紙、纖維素絮紙或纖維素纖維網，家用或衛生用紙，製成捲筒狀者之寬度不超過 36 cm，或依尺寸或形狀裁切者。產品種類包括紙手帕、面紙、紙巾、桌巾、餐巾、嬰兒用尿布、棉球、床單及供家庭、衛生或醫院用之類似製品、衣物及服飾附屬配件等。

❹ 紙製包裝容器 (Packaging cartons, boxes, etc.)：

包括由紙、紙板、纖維素絮紙或纖維素纖維網製成之紙箱、紙盒、紙匣、紙袋及其他包裝容器；辦公室及商店等用之紙或紙板製之文件盒、信件托盤及類似產品。

❺ 其他 (Other articles of paper and paperboard, ready for use)：

包括壁紙及類似糊牆紙、窗用透明紙、以紙或紙板為基材之覆蓋物；所有的辦公相關用紙，如信件、文件存儲以及相本的各種標籤；紙漿、紙或紙板製之線軸、線管及其類似品（不論是否穿孔或硬化的紙或紙板）；其他紙張、紙板、纖維素絮紙及纖維素纖維網紙等有關 的產品。複寫紙及轉印紙亦包括在本分類中。

8.3　練習題

① 說明木材交易市場或貯木場位置之選定條件。
② 依聯合國糧農組織（FAO）說明林產品的分類。
③ 試說明原木的種類。

🗂 延伸閱讀 / 參考書目

🌲 林務局 (2015) 行政院農業委員會林務局貯木場管理及貯木保管標準作業程序。

🌲 林務局，森林收穫作業實務技術手冊。

🌲 經濟部標準檢驗局 (2017)，中華民國國家標準 CNS 442 木材之分類。

🌲 卓志隆 (2013b)。對環境友善之森林收穫作業與技術開發成果報告。106 頁。

🌲 姚鶴年 (1969) 林木採運規劃。行政院國軍退除役官兵輔導委員會橫貫公路森林開發處叢書，361 頁。

🌲 姚鶴年 (2003) 臺灣林業歷史課題系列 (三) 臺灣林道設施大檢討。臺灣林業 29(5):44-67。

🌲 彭英藏、吳維新 (1979) 木材裝卸作業守則與解說。林務局直營伐木業務參考叢刊 106 頁。

🌲 彭英藏 (1981) 疏伐綜合技術。行政院國軍退除役官兵輔導委員會森林開發處叢刊 210 頁。

🌲 鍾文毅 (1977) 集材機架空索理論與設計數值表。林務局直營伐木業務參考叢刊 83 頁。

🌲 鍾崇志、魏立志 (1978) 立木之伐倒與造材技術 (三)。林務局直營伐木業務參考叢刊 119 頁。

🌲 石垣正喜 , 米津 要 (2013) 伐木造材のチェーンソーワーク―研修教材版。全國林業改良普及協會，180 pp.。

🌲 ジェフ・ジェプソン、ブライアン・コットワイカ (2012) 伐木造材術。全國林業改良普及協會，228 pp.。

🌲 ForestWorks (2009) Chainsaw operator's manual- chainsaw safety, maintenance and cross-cutting techniques. CSIRO publishing, P55.

🌲 ForestWorks (2011) Tree faller's manual- techniques for standard and complex tree-felling operations. CSIRO publishing, P66.

🌲 FAO (1977) Planning forest roads and harvesting systems. FAO forestry paper 2, FAO , Rome

🌲 Food and Agriculture Organization of the United Nations (2017) Forest product definitions.

🌲 Gynan C. and D. Bland (2000) Careful harvesting for cut and skidding crews. In: Implementing silvicultural prescriptions, Strobl S. and D. Bland Ed., P.365-398.

🌲 Jeff Jepson (2016) To fell a tree- a complete guide to successful tree felling and woodcutting methods. Beaver Tree publishing, P166.

🌲 Pentek T. , T. Poröinsky , M. äuönjar , I. Stanki , H. Neve erel and H. Neve erel (2008) Environmentally Sound Harvesting Technologies in Commercial Forests in the Area of Northern Velebit - Functional Terrain Classification. Periodicum biologorum. 110(2):127-135.

🌲 Sessions, John (2007) Harvesting operations in the tropics. Springer-Verlag publishing, P170.

🌲 Thompson M. A., J. A. Mattson, J. A. Sturos, R. Dahlman, and C. R. Blinn (1998). Case study of cable yarding on sensitive sites in Minnesota. Proceedings of conference on improving forest productivity for timber: a key to sustainability, December 1-3, 1998, Duluth Minnesota.

3

第三單元 ————————

木材物理加工利用

9.1 木材乾燥之重要性

原木 (log) 一般為生材狀態，其含水率會超過纖維飽和點 (Fiber saturation point, F.S.P.)，甚至於接近飽水狀態，製材加工成製品供利用之前，需進行乾燥加工，使其目標含水率能配合最終用途之平衡含水率，如建築結構用材，裝修用材，供工程木材 (Engineering wood) 用材，家具用材，室外工程用材等，所要求之整修目標含水率均不同。為何需要如此考量呢？

木材及木材製品放置在大氣狀態下使用時，隨著大氣之溫度，相對濕度之變化，木材含水率會增加或減低。木材之尺寸亦會膨脹或收縮，而木材之膨脹與收縮具有異方性特徵 (即弦向：徑向：縱向為 10：5：0.5-1)，如其含水率增減過大時，將增大膨脹與收縮異方性，進而引起木製品之異常變形，可能造成接合部發生鬆脫，膠合層之剝離，塗膜之龜裂，以及其他各種之缺陷等。但是如能將製成品乾燥至整修目標含水率時，即使於使用期間，由於木材之吸濕、脫濕而產生尺寸之膨脹與收縮現象，因其含水率變化範圍不大，尺寸亦不會有很大改變，即可將其可能發生缺陷抑制在最小限度。因此，木材乾燥工程應該列為實木及二次加工之重要工程之一。

9.2 木材之人工乾燥

9.2.1 木材人工乾燥之必要性

木材需施以人工乾燥之理由如次：

一、使用含水率高之木材，隨著乾燥而會逐漸的收縮，木製品會發生翹曲。

二、木材於濕潤狀態，放置在通風不良場所，會受到變色菌或昆蟲、白蟻的危害。

三、木材乾燥後重量會減低，運輸或處理會較容易。

四、木材含水率減低時，強度等各種性能均會提高，同時其加工性或塗裝性亦均會變佳。

五、木材於膠合利用時，為得到充分的膠合力需適當的低含水率。

尤其近年來工程木材之發展，將鋸板（集成元）膠合成集成材，直交集成板（Cross laminated timber, CLT）時，均需將集成元乾燥至 14% 含水率，再進行膠合作業。而木製家具之用材，尤其闊葉樹材需乾燥至含水率 12% 以下等才能製成品質良好之產品。

本文擬針對現在採用最多之熱氣乾燥窯之木材乾燥進行說明。

9.2.2 人工乾燥之特徵

相較於天然乾燥人工乾燥有次述優點：

一、人工乾燥係在短時間可使木材乾燥，資金可迅速的流通。

二、人工乾燥係可調節室內之溫度與相對濕度，可使在天然乾燥容易發生之割裂等損傷不會發生的進行乾燥（尤其乾燥困難之厚材等）。

三、人工乾燥可乾燥至天然乾燥無法達到之含水率。

如以含水率 15% 之木材製造的家具，在冷暖氣室內使用期間木材會被脫濕至 7-10% 含水率，則家具會收縮而翹曲。因此預定在冷暖氣室內使用之家具，其木材於加工前需乾燥至 8% 含水率。而此低含水率無法以天然乾燥法達成，因天然乾燥僅能達木材氣乾含水率，在臺灣約為 15~17%。

人工乾燥係以人為的賦予適當的溫度、濕度、風速 (一般稱為乾燥條件)，強制的使木材乾燥者稱之。人工乾燥有將生材直接進行人工乾燥者，與進行一定期間天然乾燥等之預備乾燥後，再進行人工乾燥者。各個適用之乾燥條件 (乾燥基準表) 會不同。

9.3.1 蒸氣式內部送風機型 (IF 型) 乾燥裝置之構成

人工乾燥需有容納被乾燥木材，並賦予適度溫濕度及風速的裝置，因此，其可不受氣候條件影響而能計畫性進行乾燥作業。

人工乾燥裝置是由乾燥窯體，內部機器、蒸氣配管，控制機器所構成。而鍋爐

(Boiler) 雖為供給水蒸氣所必要的設備，但一般多不視為包含在乾燥裝置內。

一般普及的人工乾燥窯為使用蒸氣 (熱源)，內部送風機型，分室形態者為最多。熱氣 (風) 乾燥窯 (Kiln) 有各種類型，如圖 9-1 所示，亦稱為 Internal FAN 型 (IF 型) 乾燥窯 (Kiln)。依材堆台車為單列 (Single track)，複列 (Double track)，如圖 1 之 NO.1 ～ NO.5 為單列 Single track，NO.6 為複列 Double track。 而送風機 (風扇) 有配置在材堆上側，如 NO.1, NO.4 及 NO.6，材堆左或右側，如 NO.2，NO.3，材堆下側如 NO.5。而最多係為材堆上側配置風扇者。圖 9-2 表示蒸氣內部 (上側) 送風機型人工乾燥窯及其內部機器配置。

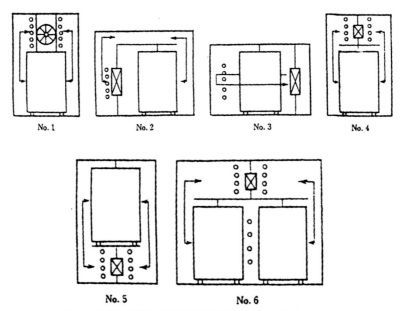

▲ 圖 9-1 各種內部送風機型乾燥窯之類型 (寺沢、筒本，1976)

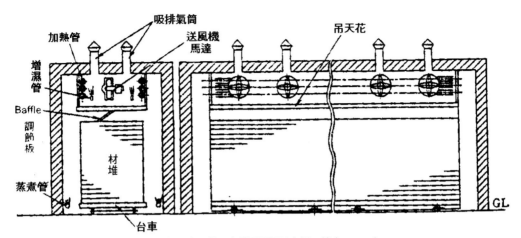

▲ 圖 9-2 蒸氣式上側送風機型人工乾燥窯及其內部機器配置 (寺沢、筒本，1976)

9.3.2 乾燥窯之容積與容納實際材積

乾燥窯之容納木材實際材積，因送風機、蒸汽配管、吊天花、台車、疊桿等所佔空間，或材堆之兩側，前後之必要空間等，約會佔乾燥窯容積之 10-20%。對每一個月之乾燥

$$V_1 = \frac{t_1 V_2}{30} \qquad (1)$$

木材所需材積之必要乾燥窯容量 (容納木材實際材積) 可由次式求得。

(1) 式中 V_1：容納木材實際材積 (m^3)，V_2：每個月之所需木材材積 (m^3)，分母 (30) 為每個月作業日數，t：乾燥每一循環之所需日數。乾燥窯從作業性來看，小容量設置多窯會比大容量之 1 窯為佳。收容木材實際材積以約 15 m^3 者較易作業。其所需乾燥窯尺寸約為寬 3 m，高 4 m，縱深 10 m。

$$V_3 = V_4 \cdot K_1 \frac{d_1}{d_1 + d_2} \qquad (2)$$

另外，材堆容積與實際材積之關係可由 (2) 式算出。

(2) 式中 V_3：實際材積 (m^3)，V4：材堆容積 (m^3)，d_1：材厚 (cm)，d_2：疊桿厚 (cm)，K_1：木材間隔相關係數，定寬板材為 0.8-0.9，兩邊有弧邊材約為 0.6。

9.3.3 人工乾燥基準表

9.3.3.1 人工乾燥基準表之種類

乾燥基準表為使木材發生乾燥損傷少，且能快速使其乾燥之目的，應保持窯內之適當溫濕度之基準稱之。

❶ 依溫濕度變化基準分類

(1) 含水率基準表：與含水率之關係表示

(2) 時間基準表：與時間之關係表示

❷ 適用溫度範圍進行分類

(1) 低溫基準表：最高溫度 50°C 以下，適用於貴重木材。

(2) 標準溫度基準表：最高溫度 80-85°C，一般木材之基準表。

(3) 高溫基準表：溫度 100°C 以上，主要適用於針葉樹木材。

9.3.3.2 乾燥基準表組合的原則

乾濕球溫度與木材之乾燥損傷有密切關係，損傷之種類、發生之難易等，就各樹種所具有特性加以配合，原則如圖 9-3 所示，溫濕度適用。乾燥期間所賦予具體的乾濕球溫度方法，其在乾燥初期為低溫、高濕，隨著乾燥之進行，使其變成高溫、低濕，而其變化方法是與含水率之關係，大約依 (3) 式及 (4) 式進行。

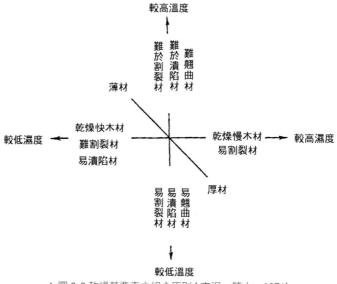

▲ 圖 9-3 乾燥基準表之組合原則 (寺沢、筒本，1976)

$$\theta_d = \exp(a - b \cdot u) \qquad\qquad (3)$$

$$\Delta\theta = \exp\ (c - d \cdot u) \qquad\qquad (4)$$

(3) 及 (4) 式，θd：乾球溫度 (℃)，△θ：乾濕球溫度差 (℃)，u：含水率 (%)，a、b、c、d：依樹種，初期含水率等而定之常數。

為防止乾燥割裂之目的，在初期改變賦予濕度之時期，依 (5) 式

$$E = \frac{u - u_e}{u_a - u_e} \qquad\qquad (5)$$

(5) 式，ue：平衡含水率 (%)，ua：初期含水率 (%)，當 E 值約為 0.7 之含水率 (u) 時，開始降低濕度為佳。實務上從 u=(2/3) ua，開始拉開乾濕球溫度差，降低濕度，即從 ua=30-35%，使乾球溫度上升。

表 9-1 乾燥初期溫度與末期溫度之關係	
初期溫度〔°C〕	末期溫度〔°C〕
45	60-70
50	70-80
60	80-90
70	90-100

9.3.3.3 人工乾燥基準表之一般形式

一般乾燥初期條件，乾球溫度闊葉樹為 50°C，乾濕球溫度差〔△θ〕為 3-4°C，針葉樹材為 60°C，△θ 為 4-6°C。乾燥中期，當含水率減至 35％時，含水率每減低 4-5％，使乾球溫度上升 5-7°C，之後，隨含水率之減低，溫度上升幅度加大。至含水率約 15% 為最終條件。另外，有關△θ大部分之闊葉樹材保持至初期含水率之 2/3〔例如，初期含水率 60％時，減低至 40％〕會維持著初期所賦予的條件，其後含水率每減低 5%，使其△θ 拉大 1.2-1.5 倍。乾燥末期含水率 15% 以下之溫度條件，如表 9-1 所示，會依乾燥初期之溫度而定，另外，乾濕球溫度差〔△θ〕依裝置，其最大值為 25-30°C。

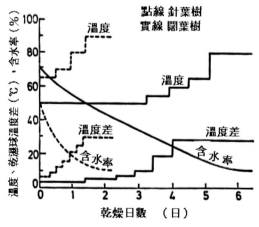

▲ 圖 9-4 針葉樹與闊葉樹材之乾燥基準表之模式圖〔厚 2.2 cm 之板材〕〔寺沢、筒本，1976〕

上述乾燥中期，開始改變溫度之含水率約在 35% 左右，乾濕球溫度差（△θ）之含水率則為初期含水率之 2/3，此係許多樹種對乾燥損傷，已達安全狀態下。但針葉樹材或部分之闊葉樹材（Kapur, Bankirai, Malas 等）在表層部位引張應力會減少時期較慢，所以其乾濕球溫度差△θ改變之含水率會在稍低側，其後之條件改變亦較一般闊葉樹材為緩和。圖 9-4 為針葉樹材與闊葉樹材之乾燥基準表之模式圖。

9.3.4 均勻化處理與調節處理

乾燥終了，各板材之間含水率會不同，就一片板材來看，表面與中心之含水率亦會不同。為使其能成為均一含水率之目的，可使其過度乾燥後再暴露在外氣下亦可，但如在乾燥窯內處理時，則可比較短時間完成。其方法係當乾燥最終，材堆全體之平均含水率接近目標含水率時，提高窯內之濕度，使其平衡含水率會較目標含水率低 2%，緩慢的繼續乾燥。此稱為均勻化處理（Equalizing）。經過此操作結果，在乾燥中所發生的材內應力大部分會被消除掉，但依使用目的，殘留之內部應力有更進一步消除之必要。因此，乾燥窯內之溫度保持不變（稍許提高亦可），提高其濕度，使其平衡含水率會較目標含水率高 2% 左右，放置 24-48 小時，則木材之內部應力幾乎可被消除掉。此稱之為調節處理（Conditiongging）。例如，整修含水率為 10% 時，均勻化處理時，含水率約 8-10% 之範圍，將全體木材之含水率成為均勻化，其後繼續使濕度上升，窯內之乾濕球溫度差（△θ）保持在 4-5℃（圖 9-5）

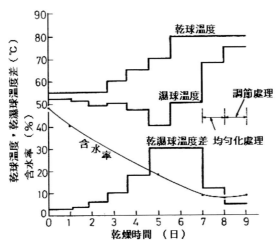

▲ 圖 9-5 厚 2.5 cm 之 sugar maple 乾燥後之均勻化與調節處理（寺沢、筒本，1976）

9.3.5 整修含水率

人工乾燥最終整修之目標含水率須依乾燥材之用途，使用場所相對應正確的決定。家具，建築用材等是以製品在使用中之含水率（平衡含水率）為基準，對於尺度精度被嚴格要求之製品，會較此含水率低 2-3% 為佳。其理由為利用木材之吸脫濕遲滯現象，對於同一外氣相對濕度之變動，含水率之變化會較少，在加工中預估其會吸濕。表 9-2 表示，在各種場所製品之含水率與整修含水率之例。

膠合加工之木材會依膠合劑不同，決定其適當含水率，但在木工用，使用最多之尿素膠以 10-13% 含水率為宜，另外電絕緣材之特殊用材，則會被要求極端低含水率。

表 9-2 木製品的使用時含水率指標			
用途	整修含水率 [%]	加工中之含水率 [%]	使用中之含水率 [%]
美國西部家具	6	6～7	6～8
冷暖房室內家具	7	7～9	8～10
起居室內裝材	8	8～10	8～11
集成材集成元	10	10～12	9～13
木質地板	9	9～10	8～13
一般建材	15	14～17	12～18
運動器材	10	10～12	10～15

9.3.6 材堆

送入人工乾燥窯乾燥之木材，須先堆疊成規則之材堆。一般採用水平堆疊。堆疊方法如次：

❶ 採用之疊桿（棧木）為厚約 2.5-3 cm，無節，或彎曲，翹曲少之木材。疊桿之間隔依木板厚度而異，一般愈薄者，其間隔愈窄，依表 9-3 而定。

❷ 疊桿位置是上下成一直線狀的並列。

❸ 材堆之兩端的橫切面（木口面）必須放置疊桿，但如亂尺材則在一方成整齊並列。

❹ 木板與木板之間隔須有充分之間隙。但考慮到整修乾燥會採用內部送風機型乾燥窯之容納材積的關係，有使木板相互之間隔變窄之情形。

❺ 就乾燥窯之尺寸充分考慮後決定材堆之寬度。

❻ 在最上部盡可能放置載重物，或以彈簧鐵線將整個材堆梱起來。橫切面割裂容易發生之木材，在其橫切面塗付防裂漆（end coating）。

表 9-3 木板之厚度與疊桿之間隔					
板厚 (cm)	1.2 以下	1.2-2.4	2.4-3.6	3.6-5.0	6.0 以上
疊桿間隔 (cm)	30	45	60	75	90

9.3.7 人工乾燥之乾燥速度

木材之乾燥過程,係最初自由水降低至纖維飽和點以下時,結合水才開始蒸發。F.S.P. 以上之乾燥期稱為「恆率乾燥期間」,F.S.P. 以下之乾燥期稱為「減率乾燥期間」。減率乾燥期間係內部之結合水會由於外部所賦予之熱能,而從木材構成成分脫離,傳達到木材中之空隙或壁孔,依序到達木材表面,因此乾燥速度會急速的減緩。

乾燥速度會依溫度 (乾球溫度),濕度 (乾濕溫度差),風速而變化,溫度愈高,濕度愈低,風速愈大,乾燥速度會變快。另外,在木材方面會與樹種、密度、木材厚度有關,一般木材密度愈高,乾燥速度會愈慢 (亦有例外)。厚度之影響係乾燥速度會與木材厚度之 1.5 ~ 2 次方成比例。即厚度加倍時,其乾燥時期會成 3 ~ 4 倍。有關取材方式,在針葉樹材係無差異,但闊葉樹材之減率乾燥期間,徑面材之乾燥速度有較弦面材為大之傾向。

9.3.8 乾燥損傷之種類與容易發生條件

❶ 表面割裂:

在樹心附近之弦面板材,乾燥緩慢之重硬木材。

❷ 橫切面割裂:

在樹心附近之弦面板材,乾燥緩慢之重硬木材。纖維通直之木材。

❸ 內部割裂:

弦面板材,乾燥緩慢之重硬木材,厚材及高含水率材。

❹ 收縮率之增大:

弦面板材之厚度方向,厚材,高含水率材。

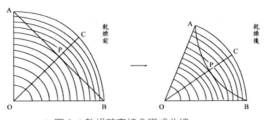
▲ 圖 9-6 乾燥時直線會變成曲線

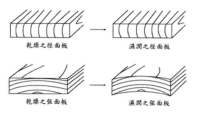

▲ 圖 9-7 將乾燥木材濕潤時

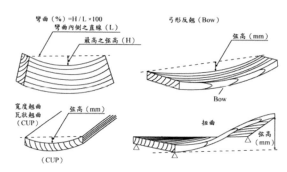

▲ 圖 9-8 木板之歪斜

⑤ 細胞潰陷：

高含水率材，反應材，在樹心附近之徑面板材，高樹脂成分之木材。

⑥ 歪曲，翹曲，反翹：

如圖 9-6，9-7，9-8 所示。在樹心附近木理不整齊之木材，反應材，薄板易發生細胞潰陷木材之弦面板材。

⑦ 變色：

闊葉材之白色邊材，高含水率進行高溫人工乾燥木材。

⑧ 疊桿痕跡：

闊葉樹材之白色邊材。

9.4 木材之天然乾燥與乾燥前處理

木材之乾燥方法大概區分成兩種。天然乾燥係將木材堆疊成材堆，放置在室外，利用日光與風力使其自然乾燥的方法。

將天然乾燥與人工乾燥之特徵進行比較時，如表 9-4 所示：

表 9-4 人工乾燥與天然乾燥之比較		
	人工乾燥	天然乾燥
到達之含水率	絕乾為止	約 15-17% 為止
成本	能源成本大	時間成本大
設備	機械投資大	土地面積大
整修之狀態	可控制	不能控制
操作容易程度	必要有知識、技術	容易

天然乾燥所需時間會依地域、季節、材種等不同而異，例如在日本厚度 40 mm 之柳杉板材，在春、秋乾燥至含水率 20% 時，所需時間為 65 日，而 100 mm 角柱材，在夏天乾燥至含水率 40%，所需時間為 40 日，在其內部之含水率減低至 20% 含水率則需數年期間。

另外，天然乾燥可作為人工乾燥之前處理的低成本方法。其理由如次：木材之生材含水率依個體而異，有很大的變異性，如將其同時放置在人工乾燥窯內進行人工乾燥時，乾燥後之整修含水率會留下很大的變異性，為抑制此變異，先進行天然乾燥後，再進行人工乾燥為常用方法之一。

進行天然乾燥，需將木材堆疊成材堆，一般採用水平堆疊，其方法如 9.3.6 所述。材堆放置場所需避開建物或屋簷、樹蔭處，而排水、通風良好處，其附近需將廢材、垃圾、雜草等清潔乾淨。材堆基礎為 30 cm 厚之混凝土台，再將材堆放置於其上，其頂部盡可能放置重物，並設置遮蔽物以避免日曬雨淋。

天然乾燥除依氣象條件外，亦會依初期含水率、整修含水率、木材厚度、樹種、堆疊法等不同而異。

9.5 木材之高溫乾燥方法

在傳統梁柱工法（日式軸組式）所使用含芯柱材，一般均需背割加工（從正方形角材之一邊中央鋸切（厚約 5 mm 鋸縫），深達其髓心），但因隨著吸脫濕，背割之開閉，欠缺尺寸的安定性，或加工之省力化，鐵釘或螺釘等之保持力減低等

理由，建築業界期望不要施以背割加工柱材，現在已是一般化。（吉田孝久，2008）

9.5.1 高溫乾燥材之特性（吉田孝久，2006）

一、材面割裂與內部割面之抑制

乾燥初期之高溫低濕處理，在木材表層會形成引張永久變形 (tension set)，因此高溫低濕處理其後稱為「高溫永久變形」處理。高溫永久變形完了之木材，已在表面轉換成壓縮應力，其後進行天然乾燥，中溫乾燥，高周波乾燥等，在材面割裂或內部割裂之發生均甚少，已被實証。

高溫乾燥比起天然乾燥材其表面割裂甚少，乾燥亦在較短時間可終了。高溫乾燥若保持高溫狀態持續乾燥至最後時，從含水率 40% 開始就確認內部割裂之發生，從乾燥中期至末期內部割裂之發生會很顯著。但現在係在 1 日程度之高溫永久變形處理後，移至乾燥溫度保持在 100°C 以下之中溫乾燥，或天然乾燥，太陽熱乾燥之所謂 2 次乾燥，則內部割裂之發生可加以抑制。

含芯栓材或桁材之割裂防止法之「高溫永久變形法」係作為高周波蒸氣複合乾燥或減壓蒸氣複合乾燥之混合乾燥之前處理，組合在其乾燥基準表中。

二、水分斜率

外部加熱方式之蒸氣式高溫乾燥進行結構材之乾燥，其最終含水率為 10% 以下相當低時，水分斜率問題會發生。水分斜率存在木材，乾燥後，水分會向斜率緩和方向移動，不久斜率會減少 (無法成平坦狀)。在養護過程會發生尺寸變化，尺寸幾乎會向收縮方向移動。

三、材色

高溫乾燥材之材色會變「黑」或「不鮮豔」。但在高溫乾燥基準表，從乾燥中期至末期乾燥溫度在 100°C 以下，溫度保持低溫，則其材色可獲得相當程度的減輕。

四、耐久性 (耐朽性、耐蟻性)

乾燥溫度愈高，其耐久性、耐蟻性會減低，因此重視耐久性時，高溫乾燥時間需縮短。

五、強度性能

一般乾燥溫度愈高，強度性能有減低傾向，構材強度受重視者，採用高溫乾燥基準表時，應盡可能設定較短高溫處理時間進行乾燥。此與耐久性係完全相同。

9.6 木材之除濕乾燥方法

乾燥溫度提高時，會引起木材之變色或割裂，或橫方向之較大收縮造成斷面之減少的問題。柳杉或扁柏等建築用裝修材，原來係以天然乾燥，並且希望以冬天之氣象條件 (此

係在日本冬天較為乾燥）進行。因此以人工創造出冬天的氣候，以低溫緩慢的乾燥，此即為除濕乾燥方法。

其原理與空調相同，如圖 9-9 所示，其由乾燥機（窯）本體，與除濕氣所構成。熱氣（風）乾燥係將乾燥溫度提高至 40~100°C 以上，使其相對濕度降低，以快速進行乾燥，相對的，除濕乾燥係維持在 50°C 以下之低溫，空氣中所含有水分，藉由除濕機排除，從木材促進水分蒸發之乾燥方法。為快速提高至低含水率時，可輔助以加熱器，使乾燥溫度提高至 50°C 以上，此時除濕機須停止操作。

乾燥時，從乾燥室（窯）吸入之循環空氣，先送入熱泵（Heat pump）內之蒸發機部分，在此使空氣中之水分結露除去。此時循環空氣因被冷卻而高濕化。接著，通過凝縮器部分加熱至適當溫度結果，相對濕度會減低。此空氣再向乾燥機內吹出，使成為循環之構造。

乾燥之速度係高含水率，且較薄製材（門楣材）會較天然乾燥快速甚多，但正角材之厚度則看不出差異。例如柳杉 110 mm 角材之實驗結果，可看出表面乾燥良好，

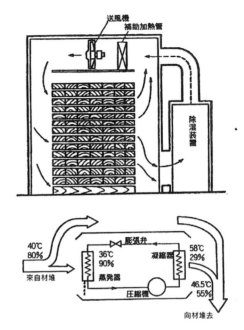

▲ 圖 9-9 除濕乾燥機的構造（飯島泰男，2002）

但內部則幾乎未被乾燥，經過 2 週，中心部份之含水率尚高達 60%。因此，柳杉正角材係無法乾燥。只能用在銘木類之乾燥。原來生材含水率較低，扁柏心材亦相同。但是，邊材較多扁柏正角材之乾燥則甚為快速，損傷亦少，除濕乾燥可說適合於扁柏之乾燥方法。

從上述觀點，除濕乾燥可考慮為抑制割裂或變色，或大幅度減低利用率之目的之乾燥方法。

9.7 木材之高週波加熱乾燥法

將木材置於高週波電場時，依其誘電體損失發熱，含水率較高部分發熱較大，利用內部發熱的方式進行木材乾燥，目前國內使用之週波數（頻率）為 6.9 MHz 與 13.56 MHz（黃耀富，2007）。

9.7.1 高週波加熱乾燥之特徵

❶ 一般之乾燥法（熱風乾燥法）於纖維飽和點以下（約 30%）時，乾燥速度會減緩，而本法並不會發生乾燥速度減緩現象，乾燥迅速。

❷ 因可在加壓狀態下進行乾燥，可減少乾燥時之反翹。

❸ 木材與外週之溫差較大，易發生損傷。

❹ 不易正確掌握住乾燥操作時木材之實際材溫。

❺ 乾燥費較高。目前用旋切單板或平切單板之乾燥等較為特殊之乾燥。

9.7.2 高週波加熱實務

❶ 週波數，一般乾燥木材之長度為 1.5~2.0 m 以上，使用之週波數宜低，最常見的週波數為 6.9 MHz 及 13.56 MHz。

❷ 乾燥時所需電力及以高週波加熱木材所需電力可依（6）下計算：

$0.33d_0\{(0.327+X_1)(100-t_0)+5.39(X_1-X_2)+80(0.3-X_2)\}KWh/0.278m^3$ (6)

（6）式中 d_0：木材之絕乾比重，X_1：木材之初期含水率，t_0：木材在加熱前之溫度，X_2：木材乾燥終了時之含水率。

❸ 可投入之最大電力量：常因投入過大電力量，致使木材於乾燥時發生各種損傷，故投入之電力量宜小。一般木工上之安全操作，如闊葉樹材，以 1 KW/0.278m^3 之陽極輸入為宜。

❹ 乾燥中木材周圍溫度與濕度：木材周圍溫度降至某一限度時，木材內部含水率

梯度會增加至使乾裂，可縮小木材相互間隔。木材蒸發出水蒸氣，可增高密閉窯內之濕度，有良好乾燥效果。

❺ 極板：

一般使用鋼板，亦有採用鋁板或不銹鋼板，厚度亦無限制。於被加熱體上下兩面覆以極板。極板與高週波加熱器間以帶狀之薄銅作為饋電之用，為操作之便及提高效果。

❻ 疊桿：

於乾燥時不需疊桿，但經乾燥後之調濕則有必要，但在乾燥作為便於調節及減少電極間阻抗（impedance）之變動常置入疊桿。

❼ 印加高週波：

高週波印加時應即進行同調（matching）。同調操作之確實與否，將影響高週波之加熱效率。一般高週波印加操作同調蓄電器時，儀表上格子電流曲線先減而後增（下凹形曲線），陽極電流先增後減（上凸形曲線），即從陽極電流曲線和格子電流曲線之交點至格子電流上升曲線之重疊範圍為最佳同調範圍，高週波加熱有最好的加熱效果。如圖 9-10 所示。

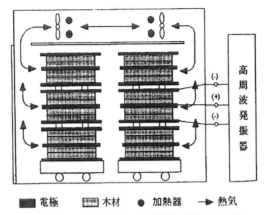

■ 電極　　▦ 木材　　● 加熱器　　➡ 熱気

▲ 圖 9-10 高周波 · 熱氣複合乾燥裝置的構造 (飯島
　　泰男，2002)

9.8　練習題

① 試比較天然乾燥與人工乾燥的不同。

② 試說明高溫乾燥的特性。

③ 何謂人工乾燥基準表。

📖 延伸閱讀 / 參考書目

🌲 王松永 (2007) 木材人工熱氣乾燥技術。「木材乾燥與加壓防腐技術」研討會論文集 P1~20。

🌲 黃耀富 (2007) 木材特殊乾燥技術。「木材乾燥與加壓防腐技術」研討會論文集 P21~50。

🌲 寺沢真、筒本卓造 (1976) 木材の人工乾燥。日本木材加工技術協會發行 P9-100。

🌲 飯島泰男 (2002) コンサイス木材百科。秋田縣立大學木材高度加工研究所編，P126-137。

🌲 大山幸夫、奈良直哉其他 (1975) 北海道林產試月報 10 月 :1-4。

🌲 奈良直哉、千葉宗昭、橋本博和、大山幸夫 (1976) 北海道林產試驗場月報 297 號。

🌲 奈良直哉、千葉宗昭、大山幸夫 (1977) 北海道林產試驗場月報，309 號。

🌲 信田聰、中嶌厚、千葉宗昭、奈良直哉 (1985) 北海道林產試驗場月報 399 號。

🌲 鷲見博史 (1976) 林業試驗場研究報告，285(1)。

🌲 三好誠治、林田良範、西浦政隆 (1998) 愛媛縣林試研報 19:70-87：70-87。

🌲 吉田孝久、橋爪丈夫、武田孝志、德本守彥、印出晃 (2004) 長野林總セ研報 18:70-87：125-141。

🌲 吉田孝久 (2006) 高溫乾燥技術の進展，木材工業，61(11)：499-501。

🌲 吉田孝久 (2008) 木材の高溫乾燥研究の変遷：高溫高湿スケジュールから高溫低湿スケジュールへ，木材工業，63(9)：400-405。

木材機械加工

撰寫人：蘇文清　審查人：王松永

10.1　前言

所謂木材機械加工 (Wood machining) 係指應力 - 破壞 (Stress-failure) 機制 (Hoadley, 2000)，目的係為製作可用木製品之過程。一般概分為「手工」及「機器加工」，前者係指純使用手工具如鉋刀、鋸子、鑿刀、手搖鑽等，對木材進行鉋、鋸、切、鑽孔等加工；後者則為使用動力工具如電動工具及木工機器等對木材進行更快速、更複雜的加工，其目的皆是為了達到預定的造型或品質。上述之各種加工方法可能差異極大，但大抵分成三大類加工法 (Hoadley, 2000)：

❶ 切斷或剖料加工 (Severing)：

由一塊材料加工變成二塊以上如剖薪炭材或原木製材等。

❷ 形削加工 (Shaping)：

平面鉋削、輪廓銑削及側邊銑削等各種成型加工。

❸ 表面加工 (Sanding)：

塗裝作業前，加工至預定品質如砂磨，以利塗裝，或側邊鉋削，以利膠合作業。

通常，木材機械加工包括上述 2 種以上加工法，大部分木工機械加工中，目標是工件 (Workpiece)，而切屑 (Chip) 則是移除的廢料。

綜合上述，木材機械加工即是由刀具 (木工機器)、工件 (木材) 及送材裝置 (手動、電動或氣動) 三者組成。基於安全考量，目前所有的木材機械加工仍是以上向銑削 (逆銑，Up-milling) 為主，亦即木材進料方向與刀具迴轉方向反向，而為了獲得良好加工面，木材的木理方向則必需與刀具迴轉方向同向。

本文主要論述木工機械加工木材之原理與方法。

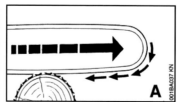
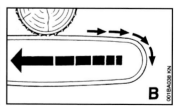

▲ 圖 10-1 鏈鋸外觀及鋸切方式 資料來源 " (STIHL, 2017)"

鋸切加工依鋸切目的及鋸片構造之不同而分成鏈鋸鋸切 (Chain sawing)、帶鋸鋸切 (Band sawing)、線鋸鋸切 (Scroll sawing)、圓鋸鋸切 (Circular sawing) 及框鋸鋸切 (Frame sawing)。

10.2.1 鏈鋸鋸切

鏈鋸首度於 1915 年出現於北美，並於 1930 年晚期經過重新設計改良，使用至今並不斷改良精進 (Koch, 1964)。鏈鋸係以鏈條進行加工，以橫切 (Crosscut) 為主，鋸路約 7 ～ 8mm，較為耗損材料，故主要係用於伐木之樹木伐倒及截斷取材，此外，製材場及單板製造廠之原木截斷、木構造建築施工及大型木製品雕塑等，皆普遍應用。

鏈鋸構造主要由本機、鏈條及鋸板構成，其大小以鋸板長度為依據，從 14 吋～ 60 吋，長度愈長，重量愈重，一般輕量型的小型鏈鋸以 14 吋、16 吋及 18 吋為主，專業級的則以 25 吋、30 吋、36 吋及 41 吋較為常用。使用鏈鋸時，需隨時檢查鏈條之緊度，一般以鏈條能緊貼鋸板且手能拉動鏈條為宜，以免過鬆而於鋸切過程中導致鏈條脫落，發生危險。鋸切時，可依照現場樹木狀況，採取拉式 (Pull-in, A) 或推式 (Pushback, B) 之方式鋸切，如圖 10-1(STIHL, 2017)。伐木時，必需準確控制樹木倒立方向，方不致於產生意外傷害，其控制樹木倒向之鋸切法如圖 10-2，首先切出倒向口 (Felling notch, C)，而留料寬度 (Hinge, D) 有助於控制樹木倒下，其預留寬度約為樹木直徑之 $\frac{1}{10}$（至少 3cm 以上），並從位於倒向口上方約 $\frac{1}{10}$ D 水平方向入鋸，而將樹木中間材料鋸除，離邊約預留 $\frac{1}{10}$ D 或 $\frac{1}{10}$ D(F 或 G)，最後再從外側成一斜角切下 (STIHL, 2017)，將留邊切除，即可伐倒。

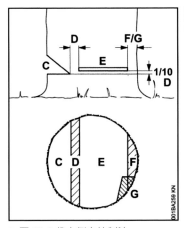
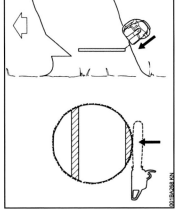

▲ 圖 10-2 伐木倒向控制法

10.2.2 帶鋸鋸切

帶鋸鋸切加工之鋸條為環狀，應用於木材加工之前段加工，從原木製材（自走式帶鋸機）至家具廠之木板改料及彎製成型（木工帶鋸）（圖10-3）。就家具廠的帶鋸鋸切加工而言，仍以木工帶鋸進行備料作業為主，其機型以安裝帶鋸條之鋸輪直徑表示，一般常用的26吋、28吋及32吋，依照鋸條寬窄可用於板料之縱剖、橫切及曲線彎製，且比其他鏈鋸及圓鋸機鋸切加工耗損較少之廢料（Johnson, 2010）。另外，亦有10吋～16吋之桌上型帶鋸，用於鋸切小型工作物，適用於一般工作室或木工DIY。

10.2.3 線鋸鋸切

線鋸（圖10-4）係利用直線鋸條上下震動產生鋸切作用，線鋸機可分成大型之落地型及小型之桌上型二種，前者適用於家具曲線組件之彎製，而後者適用於製作小裝飾物。線鋸機一般用於鑲嵌細工（Marquetry）、鑲嵌（Inlay）及造型浮雕加工（Fretwork）（Johnson, 1995）。此外，依照線鋸條種類，可鋸切之材料相當多樣，包括木材、紙板、金屬、塑膠、皮革、玻璃及橡膠等。通常，線鋸加工面精細度與每英吋齒數（Teeth per inch, TPI）有關，TPI愈多，加工面愈光滑，但加工效率低，相反地，TPI愈少，鋸切快速，但鋸切面較粗糙，此外，亦必需依照樹種

自走式帶鋸機, 昌鉅機械
TWMA2016, p.238

桌上帶鋸

木工帶鋸機, 湧東木工機械
TWMA2016, p.332

帶鋸結構, 金灣機械
TWMA2016, p.290

帶鋸研磨機, 巨岱機械
TWMA2016, p.289

▲ 圖10-3 自走式帶鋸機、木工帶鋸及桌上型帶鋸

選擇適當之 TPI，通常，較硬材料使用較多 TPI(較細鋸齒)，例如硬材之紅木及黑檀比橡木或楓木需要更多 TPI，軟材如松或黃楊木則適用較少之 TPI(鋸齒較粗)(Duginske, 1996)。

10.2.4 圓鋸鋸切

圓鋸鋸切作業在木材加工中佔有極重要角色，使用鋸片為圓鋸盤，其盤緣鋸齒切入木材且產生切屑，而將木材分離 (Stephenson, 2002)。廣泛用於備料場、家具廠及一般木材加工場，主要功能為縱切 (Rip-sawing)、橫切 (Crosscut sawing)、斜切 (Miter sawing) 及開槽 (Grooving) 等，而對應上述鋸切方向與木理形成角度之鋸切方式，使用之圓鋸片分成縱切鋸片、橫切鋸片、複合鋸片及槽刀等。

鋸切機器種類亦依各種作業目的而多樣化，常用的圓鋸機介紹如下：

一、切斷機 (Cut-off saw)(圖 10-5)：

實木角料或板料之毛料備料作業，用於粗切定長或切除節、開裂等缺點，鋸片位於台面下方，氣動升降，滾筒或皮帶氣動進料，迅速安全。量化生產上，則以電腦數值控制並配合蠟筆標記，可迅速粗切定長及去除缺點，快速準確，此套系統又稱優選機。

二、旋臂鋸 (吊剪)(Radial arm saw)(圖 10-5)：

旋臂鋸之鋸片直接裝在馬達軸上，吊掛在台面上方之長軌臂上前後移動，此軌臂可上升、下降及左右偏移各 45°，適合做各種斜角度鋸切，鋸片與馬達亦可傾斜至 90°，成為水平鋸切或轉向 90°作為縱切，但一般仍以 90°橫切為主。

旋臂鋸係將材料固定，而移動軌道上方之鋸片進行鋸切，其切削抵抗低，比起萬能圓鋸機，更為省力及安全。旋臂鋸一般適用於前段備料之長料粗切定長。

落地型線鋸 , 湧東木工機械
httpwww.yengtong.com.
twproduct-detail-1297947.html

桌上線鋸

(線鋸條 , Johnson, 1995)

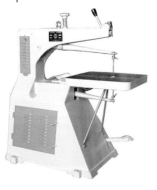

▲ 圖 10-4 落地型及桌上型線鋸機及應用鋸條

切斷例，
TWMA2016, p.283

Board before operation (defects marked)

Board after operation

旋臂鋸，嘉元全機械，
取自 TWMA2016, p.270

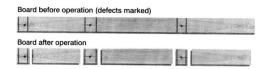

切斷機，昱帆機械，TWMA2016, p.302

YFC-24
CUT-OFF SAW

▲ 圖 10-5 切斷機及旋臂鋸

三、圓鋸機 (Table saw)〔圖 10-6〕：

鋸切作業之最基礎加工，加工變化多，基本裝置具有縱切導板及斜度規等輔助裝置，因其功能強大，又稱為萬能圓鋸機，為製作各種木製品所必備機器之一，其鋸片與馬達位於台面下方，藉著手持材料移動而進行鋸切，因其作業較為危險，材料必須緊靠縱切導板或斜度規進行鋸切，大量製造時，亦可安裝自動送料裝置。圓鋸機之鋸片可傾斜至 45°，進行縱向或橫向斜切，此外，斜度規亦可調整角度最大至 45°，做端面斜切。

四、縱切機 (Rip-saw)〔圖 10-6〕：

縱切機具備自動進料裝置，可依照材料調整進料速度，用於縱切實木板或各種人造板，使用極為安全便利。縱切機用圓鋸片可分成修邊及剖料二種，修邊用鋸片鋸路厚度約 4.5 mm，剖料用鋸路厚度約 3.2mm。此外，縱切機圓鋸片之齒數約在 30T～60T，剖厚木料宜用齒數較少者，剖薄木料則宜用齒數多者。縱切機送料速度介於 12～24 m/min，可依樹種調整送料速度，獲得良好鋸切面。

切斷機，
昱帆機械，TWMA2016, p.302

切斷例，
TWMA2016, p.283

旋臂鋸，
嘉元全機械，取自 TWMA2016, p.270

▲ 圖 10-6 圓鋸機及縱切機

五、裁板機 (Panel saw)(圖 10-7)：

有推台式裁板機 (Slide panel saw) 及電腦裁板機 (Computer panel saw)，主要用於裁切合板、纖維板及粒片板等人造板，量化製造時，一般採用電腦裁板機，可利用電腦進行尺寸規劃，達到最大利用率及經濟效益。

推台式裁板機 , 強瑋機器 , TWMA2008, p.196

電腦裁板機 , 長風工業 , TWMA2016, p.376

▲ 圖 10-7 推式裁板機及電腦裁板機

六、45°切斷機 (Chop and miter saw，圖 10-8)：

45°切斷機為可攜式，為一般小型加工場或工作室最為常用且必備之鋸切機器之一，操作簡易，鋸切精準，主要以 90°之橫切為主，但鋸片可水平左右調整最大角度至 45°，以利進行斜切，此外，鋸片亦可垂直方向傾斜，以利製作複斜接合。另外有滑軌式切斷機，除具備上述功能外，尚可做溝槽鋸切及鋸切較寬板面。

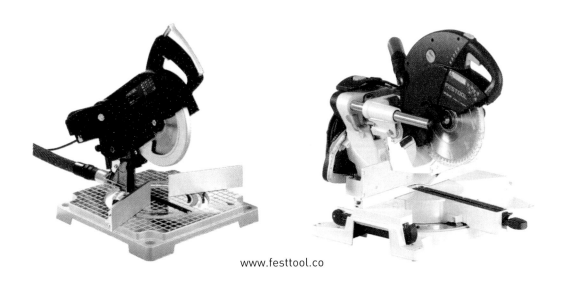

www.festtool.co

▲ 圖 10-8 45°切斷機及滑軌式切斷機

10.2.5 框鋸鋸切

框鋸機（圖 10-9）屬於薄切（Thin-cutting），用於製造單板板條（Veneer slats）或薄板（Lamella），做為複合地板的耐磨面層、模型、運動器材、百葉門、實木門框或橫檔等（http://www.neva.cz）。框鋸採用多片式薄鋸片，鋸切出細緻表面，有利於膠合（https://ogden-group.com）。此外，由於其鋸片薄、鋸路窄（約 1.1 ～ 1.4 mm），鋸切精準（誤差量約 0.1 mm），它比圓鋸片鋸切可省料約 20%～ 100%，比帶鋸鋸切可省料約 10%～ 15%。

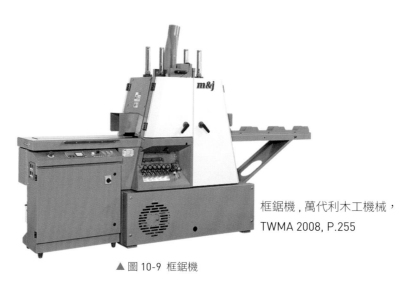

框鋸機，萬代利木工機械，TWMA 2008, P.255

▲ 圖 10-9 框鋸機

10.3 雷射加工

雷射（Laser）係由 Light Amplification by Stimulated Emission of Radiation 而來，意為光受激發後以輻射的方式使光放大。雷射切割即是利用光束聚焦產生之高密度能量光點，使材料表面汽化或熔化而將材料切割。現在使用的雷射係介於紫外線經可見光至紅外線的波長領域中，而木製品加工所應用之雷射雕刻機則以紅外線為主。紅外線領域中，CO_2 雷射（氣體雷射）或 YAG 雷射（固體雷射）因可得高效率輸出，而被廣泛用在各種工業上，其輸出方式可分為脈衝式與連續式二種，氣體雷射中又以波長為 10.6μm 之 CO_2 雷射較為廣用。

雷射之產生係透過雷射震盪器，對雷射介質（如 YAG 雷射、CO_2 雷射、He-Ne 雷射等）供給光或能量，將雷射介質之能量提高，而後藉著配置在雷射介質左右之 2 片鏡子間重複反射，進而激發雷射介質之原子產生感應放出，其中一部

份光會透過半透鏡而出去，此即為雷射光束（圖 10-10）。二條雷射光束透過聚焦透鏡，將最大光能聚焦於材面，進行切削，其切削效率由光能量及切削速度決定。

雷射切削木材時因係高溫熔化或氣化材面，會在切削面形成燒焦表面，藉著調整光能量大小及切削速度，可控制材面燒焦程度，圖片雕刻時，利用其顏色深淺不一之雷射表面，呈現圖片之立體效果。

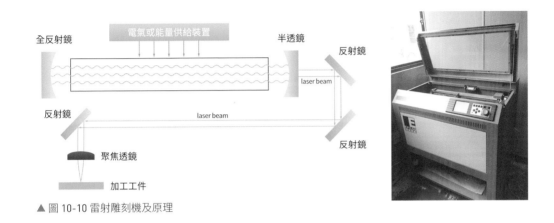

▲ 圖 10-10 雷射雕刻機及原理

10.4　燒灼加工

在木板上噴上 NaOH 後（增加導電性），接上約 2,000 V 的電壓，利用導電激出不規則火花，產生 3D 效果的樹枝圖案（圖 10-11）。亦可在燒灼的槽縫中灌入染色之環氧樹脂（https://www.youtube.com/watch?v=TwGnxB9BXK0）。

▲ 圖 10-11(a) 縱切及橫切齒型，(b)TCT 鋸片撥齒量設定。

10.5　結語

綜合以上各種木材加工法，可知木材雖為一種異方向材料，但其纖維組成特性，非常適合用各種木工刀具進行加工。因此，瞭解各種加工法，可提升加工效率並獲得預定造型及品質，而為了獲得良好加工品質，亦必須對木材各種性質如物理特性、化學成份有所瞭解，才能減少材料浪費及對木工刀具之磨耗損傷。

配合各種木製品組件加工，可應用既有規格化木工機械，亦可針對特殊木製品組件加工，開發新刀具或木工機械；再則，面對技術工人短缺及工業 4.0 之衝擊，電腦數值控制 (CNC) 加工技術應用層面愈來愈廣，同時，家具產業面對木材來源不足，木料成本逐漸上漲，使用雜木用於家具非主要構件亦是不可避免，這些雜木之加工刀具材質及加工條件亦必須加以適當選用與設定。

10.6　練習題

① 何謂木材機械加工 (Wood machining)？其加工方法大抵可分成哪三大類？

② 說明花鉋機 (Router，鉋花機，路達機) 之二種加工型態及其應用之花刀型態？

③ 碳化鎢圓鋸片依鋸切方式分哪二種鋸片及其用途？又此二種鋸片如何分辨？

延伸閱讀 / 參考書目

🌲 台灣木工機械工業同業公會 (1993) 台灣木工機械廠商名錄 (TWMA)。

🌲 台灣木工機械工業同業公會 (2008) 台灣木工機械廠商名錄 (TWMA)。網址：www.twma.org. tw。

🌲 台灣木工機械工業同業公會 (2016) 台灣木工機械廠商名錄 (TWMA)。網址：www.twma.org. tw。

🌲 劉仲康譯，Fritz K. J. 著 (2014) 天然木皮圖鑑著，萬里書店出版，香港 P275-276。

🌲 Duginske, M. (1996) Mastering Woodworking Machines. The Taunton Press. USA. P84.

🌲 Gibso, S. (2005) Sandpaper. Fine Woodworking The Taunton Press. USA.178:54-61.

🌲 Hoadley, R.B. (2000) Understanding wood. The Taunton Press. USA. P159.

🌲 Johnson, R. (2010) Complete illustrate guide to bandsaw,. The Taunton Press. USA. p3.

🌲 ohnson S. (1995) Getting the most from a scroll saw. Fine Woodworking No.111. p.70~74. The Taunton Press. USA.

🌲 Koch, P. (1964) Wood Machining Processes. The Ronald Press Company. USA. P273、P299

🌲 Rudkin, N. (2001) Machine Woodworking. Butterworth Heinemann. USA. p74.

🌲 Schofield, M. (2005) Ture grit. Fine Woodworking. The Taunton Press. USA. 176:117-118.

🌲 Stephenson, E. (2002) Circular Saws. Stobart Davies Hertford ltd.UK. P15、P18、P54、P57

🌲 STIHL Instruction Manual (2017) STIHL Co. Ltd. Germany.

🌲 Umstattd, M. D. (1990) Modern Cabinetmaking. The Goodheart-Willcox company, INC. USA. P165、P410、P475、P448

🌲 https://www.youtube.com/watch?v=TwGnxB9BXK0. (2018.5.22 點閱)。

🌲 http://byrdtool.com. (2018.5.22 點閱)。

🌲 https://www.ogden-group.com/thin-cutting-frame-saw.html. (2018.5.22 點閱)。

🌲 http://www.neva.cz. (2018.5.22 點閱)。

🌲 http://www.festool.com. (2018.5.22 點閱)。

木材物理改質加工

撰寫人：卓志隆　審查人：王松永

木材為一種可再生、可回收、可再利用，且廢棄時對環境衝擊少，並且其加工能源與鐵、鋁、混凝土材料相較低很多，為一種省能源、省資源、可貯藏碳素的生物性材料，故被視為一種生態性材料，因此如何有效利用木材資源為世界各國努力的目標。從全球森林資源保育、生物多樣性維持、氣候變遷等因素評估，今後木材利用對象主要會來自於人工林經營之林木，但可供應市場之人工林木將有很高比例為低質的中小徑木，由於中小徑木所含未成熟材比例高、節等缺點比例高、材質變異性大等因素造成產業界的生產與銷售這些木材帶來許多問題，木材利用範圍受限，因此對人工林木材的改質已經越來越重要。為改善人工林木材材質並提升其產品功能性以符合消費者之期待，同時須考量與其他材料在市場上競爭性，全球各地科研機構亦積極以物理性、化學性或生物性處理方法來改善人工林木的品質，在木材改質研究、木質複合材料開發上都投入相當心力，積極拓展人工林木材的用途，在符合對環境友善理念下，達到有效改善木材尺寸穩定性、力學性能、表面性質、耐腐朽性、抗蟲蟻性等等之用途目標。

11.1　木材之熱處理加工

基於目前可取得木材品質須改良及在環境保護的理念下，近年來各國積極開發熱處理木材，特別是歐洲地區科研機構與生產企業積極進行研究，也建立許多大型的木材熱處理廠，進行商業化生產。依據 CEN/TS 15679 技術規範定義熱處理木材為在氧氣比例減低的條件下，經160°C~230°C溫度熱處理，而使得木材細胞壁化學組成分及物理性質改變之木材，稱為熱處理木材。熱處理木材主要優點有三個，第一為改善木材的尺寸安定性，第二可提升木材耐腐朽性，第三使木材表面顏色變深、減低邊心材顏色差異、豐富木材的色彩 [Mazela al., 2004]。透過此種改善的結果可大幅提升木材的用途並創造木材的附加價值。熱處理木材適合作為地板、門、窗、戶外非結構用材等用途；熱處理材表面呈淺棕色至深褐

色，顏色均勻，色差較未處理材低，顏色不易受紫外光照射而變色，可部分代替代珍貴闊葉樹木材，用於室內家具製造原料；熱處理材的熱傳導性較未處理材可降低 10-30%，且吸水性或吸濕性明顯降低，可用在浴室、三溫暖空間所需器具上；但木材經熱處理後，大部分強度性能會減低，故不建議作為木構設施中主要須承受載重之構件用，且須避免與土壤直接接觸。

11.1.1 熱處理木材物理性質

一、尺寸安定性

木材吸脫濕能力為影響其膨潤與收縮的重要因子，由於木材為具有親水性之材料，在相對濕度變動的環境下，木材尺寸是不穩定的。熱處理過程中會導致木材化學結構產生不同變化，在木材主要化學成分中，半纖維素的分子量最低，在熱處理過程中首先開始降解。半纖維素降解使得具有親水性的羥基數量減低並形成疏水性的 O-acetyl 基，經由後續與木材的交聯作用，木材疏水性質會提高。水分吸著性減低間接使得木材膨潤及收縮量降低，可改善木材的尺寸安定性。

二、強度性質

木材機械強度隨著熱處理溫度升高呈下降的趨勢，木材經高溫處理後，外觀顏色變深，強度減低。此乃因木材熱處理過程中，木材成分受熱降解，細胞間結合力減弱所造成的關係。此外若是含節的木材，因處理過程中樹脂蒸發，使得節脫落造成空洞節，亦會使木材的強度減低。由文獻探討，可知熱處理對木材機械強度的影響非常複雜且影響程度受到處理時間長短、溫度高低、加熱用介質、木材含水率及壓力等條件不同而異。故熱處理材在實務上使用上務必考慮其用途及所要求之強度品質，避免因未考慮強度的損失造成後續結構的危險性。

三、木材外觀顏色

木材受熱後，由半纖維水解過程中所釋放之醋酸，扮演使半纖維水解成為溶解糖類之觸媒劑。加熱結果使糖類焦糖化至褐色，由於半纖維素隨著處理溫度升高而加連裂解，同時也使木材外觀顏色變的更深色 (Thermo Wood Association, 2003)。雖然木材顏色改變結果並不是熱處理材的主要目的，但若能控制其變色結果，也是提高木材價值的方法之一，特別是針對淡色低耐久性的木材的有效利用。熱處理材與一般木材一樣，顏色會受到光照影響而變化。

四、結晶度

Yildiz and Gumus Kaya(2007) 利用傅立葉轉換紅外線光譜儀量測雲杉及山毛櫸熱處理的結晶度及纖維素中相對三斜 (Iα) 及單斜 (Iβ) 的結構成分，結晶度隨著加熱時間及溫度升高而增加，由 Iα/ Iβ 之比值得知纖維素主要結構成分為單斜結構，雲杉纖維素結晶結構較山毛櫸易受到加

熱的影響而變化。Hakkou *et al.*(2005) 報告指出，在 100~160°C範圍時，由於殘留水分散失造成纖維素結晶度下降，但溫度超過 200°C時，因不定形物質的降解及化學組成份的重組使得結晶度又會提升。Bhuiyan *et al.*(2001) 研究建議為使木材纖維素結晶度達到最-大，則熱處理過程中降溫時間須約為加溫 (105°C ~200°C) 時間的兩倍。

五、濕潤性

由於熱處理木材之疏水性能提升可能導致膠合或塗裝附著性能產生問題，塗料附著性能或膠合劑塗佈性能與濕潤性、表面自由能等二個重要性質有關，濕潤性會受到木材巨視特徵 (如空隙率、表面粗糙度、含水率、纖維排列等) 之影響。濕潤性的改變是由於木質素塑化導致於木材中高分子形態的改變所致，熱處理材的接觸角明顯較未處理材高，可見其對水分的吸附能力減低。

六、熱傳導性

Thermo Wood(2003) 試 驗 報 告 指 出 熱處理材的熱傳導係數較為處理材降低20~25%，可見以熱處理材作為房屋等建築物構件使用時，應可減低相關空調能源的消耗量，對於二氧化碳的減量會所幫助。

11.1.2 熱處理木材化學性質

木材中三大主要成分，纖維素、半纖維素及木質素受熱後化學成分的劣化方式

不同，纖維素及木質素要在較高溫度下才開始劣解，且劣解速度較半纖維素慢。抽出成分在熱處理過程很容易劣解並揮發。半纖維素的分解溫度約為200~260°C，纖維素約 240~350°C，由於闊葉樹木材中平均半纖維素的比例較針葉樹木材高，故闊葉樹木材較針葉樹木材受熱劣解。若處理過程中，木質素之苯基丙烷單體間鍵結部分會被打斷，士林格單體間之芳基醚鍵較古雅希單體容易被打斷，木質素化學成分為三大主成分中最不易受到溫度影響之化學成分。Mburu *et al.*(2008) 以肯亞地區混農林樹種 *Grevillea robusta* 為試驗對象，經過250°C，7 小時處理後，除了葡萄糖以外之多糖類比例幾乎近於零，但木質素的含量則隨著加熱時間增長而逐漸增加。利用滴定法測定熱處理材之酸鹼值會降低，與半纖維素中葡萄糖酸劣解有關。Kartal *et al.*(2008) 針對柳杉邊材進行熱處理研究，結果顯示柳杉中碳水化合物經熱處理後會顯著劣解，劣解原因為半纖維素上乙醯基切斷所形成之醋酸使得木材多糖類劣解，半纖維素損失與強度降低有明顯正相關關係。

11.1.3 熱處理木材抗生物劣化特性

木材腐朽菌的生長需要適當的溫度、營養、氧氣及水分等四要素，熱處理木材因半纖維素大量劣解，造成木材吸收水分能力減低且作為腐朽菌營養源之多糖類亦減少，因此熱處理木材的耐腐朽性會提升，同時木質素及纖維素的化學

成分也會改變，木質素軟化結果會阻塞細胞孔隙，造成木材對水分吸附能力減　低 (Rowell *et al.* 2000)。Momohara *et al.*(2003) 以柳杉心材為試驗對象，探討不同溫度及時間熱處理後試材對褐腐菌及台灣加白蟻的抑制效果，發現熱處理材對褐腐菌 (*Fomitopsis palustris*) 有良好的抑制效果，但抵抗則隨著處理溫度升高，其重量損失率有增高的趨勢。ThermoWood(2003) 試驗結果亦指出其熱處理材無法抵抗白蟻的蛀蝕，對腐朽菌的抑制則有良好效果，並指出熱處理材若要達到非常耐久 (class 1) 等級，溫度須在 220℃以上處理 3 小時。

11.1.4 影響熱處理木材性質變化的因子

一、處理溫度與時間

木材受熱，細胞壁的大分子組成發生化學改變，隨著處理溫度的上升與時間的延長，伴隨著更嚴重的質量損失與顏色改變，即熱處理溫度越高、時間越長，木材成分裂解的越嚴重，木材特性的改變亦越顯著，如平衡含水率越低、顏色越深、尺寸越安定等 (Unsal *et al.*, 2003；Kocaefe *et al.*, 2007；Esteves *et al.*, 2008；ivkovi *et al.*, 2008)。熱處理材內的化學成分也隨著處理溫度的升高，在組成上有所變化，pH 值也隨之降低 (Kartal *et al.*, 2008)，纖維素的面距也隨處理溫度增加 (Kim *et al.*, 2001)。熱處理材的物理性質包括密度、膨潤率、縱向壓縮強度、Janka 硬度及表面粗糙度皆隨

著處理溫度與時間的增加而下降 (Unsal *et al.*, 2003；Yildiz *et al.*, 2006；G ̦ nd ̦ z *et al.*, 2008)。抗腐朽性也隨著處理溫度與時間而有所改善，藉由不同的處理時間與處理溫度的組合可達到相同的質量損失 (äuöteröic *et al.*, 2010)。

二、處理環境（處理介質、密閉或開放系統、溼度情況）

在熱處理的過程中，為了避免氧化反應過於劇烈而使用不同的傳熱介質以保護木材，故熱處理可在空氣、水蒸氣、惰性氣體或真空下進行。通常在含氧環境下化學成分的降解與材料處理後的特性變化較劇烈 (Rapp, 2001；Hill, 2006)。水分或水蒸氣的存在與否皆影響了熱處理對木材的作用。木材已先乾燥或將處理槽內水分排出者謂之乾式（處理槽含水率低）處理。在密閉的系統中，木材所產生的水蒸氣使熱處理在高水蒸氣壓下進行，水蒸氣亦可由外注入至處理槽內做為熱傳遞介質，同時可如惰性氣體般的限制氧化反應。而在水中進行熱處理，即類似於產生醣類的生質技術。Bhuiyan and Hirai(2000) 的研究發現在高溼度環境下進行熱處理，結晶度為乾燥環境下的兩倍，即相較於乾燥環境，在高溼度環境下較容易結晶化，但也容易發生解晶作用。

三、木材種類與尺寸

木材與生俱來的異質性造成對於熱改良反應的多樣性。在相同熱處理條件下，通常闊葉樹種的質量損失較針葉樹種高，

主因為兩者的化學主成分比例不同，最容易裂解的半纖維素在闊葉樹種中含量大多較高 (ThermoWood Association, 2003)，且多數闊葉樹種的密度較高，水分的移動較緩慢，過於嚴苛的處理會造成闊葉樹熱處理材品質的下降。在熱處理對纖維素晶格結構的影響的研究結果也表示，對雲杉 (*Picea orientalis*) 的影響較山毛櫸 (*Fagus orientalis*) 大 (Yildiz and G¸m¸skaya, 2007)。對於抗腐朽能力的研究中也顯示不同樹種經熱處理後對於同種真菌的抵抗力有差異 (Boonstra *et al.*,2007)。為了確保木材內外的溫度固定一致，木材的熱傳導率為影響熱處理均勻與否的一項因子，尤其對大尺寸的材料來說更為重要。乾燥木材的熱傳導率低，但可藉由水蒸氣加熱改善。隨著處理材料尺寸 (尤其是厚度方向) 的不同，處理程序、時間皆須有所調整 (Kocafe *et al.*,2007)。

11.2　木材之酚甲醛樹脂處理加工

國內一般在戶外使用木材選擇上，會使用高耐久性之巴杜柳桉 (*Selangan batu*)、太平洋鐵木 (Merbau)、婆羅洲鐵木 (Ulin)、柚木 (Teak)、非洲玫瑰木 (Bubinga)、葉奇木 (Azobe)、亞氏風鈴木 (Ipe)、紫心木 (Purple heart) 等高密度、高硬度且高耐腐性之天然生闊葉樹材。針葉樹木材則使用西部側柏、美國檜木、阿拉斯加扁柏、檜木等高耐久性木材。上述樹種雖具有高耐久性能，但隨著部分樹種受到國際貿易公約管制，加上近期因大陸地區、印度等新興國家對木材需求量強勁及非洲西海岸許多國家禁止原木出口，造成原木價格大幅上漲的因素，若再加上可能的碳稅增加、木材價格勢必會逐年提升等因素，造成未來進口材原料的取得勢必更加困難、相關戶外木造設施業者經營愈加艱困。就應具耐久性之防腐木材產業來看，隨著環保意識及安全無污染生活環境觀念的普及與重視，二十世紀末木材防腐業遭受巨大的衝擊，台灣地區明顯的例子為民國九十七年四月起對 CCA 處理材的限制使用，更自民國 105 年起禁止使用 CCA 作為木材防腐劑。因應 CCA 之禁用，國內木材防腐業者開始應用對環境較友善之低毒性藥劑，如水溶性 ACQ 藥劑、微米化 MCQ 藥劑、CuAz 藥劑等，惟依木材使用環境危害分級 (CNS 3000) 規範藥劑吸收量達 K4 等級之 ACQ 防腐處理材，使用於戶外時，因地區性環境條件不同，部分 ACQ 防腐處理材依然會受到生物性

劣化現象，造成耐久性降低，也使得本產品之性能受到市場之質疑。因此可替代防腐處理材之改質木材開發實在有必要積極推動，以符合市場需求。透過將木材製造酚甲醛樹脂 (PF) 處理加工材，可顯著提高木材之尺寸穩定性、強度、耐腐性、耐白蟻性及耐候性等性能。

11.2.1 酚甲醛樹脂注入性

一般用於木材膠合的酚甲醛樹脂 (以下簡稱 PF) 的分子量較大聚合度較高，而注入用的酚甲醛樹脂必須是黏度低、水溶性好的初期聚合物，如此才可以得到良好的注入效果。低分子量酚甲醛樹脂可對木材產生增容效果，PF 樹脂中的水分可以使木材細胞壁膨脹，可促使 PF 樹脂注入到細胞壁內部，進而與木材化學成分結合，然後以加熱方式固化後形成不溶於水的交聯網狀的聚合體。低分子量範圍 (分子量 290-470) 酚甲醛樹脂可以滲透到木材細胞壁內，進而改善其物理與力學性能，而較大分子量範圍的樹之很難滲透到細胞壁內。PF 注入處理木材之目標是將 PF 樹脂分子能滲透入木材細胞內之細胞腔、細胞間層、細胞壁內非結晶區內微孔隙等孔隙，俟硬化後固著在木材內部，以增加其密度，進而改善各種強度及耐磨性能，尤其改善其耐水性，增進其尺寸安定性，使其即使使用在室外亦不會因收縮膨脹異方性而引起面裂、翹曲等缺點。低分子量的酚甲醛

樹脂注入木材後，可降低木材中羥基數量，即降低木材的親水性，進而減低木材的吸濕性能；聚合物因填充細胞壁中，透過增容效果可減低細胞壁的膨脹收縮性能。Ohmael(2002) 的研究中提到木材經樹脂注入處理後，其木材細胞的結構變化分為三個類型，I 型為樹脂注入位置只在細胞壁內，II 型樹脂注入到細胞壁中和細胞腔的內表面，III 型為樹脂注入位置只在細胞腔內而不影響細胞壁。而酚甲醛樹脂屬於 II 型，而其抗收縮效能的增加是由於 PF 在細胞壁內形成的內聚結構，注入後的木材細胞壁膨脹大於未處理材。 王松永 (2012) 提到 PF 樹脂注入之目標，是將 PF 樹脂分子注入至木材細胞內之細胞間層、細胞壁內非結晶區內微孔隙等孔隙，藉由其硬化來固著在木材內，增加其密度來改善各種性能，以改良人工造林木之低密度、耐久性差等問題，可製成高密度、高強度、 高尺寸安定性及具有耐腐、耐蟲蟻及抗風化之產品，供室外環境之用。內倉清隆 (2007) 研究顯示，將不同分子量大小之 PF 樹脂注入木材中並使其硬化，探討其物理與機械強度性質時，發現 PF 分子量為 500-600 左右為能否進入細胞壁中之關鍵。分子量大於上述之樹脂，即使注入更多時，只會在細胞之內腔面沉澱而已，並不會在細胞壁內形成複合化，故不會顯著提高改質木材的機能。

11.2.2 強度性質

王松永與劉光甫 (1992、1993) 以浸 PF 之面板來製作合板並測其強度性質，處理後之合板氣乾密度較單板狀態時大，吸濕澎潤率及脫濕收縮率約為其實木狀態時的 1/10 左右，耐磨耗性能改善 75.7~99.3%，硬度提升 36.8~207.1%、抗彎強度提升 2.4~26%、抗彎彈性模數提升 2.8~95.4%。Shams and Yano(2004) 酚醛樹脂溶液的濃度增加時，抗彎曲性能會提高，主要是因為注入後之密度增加。陳波等人 (2009) 將分子量 200~400 之 PF 注入木材，當樹脂濃度為 20% 時，其抗壓強度增加 75.2%，但是抗彎強度和抗彎彈性模數不論樹脂濃度高低均有些下降，下降率分別在 10% 和 13% 左右，顯示 PF 注入會使木材材質變脆。Fukuta et.al.(2011) 使用分子量 440 之酚甲醛樹脂注入木材，發現抗彎強度隨著重量增加率的增加而降低，而試驗的破壞模式顯示了木材有脆化的趨勢，選用高分子量的 PF 樹脂可防止 MOR 的降低。內倉清隆 (2007) 以不同分子量之 PF 樹脂注入木材，測試其物理性質及機械強度時，發現 PF 分子量以 500-600 左右注入效果最好，分子量過大時，就算施加壓力注入 更多樹脂，樹脂也不會進入細胞壁，故不會增強其強度。

11.2.3 耐久性

樋口光夫 (2006) 將注入 10% PF，增重率約 30% 之木材，暴露在室外接地之環境下 10 年，看出注入後木材在太陽光照射、風化及腐朽菌之危害下，幾乎沒有劣化情形，以螢光顯微照片觀察其細胞，可發現木材細胞皆由硬化之 PF 樹脂所填充，而硬化之 PF 樹脂不溶於水和有機溶劑，故其難於腐朽。 內倉清隆 (2009) 觀察注入後材料在戶外試驗 10 年後，只有稍微受到太陽光影響而改變材色，但其表面較未處理材光滑、無開裂，結果顯示注入 PF 之木材耐腐朽性、耐蟲蟻性及耐光性皆有提升。今村祐嗣 (1991) 將平均分子量為 200 之 PF 樹脂注入木材中後，進行熱硬化再實施抗白蟻試驗時，可發現 PF 樹脂含量在 10% 以下時，幾乎與一般木材相同會被食害，但增至 15% 時、死亡或衰弱之白蟻數量會增加，食害量亦會減少，就白蟻死亡率曲線關之時，其會與化學改質木材呈現相同趨勢，可推測係為餓死狀態，即使尚能活動，從白蟻之腸內可觀察到原生動物已完全消失掉。但以分子量 900 之 PF 樹脂注入木材再硬化時，雖已有相當量的含浸處理，但耐蟻性不會顯著提升。PF 之毒性相當高，因此低分子樹脂浸入木材細胞壁中，在細胞壁內之微小空隙沉澱而堅牢的固定，因此縱然只有稍許木材被白蟻攝取入體內時，PF 會影響白蟻分解酵素之作用，結果會引起影響白蟻生存。

11.2.4 尺寸安定性

Impreg 和 Compreg 是全球首先商業製造的 PF 樹脂浸漬複合材料，而且有極佳的尺寸穩定性，抗收縮效率 (ASE) 值

為 75% 和 95%，重量增加率為 35% 及 30%(Stamm, 1959)。在製造高密度木製品時，常因內部壓力釋放使木材膨脹變形 (Hsu *et.al*,1988)，但由於 PF 樹脂對木材細胞壁有軟化作用、增加其可塑性的作用 (Shams 等人 , 2004)，能有效地減少了緻密化過程中內部應力的累積，將 PF 樹脂注入之木製品暴露在潮濕環境中，亦可防止其厚度回彈。Furuno *et.al.* (2004) 使用平均分子量為 290-480 的 PF 樹脂滲透到木材細胞壁上並提高穩定性，而分子量為 820 的 PF 樹脂只能注入在於細胞腔內，對於尺寸安定性沒有太大助益。

11.3　木材之壓密化處理加工

木材壓密化是通過軟化或塑化 (達玻璃轉移溫度以上)、壓縮定型、後處理 (降低尺寸回彈率) 及冷卻硬化 (降低至玻璃轉移溫度以下) 之製程，使軟質木材的密度 (或表面密度)、強度 (或表面強度) 得以提高， 達到強化木材之目的。木材軟化或塑化可透過水熱處理 (直接加熱、蒸煮處理、微波或高周波加熱等) 之物理方法或利用可滲入木質素與纖維素結晶區中，使其膨潤軟化之化學藥劑 (氨水、鹼性藥劑等)，降低木材之玻璃轉移溫度，使其在較低溫度下軟化，使木材在橫向壓縮應立下容易達到壓密化目的，主要使早材細胞產生座曲變形，木材橫向壓縮應力須達到壓密區才可達到定型效果，不然木材尺寸很容易回彈。壓密化木材的主要產品問題為後續因吸濕造成內部壓縮應力釋放導致尺寸回彈，可透過防止木材細胞壁吸收水分、在壓縮變形狀態下使木材成份產生交聯共價鍵、釋放壓縮過程中使儲藏於木材中彈性應力與應變等機制使壓縮變形達到穩定之狀態，目前最常用後處理方法為應用熱處理方法，使壓密化木材內部應力鬆弛。

Susan(2016) 透過橫向壓縮之緻密化技術改善台灣杉及杉木之物理及力學性質，並探討不同相對濕度、預處理及壓縮率對其性質之影響。研究結果顯示台灣杉及杉木在壓縮率 16%、28% 及 40% 時之密度分別可提升 9%-55% 及 8%-58%。透過處理前及處理後之密度剖面觀察比較，本研究達到表面緻密化目的，只有離表面數毫米範圍之木材密度會顯著提高。緻密化處理後之台灣杉及杉木平均含水率分別由 12.54% 降低至 8.82%，11.71% 降低至 8.67%。密度的提升同時造成木材硬度、抗彎彈性模數 (MOE)、抗彎強度 (MOR) 增加，台灣杉及杉木之 MOE 及 MOR 分別增加 39%、43%、31% 及 30%，密度分別增加約 38% 及 43%。經緻密化處理之試材浸水厚度膨脹率顯

著較未處理材高，經 65% 相對濕度調濕後試材會發生厚度回彈現象。台灣杉及杉木試材經緻密化處理之產品良率分別為 74% 及 83%，杉木具有較高潛力生產緻密化木材產品。

許妙戎等 (2000) 以台灣杉 (*Taiwania cryptomerioides*)、杉木 (*Cunninghamia lanceolata*) 小徑木為試材，分別經浸水與熱壓、浸水、冷凍與熱壓及浸水、蒸煮與熱壓之三種處理後，形成表面密度較中間層密度為高之材料，然後分別檢測材料的密度剖面、吸水率、吸水厚度膨脹率、抗彎強度、硬度與壓縮強度等性質。未處理之試材平均含水率約為 (12±2%)，經各條件處理後之試材含水率均約為 (2±1%)。處理過之試材置於室溫下，其尺寸極為安定，回彈約 0.5~0.7%。浸水與熱壓與浸水、冷凍與熱壓處理者，其吸水厚度膨脹率隨吸水率增加而增加，而浸水、蒸煮與熱壓處理者則無。三種處理方法均能提升木材表面密度，達表面緻密化之效果，其中以浸水、冷凍與熱壓處理者效果最明顯，其表面密度平均可達 2g/cm³ 以上，遠高於中間層的密度 (0.43g/cm³)。處理後試材之表面粗糙度較對照組試材鉋光者低，即經處理之試材表面較光滑。浸水與熱壓及浸水、冷凍與熱壓兩種處理提高抗彎強度 30~130%、硬度 8~86% 及抗

壓強度 25~70%，具有明顯之改善效應。Cai 等 (2010) 評估壓密化及熱處理對楊樹尺寸穩定性及表面硬度的影響，共採用 3 種壓縮率 (10, 18 及 25%)；3 種熱壓溫度 (130, 150 及 170℃)；2 種熱壓時間 (15 及 35min)。試材隨後分別於 3 種溫度 (180, 190 及 200℃) 進行 1.5、2.5 及 3.5 小時的熱處理。結果顯示壓密化之試材密度提高 8-24%，經熱處理後試材浸水後之徑向全膨潤率可減低 43%，壓縮率 10, 18 及 35% 之試材表面硬度平均分別由 18.9 MPa 提高至 27.1, 34.6 及 43.9 MPa。如此之硬度與適合作為地板用材之山毛櫸相當。透過壓密化與熱處理製程可將低質楊樹木材轉換為高價值產品。Shams and Yano(2009) 將柳杉單板依序經 2% 次氯酸鈉水溶液及 0.5% 氫氧化鈉水容易處理後，再注入酚甲醛樹脂。整體處理後單板的質量損失率為 12%，透過藥劑對木質素造成的解聚作用或移除及半纖維素移除，促使 PF 對細胞壁的膨潤軟化，可在低壓力下縮木材。處理後單板密度、MOE 及 MOR 分別達 1.6 g/cm³, 29 GPa 及 307 MPa，加壓條件為 1 MPa(10.2 kgf/cm²)。Skyba and Niemz(2009) 探討歐洲雲杉及山毛櫸壓密化木材之物理及機械性質，處理條件包括熱濕處理、加壓密化、熱濕加壓密化及不同溫度飽和水蒸汽壓後處理。

經 THM(Thermo-Hydro- Mechanical process)處理後試材密度有顯著的增加，但經熱處理後則輕微下降。壓密化木材且未經後處理試材尺寸具有顯著回彈現象，而 THM 方法則不明顯，THM 方法可減低木材吸濕性。後處理溫度愈高時，其勃林納硬度、抗壓強度及 MOE 會越高，熱濕方法則造成強度的減低。THM 及後處理可提升木材剛性，但木材韌性會減低。Gong and Lamason(2007) 認為壓縮率是影響機械性質的最重要因子，最大壓縮率建議為 60%(針葉樹、白楊飽水木材、加壓溫度 50℃以上)。在沸水中煮 5 min 適合表面壓密化。最適化加壓條件為壓縮率 24%、溫度 145℃、加壓閉鎖時間 4-7min。熱處理可提升壓密化木材尺寸穩定性，但強度性質會些微減低。

11.4 結合高強度微波照射之木材改質技術

微波是指波長在是指波長介於紅外線和無線電波之間的電磁波。微波的頻率範圍大約在 300MHz 至 300GHz 之間。所對應的波長為 1 公尺至 1mm 之間。微波具有良好的加熱效果，影響物質吸收微波的能力，主要決定於物質之誘電損失率，誘電損失率大的物質對微波的吸收能力就強，相反，誘電損失率小的物質吸收微波的能力也弱。由於各物質的誘電損失率存在差異，微波加熱就表現出選擇性加熱的特點。物質不同，產生的熱效果也不同。水分子屬極性分子，誘電率較大，其誘電損失率也很大，對微波具有強吸收能力。因此對於木材來說，含水量的多少對微波加熱效果影響很大。木材微波處理是指將高含水率木材作為一種誘電物質，將木材置於微波電磁場中，使木材中的水分子產生極化現象，透過水分子快速旋轉與相互摩擦產生熱量，使木材溫度迅速升高。由於微波具有很強的穿透能力，可穿透到木材內部，可使被處理之木材溫度均勻。此外被處理材溫度升高，水分迅速氣化，木材內部水蒸汽壓力迅速增大，當水蒸汽壓力超過木材細胞中壁孔、孔拖、細胞間層、 縱向薄壁組織及木質線薄壁組織的溫度時，木材微細結構會產生一定程度的破壞，甚至可能造成明顯的外觀開裂，形成新的流體輸送路徑，可利用此特性有效提高木材的滲透性，作為防腐藥劑、耐燃藥劑、樹脂或金屬等注入性改善之應用。

Torgovnikov and Vinden(2009) 指出，微波改質技術可應於不同木材產業上，包括可改善不易防腐處理樹種之藥劑滲透性、減低高密度闊葉樹木材的乾燥時間、消除木材生長應力與乾燥材之乾燥應力，減少木材變形、透過注入樹脂或金屬，

開發新型木質複合材料、提升紙漿木片之藥劑滲透性，縮短蒸煮時間等。研究成果顯示 130 mm 厚之放射松枕木用材，經 300-kW(0.922-GHz) 功率之微波照射後再減壓加壓注入乳化酸銅之處理材，經顯色檢驗後，邊心材均有防腐藥劑之分佈。低功率微波照射後，30-50 mm 厚之闊葉樹木材之人工熱氣乾燥時間可減少 50%，中度微波照射後之乾燥速率可提升 5-10 倍，可顯著降低乾燥能源的消耗。由於微波照射後所造成之微細孔隙可將木材生長應力及乾燥應力消除，故不易產生乾燥開裂狀況，可提升乾燥材之品質與減少木材產量的損失。泡桐木材經微波照射後再注入三聚氰胺樹脂之抗彎強度與硬度都可明顯增加，衍生效益還可提高尺寸穩定性、耐腐朽性、耐燃性等，可將低值木材轉換為具附加價值之產品。

11.5　練習題

① 試述熱處理木材的優缺點。

② 試說明壓密化木材的製造流程。

③ 試述超臨界 CO_2 流體防腐劑注入技術特點與製造流程。

📖 延伸閱讀 / 參考書目

🌲 王松永 (2012) 酚樹脂處理木材之物理性質、耐腐及耐白蟻性探討。臺灣大學生物資源暨農學院實驗林研究報告。26(2): 151-161。

🌲 許妙戎、陳載永、陳合進、徐俊雄 (2002) 木材表面緻密化之研究，林業研究季刊 22(4):1-12。

🌲 今村祐嗣 (2014) 木材の生物材料特性に基づく耐久性の向上に関する研究。Biocontrol Sci. 3:109-112。

🌲 內倉清隆 (2007) 低分子フェノール樹脂處理木材工場 --21 世紀の高性能樹脂處理保存處理木材。木材工業。62(11): 548-551。

🌲 Anonymous (2003) Thermo Wood Handbook, Finnish Thermo-wood Association, c/o Wood Focus Oy, P.O. Box 284, FIN-00171 Helsinki, Finland.

🌲 Esteves, B. M., D. J. Idalina and H. M. Pereira. (2008). Pine wood modification by heat treatment in air. BioResources 3(1):142-154.

🌲 Gong M. and C. Lamason (2007) Improvement of surface properties of low density wood: mechanical modification with heat treatment. Value to Wood Program NO. UNB57,97P. Canada.

🌲 Hill, C. A. S. (2006) Wood modification: chemical, thermal and other processes. 1st ed., P99-127. John Wiley and Sons, Ltd., West Sussex.

🌲 Hsu, W. E., W. Schwald, J. Schwald, J. A. Shields (1988) Chemical and physical changes required for producing dimensionally stable wood-based composites. Wood Sci. Technol. 22:281-289

🌲 Rapp, A. O. (2001) Review on heat treatment of wood. The European commission research directorate, Hamburg, Germany.

🌲 Skyba o. and P. Niemz (2009) Physical and mechanical properties of thermal-hygro-mechanically (THM)-Densified wood. Wood Research 54(2):1-18.

🌲 Stamm, A. J. (1956) Thermal degradation of wood and cellulose. J. of Ind. and Eng. Chemistry 48:413-417.

🌲 Thermo Wood Association (2003) Thermo Wood Handbook. P27.

🌲 Tjeerdsma, B., M. Boonstra, A. Pizzi, P. Tekely, and H. Militz (1998) Characterisation of thermally modified wood: molecular reasons for wood performance improvement. Holz Roh-Werkst 56:149-153.

🌲 Torgovnikov, G. and P. Vinden (2009) High-intensity microwave wood modification for increasing permeability. Forest Prod. J. 59(4): 84-92.

第三單元 木材物理加工利用
木材保存
撰寫人：蔡明哲　審查人：王松永

木材是一種天然可再生的建築材料，其具有獨特紋理與氣味，產生宜人的視覺、嗅覺效果及環境調節溫濕度等優點，為其他建築材料無法比擬或取代。但木材使用時常遭因受到真菌劣化（fungal decay）和蟲蟻危害（insect attack），而減少使用年限或降低安全性。因而木材的應用時選用天然耐久性高、正確的設計及透過適當的保存處理等，都可確保使用安全或延長使用年限。

12.1 木材之天然耐久性

樹木依不同生長環境氣候、土壤、種類或天然林、人造林等因素，其材質密度及化學成分、含量等有明顯差異，也影響後續木材的使用年限。研究指出木材的邊、心材構造及化學成分不同，邊材儲存較多醣類、澱粉及氮化物等可為真菌食物來源；而心材具有樹脂、單寧、精油或酚類等抽出物，對腐朽木材的真菌、昆蟲具有不同程度的抑制和毒殺作用，成為影響木材使用年限的重要因素，因而木材天然耐久性（natural durability）是以心材的耐腐朽性及抗蟻性為評定標準。

12.1.1 木材的耐腐朽性及抗蟻性

王松永（1997）曾就 18 種台灣產木材及 17 種南洋材的心材，以白腐菌 Coriolus versicolor(L. ex Fr.) 及褐腐菌 Laetiporus sulphureus(Bull ex Fr.)，進行 15 週加速耐腐朽性試驗，結果如表 12-1。試材的耐朽性分級依實驗後重量保留率分為四級，I 級為高耐朽性者、II 級為具有耐朽性、III 級為耐朽性中等及 IV 級為低耐朽性，各級的重量保留率分別為 90%-100%、76%-89%、56%-75% 及 55% 以下。

表 12-1 省產木材及 17 種南洋材對白腐菌及褐腐菌之耐朽性

	耐朽性 分級	台灣產樹種	南洋材
白腐菌 *Coriolus versicolor*	I 級	台灣二葉松，台灣杉，相思樹，柚木，台灣櫸	*Buchanania* spp, *Gluta* spp, *Pericopsis* spp
	II 級	紅檜，扁柏，鐵杉，雲杉，苦扁桃葉石櫟，南投黃肉楠，鐵刀木	*Anisoptera* spp,(*phediek*), *Parishia* spp, *Gluta* spp, *Tetaamerista* spp, *Balanscarpus sp*(*keruing*), *Calophyllum* spp, *Mangifera* spp,(*Mandali, Mango*), *Shorea* spp,(*Darkred merantai*)
	III 級	木荷，長尾尖櫧，三斗石櫟	*Shorea* spp,(Red meranti) *Anisoptera* spp,(Mersawa), *Shorea* spp,(White meranti) *Sindora* sp(Sepetir) *Gonystylus* sp.(Ramin) *Calophyllum* spp.(Bintangor)
	IV 級	赤楊，光臘樹，短尾葉石櫟	
褐腐菌 *Laetiporus sulphureus*	I 級	紅檜，扁柏，台灣二葉松，台灣杉，相思樹，柚木，苦扁桃葉石櫟，短尾葉石櫟，南投黃肉楠，鐵刀木，台灣櫸	
	II 級	鐵杉，雲杉，長尾尖櫧，木荷	
	III 級	赤楊，三斗石櫟，光臘樹	

有些木材具有較佳的耐蟻性。一般認為，針葉樹的心材之抗蟻活性物質，與其揮發性精油有密切之關係，以柏科 (Cupressaceae) 為例，紅檜、扁柏、北美側柏、日本花柏等樹種，因具有倍半帖類 (sequiterpenoid) 及酮類而使其耐蟻性佳。闊葉樹的抗蟻活性成分主要是屬於 quinone、stilbene、pyrones 及 saponins 等四類化合物。張上鎮將抗蟻活性的樹種整理，如表 12-2，可供木材選用之參考。

表 12-2 抗蟻性佳的樹種	
針葉樹	闊葉樹
肖楠	烏心石
台灣扁柏	樟樹
紅檜	楝樹
香杉	紅樹
台灣杉	捲斗櫟
西部側柏	檸檬桉
落葉松	柚木
花旗松	大葉桃花心木
鉛筆柏	黑檀
羅森柏	銀葉
阿拉斯加扁柏	櫸木
紅豆杉	白雞油

(張上鎮 1997)

12.1.2 耐久性木材

不同國家或地區，對於木材耐久性的分級 (使用年限) 也有差別，歐洲標準 EN311 將木材天然耐久性分為 5 級，分別為高耐久性 (使用年限大於 25 年)、耐久性 (耐久年限 15~25 年)、中等耐久性 (耐久年限 10~15 年)、稍耐久性 (耐久年限 5~10 年) 及不耐久性 (耐久年限低於 5 年)。中國大陸分為 4 級，耐久年限分別為大於 9 年、6~8 年、3~5 年及少於 2 年。日本與台灣則分為 D1 及 D2 兩大類，如下表 12-3 所示。

表 12-3 樹種之耐久性區分	
心材之耐久性成分	材種
D1	扁柏、花柏、日本柳杉、落葉松、羅森檜、側柏、阿拉斯加扁柏、花旗松、北洋落葉松、台灣紅檜、台灣扁柏、台灣杉、台灣肖楠、台灣櫸木及其他同等耐久性樹種。
D2	赤松、黑松、北海冷杉、蝦夷松、冷杉、鐵杉、美國冷杉、北美鐵杉、放射松、朝鮮松﹝紅松﹞、雲杉、德達松、貝殼杉、杉木、柳杉及其他同等耐久性樹種。

12.2 木材使用環境與危害分級

木材使用過程中，可能因不同氣候環境﹝如：溫度、水分、空氣或光照等﹞影響，而發生腐朽、蟲蛀等生物危害及天候劣化、光劣化等，導致木質製品、建材、木造設施或木結構建築等的使用壽命縮短。因而各個國家因所處地理位置的環境氣候特殊性，訂立不同的木材使用場所的危害分級與說明，如表 12-4 所示，作為木材使用、設計及日常維護管理時重要的依據及參考。

表 12-4 木材使用環境與危害分級							
CNS 3000 『木材使用環境與危害分級』						AWPA U1-05	EN 335-1
危害分級	使用環境	木材遭危害之可能種類				Service condition, typical use and biological agent	
		蟲蟻	真菌	吸水吸濕	軟腐		
K1	木材處於室內，且無蟲蟻危害之虞，或室內溫溼度可加以控制。	無	無	無	無	UC1 Interior construction, dry, above ground(Insects only)	H1 Inside, above ground(Insects other than termites)
K2	木材處於室內，室內相對溫度均佈，且 70%	有	無	無	無	UC2 Interior construction, damp, above ground(Insect and Decay fungi)	H2 Inside, above ground (Borers and termites)

K3	木材處於室內，室內相對溫度均佈，且70%。木材處於室內潮濕範圍木材有防水處理。木材處於室外，但無直接受天候劣化。	有	有	無	無	UC3A Exterior construction, coated,above ground(Insect and Decay fungi) UC3B Exterior construction, above ground (Insect and Decay fungi)	H3 Outside, above ground (Morderate decay, borers and termites)
K4	木材處於室外，並直接受天候劣化，但無直接接出水（或）地。木材處於室內潮濕處。	有	有	有	無	UC4A Ground contact or fresh water UC4B Ground contact, fresh water or important construction components UC4C Ground contact, fresh water or critical structural components	H4 Outside, in-ground(Severe decay, borers and termites)
K5	木材處於室外，無保護，且長時間暴露於濕潤環境或接觸土壤。	有	有	有	有	UC5 Salt or brackish water and adjacent mud zone	H5 Outside, in-ground Contact, with or in fresh water

木材為天然有機化材料，富含纖維素、半纖維素及木質素等，在缺乏良好的保存條件時易發生各種生物劣化與危害，而導致木材的力學性質降低或使用年限減少。主要有真菌劣化如木生性真菌（Wood-inhabiting fungi）及細菌，蟲蟻危害則有木材害蟲及白蟻。

12.3.1 微生物劣化

危害木材的微生物很多，主要有真菌和細菌兩大類。自然界中真菌的種類很多，但能造成木材劣化、降解也只有少數木生性真菌；不同的真菌對木材的劣化大都可以從被危害木材的外觀及子實體，進行初步目視區分，而菌種鑑定則須經過菌落或菌絲分離、鑑定，較為困難。木生性真菌劣化主要包括腐朽劣化、霉菌及變色菌產生的表面發霉及藍變（stain）。細菌則可營造或促進真菌腐朽劣化的產生或加速腐朽速率。

❶ 真菌生長條件

真菌生長需要養分、水分、溫度及氧氣等四項，且缺一不可。因此，為避免木材遭受劣化，只需斷絕其中一項便可抑制真菌的生長。

（1）養分：

木材的纖維素或木質素等就是真菌食物來源，真菌利用酶來分解纖維素或木質素成為碳水化合物，成為其生長所需的養分來源。

（2）水分：

水分是真菌生長要素，若水分不足或過高都不利於生存。研究顯示環境相對濕度介於 30-80％適合各種真菌生存，因此台灣的亞熱帶氣候環境是有利於真菌的生長。當木材含水率高於 25％時真菌危害較易發生，因此有效控制木材含水率低於 20％以下，可以有效抑制真菌的滋長。

（3）溫度：

真菌的生長與溫度有關，環境溫度介於 10~40℃範圍內皆可生存，但最適合生長的溫度條件則在 20~30℃。當溫度過低時、真菌呈現休眠，待溫度升高後，即可復甦繼續劣化木材。

（4）氧氣：

多數真菌為好氧性，主要藉由氧氣將葡萄糖分解為水、二氧化碳。因此，木材表面的油漆、彩繪等可以隔絕空氣，具有防止木材腐朽劣化的效益。

❷ 木生性真菌危害特徵

木生性腐朽菌可分為四大類，包括：木腐菌（wood-rotting fungi）、軟腐菌（soft rot）、黴菌和變色菌（或稱邊材變色菌），對於木材劣化路徑及機制各有不同，危害特徵也相異。

(1) 木腐菌：

屬真菌界 (Eumycota, Fungi) 的擔子菌綱 (Basidiomycetes)，依分泌酵素進行降解木材的能力與機制不同，主要區分為褐腐菌 (brown rot) 及白腐菌 (white rot)，長期遭受危害的木材經常有子實體出現，因而可由辨別子實體外部特徵，確定褐腐菌和白腐菌的種類。

A. 褐腐菌

主要分解和消化纖維素與半纖維素。木材遭受褐腐菌腐朽後，表面呈現褐色並出現垂直於木材紋理的裂縫及塊狀 (cubic) 龜裂 (圖 12-1)。遭褐腐菌分解的木材即便在腐朽初期，其強度明顯地降低，並產生收縮和崩潰、可造成高度危害。

一般以針葉樹較易受褐腐菌感染而受害，菌主要有包括：粉孢革菌 (*Coniophra*

puteana)、密粘褶菌 (*Gloeophyllum trabeum*)、深褐褶菌 (*Gloeophyllum sepiarium*)、結麗香菇 (*Lentinus lepideus*) 及硫色絢孔菌 (*Laetiporus sulphureus*) 等。

B. 白腐菌

白腐菌主要分解木質素，並可分解部份纖維素和半纖維素。遭受腐朽的木材因木質素降解而使受害部位顏色變淺白色，可呈現篩孔狀、輪狀、大理石狀或海綿狀等 (圖 12-2)，因此稱為白腐菌。遭受白腐菌降解後的木材，其密度、硬度及強度等力學性質降低，因而使木材嚴重破壞導致無法使用。

通常以闊葉樹較易受白腐菌危害，常見危害木材的白腐菌包括：多年層孔菌 (*Fomes annosus*)、雲芝 (*Trametes versicolor*)、樺褶孔菌 (*Lenzites betulina*) 等。

▲ 圖 12-1 褐腐劣化木材呈褐色塊狀龜裂 (拍攝：陳克恭)

▲ 圖 12-2 白腐菌使木材組織鬆散，及表面顏色變淺白色 (拍攝：陳克恭)

(2) 軟腐菌：

多數軟腐菌屬子囊菌綱 (Ascomycetes) 或半知菌綱 (Deuteromycetes)。除可以分解纖維素及半纖維素外，也可分解木質素，經常造成木材嚴重危害。木材遭受軟腐菌降解後，經常有表面呈現黑灰色、質地鬆軟、出現縱橫龜裂與重量變輕、隙紋等危害特徵 (圖 12-3)。軟腐菌需要生存於較潮濕的環境中，因而經常發生於長期浸在不流動的水中，或長期接觸潮濕土壤中的木材。主要危害木材的軟腐菌包括：球毛殼菌 (*Chaetomium globosum*)、*Phialophora hoffmani*、*Monodictys spp.* 及 *Humicola allopallonella* 等。

(3) 變色菌：

變色菌之危害主要發生於木材邊材，因而常稱為邊材變色菌 (sap stainers)，其中以黑藍色最為普遍，因此也稱藍變菌 (blue stainers)。變色菌對木材細胞組織破壞並不明顯，因而對木材的力學與物理性質影響不大，但影響木材的外觀與顏色，降低其經濟價值 (圖 12-4)。木材變色菌包括 *Aureobasidium pullulans*、*Ceratocystis spp.* 等。

(4) 黴菌：

黴菌喜好潮濕的環境，因此經常發生在砍伐的原木端頭、或未乾燥的製材品等，尤以闊葉樹的邊材容易出現。木材發霉通常僅於表層或表面淺層，菌絲穿過壁孔吸收木材的澱粉和糖等，但對細胞壁沒有影響，通常對木材的力學性質與物理性質的影響輕微，但影響木材的外觀與顏色，降低經濟價值。常見木材的黴菌包括曲黴菌 (*Aspergillus* spp.)、鐮刀菌 (*Fusarium* spp.)、木黴菌 (*Trichoderma* spp.) 等。

▲ 圖 12-3 軟腐菌危害使質地鬆軟 (拍攝：陳克恭)

▲ 圖 12-4 變色菌使木材變色 (拍攝：陳克恭)

12.3.2 蟲蟻危害

木材的生物性因子危害以昆蟲為主，目前已知的木材害蟲，主要分布於昆蟲綱的等翅目 (Isoptera)、鞘翅目 (Coleoptera)、膜翅目 (Hymenoptera) 及蜉蝣目 (Ephemeroptera) 等，尤以鞘翅目及等翅目為主。

❶ 等翅目

等翅目中最著名的木材殺手為白蟻 (Termites)。台灣地區的木質材料或紙張、衣服等富有纖維質的材料，經常遭受台灣家白蟻 (*Coptotermes formosanus*) 及黃胸散白蟻 (*Reticulitermes flaviceps*) 危害而最為著名。而黑翅土白蟻 (*Odentotermes formosanus*) 主要危害植株，而對木建築的危害較低。此三種皆為地棲性白蟻 (*Subterranean Termites*)，侵入建物時需以土壤為媒介，因此入侵時以與地面、牆體及屋頂接觸的木構件為主，再逐漸擴及其他部分。白蟻喜食含水率較高之木材，建物中較潮濕部分之木料較易遭侵害。通常白蟻由地面侵入建物，沿牆面或牆體內部 (視牆壁組成而異) 上行至屋頂，侵害木構件。由於白蟻經常造成台灣地區的木造建築、木質文物或書籍等嚴重危害，另於 12.5 節中說明。

❷ 鞘翅目

鞘翅目的許多種類對立木及木材皆會造成為害。目前台灣地區已知的危害，以天牛科 (Cerambycidae)、窃蠹科 (Anobiidae) 及象鼻蟲科 (Curculionidae) 三科最為常見 (圖 12-5)。常稱被為「蛀蟲」或「木柱蟲」，如天牛 (圖 12-6)、蠹蟲 (圖 12-7) 等。

遭受蛀蟲危害後的木材表面，可發現個種形狀、大小相同的規則性的蛀孔 (圖 12-8)，而木材內部則有不規則性的蛀蝕隧道 (圖 12-9) 分布，蛀孔常發現塞滿或排出粉末蛀屑或排遺 (圖 12-10 及圖 12-11)；而蛀孔的形狀、大小和排遺粒徑則依各蟲種而有不同，常作為判別蛀蟲種類的重要參考，但分類鑑定仍應採集蟲體才能準確。

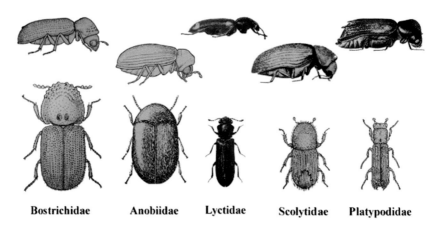

Bostrichidae　　**Anobiidae**　　**Lyctidae**　　**Scolytidae**　　**Platypodidae**

▲ 圖 12-5 常見危害木竹的鞘翅目蠹蟲各科間型態差異 (CSIRO,2000；Miura.et al,2001:Ivie,2002)

▲ 圖 12-6 家天牛為常見的木材害蟲。
〔照片取自台灣昆蟲維基館網站〕

▲ 圖 12-7 粉蠹蟲於木材危害。〔拍攝：蔡君瑋〕

▲ 圖 12-8 門框遭蠹蟲危害，遺留蛀孔。
〔圖：蔡君瑋〕

▲ 圖 12-9 棟架遭小蠹蟲類蛀蟲危害，表面遺留
不規則狀蛀蝕隧道。〔圖：蔡君瑋〕

▲ 圖 12-10 木雕遭天牛危害，內部遺留大量粉末狀排遺
及蟲屍。〔圖：蔡君瑋〕

▲ 圖 12-11 屋桁遭天牛或吉丁蟲類蛀蟲危害，蛀孔直徑
約 1cm 及粉狀排遺。〔圖：蔡君瑋〕

木材的應用時為避免生物危害而降低使用安全與年限，首先考慮選用天然耐久性的材種，但是具有較佳耐久性的木材大都屬於天然林木，於環境保護的要求多數已列為禁止採伐、使用，因而如何有效、正確使用耐久性較不佳的人造林木，則是現今木材應用的重要課題，因而針對木材使用環危境害等級，進行合理的施工設計，選擇合宜的材種及木材防腐處理 (wood preservation)，都有助於木材長久、有效使用。

12.4.1 木材防腐的定義及功能

木材防腐為利用物理、化學或環境控制等方法，以阻隔危害因子滋長或防止危害發生，達到有效、安全應用的目的。 使用化學藥劑進行木材防腐處理，是目前經常使用的方法。

人類對木材防腐的觀念與應用已有長遠的歷史，在公元前四百多年前，古希臘就有萃取橄欖油應用於保存有機體的紀錄，羅馬人則使用焦油 (tar oil) 塗裝於木造戰艦的船底，避免海蟲的危害。19 世紀中葉，因消費者對木材長久使用的需求，使得木材防腐藥劑及處理技術有高度研發成果，也帶動木材防腐工業蓬勃發展。

木材防腐藥劑 (wood preservatives) 泛指具有防蟲及防腐或防黴等功效的化學藥劑，主要成分 (active ingredient) 由單一或多種防腐劑 (fungicide)、防蟲劑 (insecticide) 或防黴劑 (mouldicide) 混合於不同溶液作為載體 (carrier) 製成。作為木材防腐劑須具備的條件有：對於危害木材的生物有足夠的致死毒性、持久性與穩定性、對木材有良好滲透性、對金屬無腐蝕性、不影響木材表面性質、不降低木材強度及使用安全，對人畜無害，不污染環境。

12.4.2 木材防腐劑的種類

中華民國國家標準 CNS 總號 14495 「木材防腐劑」中對木材防腐藥劑分類，以載體的性質來區別，可分為油性木材防腐劑、水溶性木材防腐劑、乳化性木材防腐劑及油溶性木材防腐劑等，如表 12-5。目前台灣防腐處理工廠經常使用的防腐藥劑有油性的雜酚油 (coal-tar-creosote)，使用於電杆、枕木等工業用防腐處理木材，而最廣泛使用則為水溶性的硼酸鹽類 (BXT)、銅烷基銨化合物 (ACQ) 或銅唑化合物 (CuAz) 兩類。

表 12-5 CNS14495 木材防腐劑 (2015 版)			
區分	種類		記號
油性木材防腐劑	雜酚油 (煤焦油) 木材防腐劑		A
水溶性木材防腐劑	烷基銨 (alkyl ammonium) 化合物系 木材防腐劑		AAC
	銅、烷基銨化合物系木材防腐劑	1 號	ACQ-1
		2 號	ACQ-2
		3 號	ACQ-3
	銅、唑 (azole) 化合物系木材防腐劑		CuAz
	硼、烷基銨化合物系木材防腐劑		BAAC
	硼化合物系木材防腐劑		B
乳化性木材防腐劑	環烷酸金屬鹽系 (乳劑) 木材防腐劑	1 號	NCU-E
		2 號	NZN-E
		3 號	VZN-E
油溶性木材防腐劑	環烷酸金屬鹽系 (油劑) 木材防腐劑	1 號	NCU-O
		2 號	NZN-O

❶ 油性木材防腐劑

防腐工業使用油類防腐劑的歷史悠久，早在公元前四百多年前，古希臘人就開始提取油類用於保存有機體。台灣的木材防腐工業則始於日治時期總督府引進的油性雜酚油 (Creosote oil) 防腐劑及處理設備，作為建設鐵路使用的枕木防腐處理。

雜酚油對各種木材腐朽菌、昆蟲、白蟻及海生鑽孔動物，皆具有良好致死性和預防作用，且具抗水性、不易流失，金屬腐蝕性低，價格低廉，但其藥劑味道刺激、處理外觀黑色、或無法再進行塗裝等缺點，多僅能使用於工業用輸電木桿或交通用枕木等。目前雜酚油因含有多種多環芳香烴 (PAHs)，已被國際癌症研究機構 (IARC) 分類為 2A 類致癌物，許多國家採取限制性使用或禁止使用。

❷ 水溶性木材防腐劑

水溶性木材防腐劑也可稱為水載型防腐劑，顧名思義，就是能溶於水、利用水為載體的木材防腐劑。此類型的防腐劑大都由具殺菌殺蟲功能之金屬如銅、鋅或鋁等的氧化物或鹽類，同時也加入具抑制腐朽菌的防腐劑、殺蟲劑等有機生物抑制劑 (organic biocides) 混合，具有廣效性木材防腐防蟲功能，是目前世界各國應用廣泛、種類最多的木材防腐劑。

水溶性防腐藥劑其藥劑價錢相對便宜、流動性及滲透性佳、使用容易與製程設備要求較低，且處理後木材表面乾淨，可以進行後續塗料加工、不增加木材的可燃性等優點；缺點則為藥劑具有流失

性、金屬腐蝕性，防腐處理後的木材必須再行乾燥處理，易有開裂、翹曲等尺寸安定性問題。

國內使用水溶性木材防腐劑，原以鉻化砷酸銅 (Chromated Copper Arsenate, CCA) 為主。CCA 木材防腐劑主要成分為銅、鉻及砷金屬氧化物或鹽類所組成，其中銅具有抑制腐朽菌入侵效能，砷具有殺蟲、白蟻及抑制耐銅性 (copper tolerance) 腐朽菌功能，鉻則可以提高處理木材的耐候性及疏水性，而且鉻酸進入木材纖維後產生化學結合後，再與砷、銅金屬離子結合為複雜的錯化合物，固著於木材纖維而降低流失性；實際使用成效顯示 CCA 防腐處理材耐腐朽及抗白蟻效果良好，使用年限可達 50 年以上。但由於 CCA 處理材所含的鉻及砷為具高毒性、致癌性等及廢棄物的處理困難性 (Katz and Salem，2005)，引發各國紛紛定立禁止使用或限制使用的規定；我國環境保護署於 2007 年公告，禁用利用鉻化砷酸銅處理之防腐處理材，使用於居家用途，後續於 2016 年 1 月 1 日起禁止鉻化砷酸銅防腐藥劑製造、輸入、販賣及使用。

因此不含鉻與砷的腐藥劑，如銅烷基銨化合物 (ammoniacal copper quats, ACQ)、銅唑化合物 (ammoniacal copper azole, CuAz)、硼化合物 (Boron compounds) 等已成為防腐工業主要使用的防腐藥劑。這類僅含銅金屬的木材防腐劑，需要加入各類有機生物抑制劑如烷基銨、三唑類等，增加防腐成效，同時由加乘效應 (synergistic effect)，降低使用劑量等優點。銅金屬對於哺乳類及環境的危害較低，在使用上提高了藥劑操作與使用的安全性及環境低汙染性。這類使用的含銅防腐劑的處理材，經由許多研究報告或田野試驗，已證明其藥劑之防腐功效亦為優異，但仍有流失性或對金屬腐蝕性等缺點，仍需改善。

無機鹽硼化合物也是重要的水溶性木材防腐劑，如八硼酸氫二鈉四水化合物 (DOT) 硼基防腐劑。硼類化合物是性能優良的無機殺蟲劑，對侵害木材的真菌也具有抑制作用，而且由該化合物處理的木材試樣在阻燃性具有一定的提高，處理木材後木色和紋理不產生變化等優點。但無機硼類木材防腐劑具有較高流失性，而不能使用於室內潮濕環境如地下室、浴室等，也不能使用於室外沒有保護或直接接觸土壤的木建物如木棧板、花圃或涼亭等。。目前使用對無金屬硼基複合防腐劑的研究主要有八硼酸氫二鈉四水化合物 (DOT) 硼基防腐劑、硼酸與烷醇胺複合硼基防腐劑、硼酸三甲酯與苯基咪唑類化合物 (fipronil) 複合防腐劑。

❸ 油溶性木材防腐劑

油溶性木材防腐劑，又稱為有機溶劑型木材防腐藥劑 (Organic solvent preservatives) 是由一種或多種殺菌劑或殺蟲劑溶於有機溶劑中調配而成。由於有機溶劑木材防腐劑使用的溶劑載體多為輕質烴類或碳氫化合物的餾化物，因此亦稱為輕（質）有機溶劑防腐劑 (Light

Organic Solvent Preservatives，LOSP），由於溶劑載體具有較高互溶性，因此也可添加防水劑、防黴劑、染色劑等。

LOSP 木材防腐劑普遍為具有專一性生物毒性抑制功能，降低對使用安全或環境汙染的疑慮，可以採用刷塗或浸泡施工，其滲透性（penetration）較水溶性為佳，且因無水溶液，不會增加木材的含水率，不須再進行乾燥處理，具有尺寸安定性高、表面乾淨，及較低金屬腐蝕性等優點。缺點為溶劑及藥劑成本較高，而有機溶劑燃點較低，加工處理過程需額外注意，及流失性及耐候性仍改善，目前仍不適作為室外用材。

LOSP 最主要的優點是處理後，不需進行處理後乾燥加工，因而木材的形狀或尺寸不會改變，通常用於家具、門窗及框、木材接合件等，需要提高木材防腐效能而不影響尺寸安定性的細木作。近年來，由於溶劑載體的性能改善，提高燃點、降低味道及木材滲透性等，LOSP防腐處理製程也普遍使用於工程木材（engineered wood）如集成材（glulam）的防腐加工處理，為後續木材防腐處理工業關注的焦點。

12.4.3 木材防腐處理方法

❶ 常壓防腐處理

木材常壓防腐處理，主要包括浸漬處理、噴塗處理、冷熱槽法及擴散處理等，如表 12-6 示。

❷ 加壓防腐處理

木材加壓防腐處理是使用工廠處理設備，經過適當處理製程將木材防腐劑浸注到木材內部，使防腐劑分佈均勻，並固定在木材內，形成對菌蟲有一定程度的毒性或抗性的保護，達到防蟲防腐的效能。檢驗木材防腐處理品質的主要指標有防腐劑的載藥量和滲透度。常用的加壓方法見表 12-7。

表 12-6 木材常壓防腐處理方法			
處理方法	原理	處理的對象	特點
浸泡或刷圖法	木材直接浸泡在防腐劑溶液中	單板和補救性防腐處理	簡單易行，但防腐劑滲透度較差
擴散法	木材直接浸泡在擴散性防腐劑溶液中，利用防腐劑的濃度梯度，擴散進入木材中	濕材（含水率高於 30 %）	滲透效果好，但需要較長時間處理。
熱冷槽	木材進入熱藥劑槽中，使材內氣體膨脹、排出；後轉入冷藥劑槽中，產生負壓，使處理溶液進入木材中	乾材和細木工製品	設備投資低，處理效果較好，但處理效率低

表 12-7 木材加壓防腐處理法			
處理方法	原理	適用的防腐劑	特點
滿細胞法	對木材施加前真空；注入防腐劑；施加壓力，提高防腐劑的載藥量和透入度；洩壓，排出防腐劑；施加後真空，排出木材表層多餘的防腐劑	水溶劑型防腐劑和防腐油	處理質量高，生產力大，應用廣泛
空細胞法（亦稱魯賓法或定量法）	施加氣壓替代前真空，令罐內的壓力高出大氣 0.2~0.6 MPa，其目的是使木材細胞內的空氣壓縮，以便在藥液排洩時能將木材細胞腔內的殘餘液體反彈出去	有機溶劑型防腐劑和防腐油	同滿細胞法。但是，防腐劑得到定量，木材內多餘的防腐劑可回收

(1) 木材加壓處理設備與製程

木材加壓注入防腐處理是一種工業化生產用的防腐處理，它是利用壓力將藥劑注入到木材內。進行加壓注入處理時，需在注入處理前，整批木材之平均含水率原則應在 30% 以下。

中華民國國家標準 CNS 3000「加壓注入防腐處理木材」，採用滿細胞 (full-cell) 加壓防腐方法，製程大致分為五個步驟：

a. 初期真空：注入筒先排氣，抽除木材細胞內之空氣以便防腐劑進入木 材內，真空度約為 -0.8 bars，維持 15 分鐘至 60 分鐘。

b. 注入防腐藥劑：真空狀態下導入防腐藥劑於注入筒。

c. 加壓：導入防腐藥劑後，即實施加壓，壓力一般為 10-14 bars，壓力維持 1 小時至 3.5 小時，隨樹種而異。

d. 洩除防腐藥劑：解除壓力，並將防腐藥劑洩回藥劑貯存筒。

e. 末期真空：抽真空，真空度為 -0.8 bars，維持 15 分鐘，以便除去木材表面多餘之防腐藥劑，處理過程如圖 12-12 所示。

(2) 加壓防腐處理材的品質基準

加壓注入防腐處理材的品質要求，主要依木材使用環境與危害程度區分成 K1、K2、K3、K4 及 K5，且不同的藥劑與危害等級所需的防腐劑量吸收量及滲透度不同。

防腐處理材除要求對於防腐劑吸收量外，其防腐劑之滲透度亦需達基準值，如表 12-8，邊材部分的防腐劑之滲透度均需達 80% 以上，而心材之滲透性較差，須依使用環境不同及處理樹種的耐就性而有不同，大致從材面至深度 10mm，或 15mm 為止之心材部分的滲透度在 20%（D1），或 80%（D2）以上。

加壓注入處理終了後，須將處理材靜置在一定場所，進行養護（約二週），使防腐劑成分能完全固著在木材纖維內部，

才能確保於使用期間不會淋失。

(3) 木材的可處理性

木材內流體的滲透或流動能力的難易程度，可因樹種、生長環境或製材方法不同而不同，在腐處理過程，稱為木材可處理性 (treatability)，有些容易進行防腐處理，有些則不易處理，對於木材防腐處理結果具有深遠影響。

一般認為，木材硬度或密度越高，越不好處理，但仍有少數樹種有例外情形。例如歐洲冷杉，密度小於 500 kg/m^3，其邊材可處理性屬於較易處理等級，心材則屬於難處理等級，而歐洲紅豆杉，密度為 650~800 kg/m^3，雖遠高於冷杉，但其心材和邊材的可處理性與冷杉相似，並沒有太大的差別。而山核桃木可處理性較樺木容易，其密度分別約 800 kg/m^3 及約 660 kg/m^3，有很大差異。

同一樹種的木材，常因製材部位不同，防腐處理性能也不同。大多數木材，邊材容易處理，而心材不容易處理；縱向 (順紋) 的可處理性遠優於橫向。

一般木材的可處理性，是以木材經過真空、加壓處理結果做為依據制定，通常分為 4 級 (表 12-9) 所列。

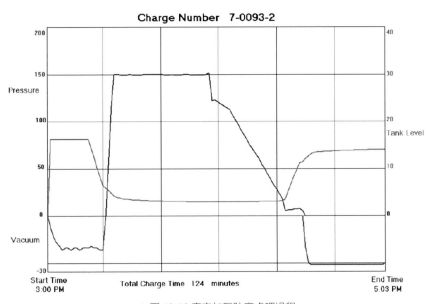

▲ 圖 12-12 真空加壓防腐處理過程

12.4.4 常用可處理性木材

一般來說，如果木材邊材的可處理性為 1 級者，比較適合進行防腐處理；如果木材可處理性為 3 級和 4 級者，則不適宜進行防腐處理，而需要利用刺縫處理 (incising) 或提高防腐處理液的溫度等，

表 12-8 防腐處理材之滲透度基準

危害分級	樹種	滲透度
K1	全部樹種	邊材部分的滲透度在 90 % 以上。
K2	耐久性為 D1 之樹種	邊材部分的滲透度在 80 % 以上，且從材面至深度 10 mm 為止的心材部分之滲透度在 20 % 以上。
K2	耐久性為 D2 之樹種	邊材部分的滲透度在 80 % 以上，且從材面至深度 10 mm 為止的心材部分之滲透度在 80 % 以上。
K3	全部樹種	邊材部分的滲透度在 80 % 以上，且從材面至深度 10 mm 為止的心材部分之滲透度在 80 % 以上。
K4	耐久性為 D1 之樹種	邊材部分的滲透度在 80 % 以上，且從材面至深度 10 mm 為止的心材部分之滲透度在 80 % 以上。
K4	耐久性為 D2 之樹種	邊材部分的滲透度在 80 % 以上，且從材面至深度 15 mm(橫切面短邊超過 90 mm 製材者為 20 mm) 為止的心材部分之滲透度在 80 % 以上。
K5	全部樹種	邊材部分的滲透度在 80 % 以上，且從材面至深度 15 mm(橫切面短邊超過 90 mm 製材者為 20 mm。惟圓柱類，其全部之直徑，在 30mm。) 為止的心材部分的滲透度在 80 % 以上。

表 12-9 木材的可處理性分級

處理性分級		依據
1	易於處理	處理容易。經由加壓處理，邊材可以全部滲透。
2	較易處理	處理比較容易。全部滲透一般達不到，但通過 2~3h 的加壓處理，針葉材可達到 6mm 以上的橫向滲透，闊葉材大部分導管可滲透
3	難於處理	處理困難。3~4 h 的加壓處理，也不一定達到 3~6 mm 的橫向滲透
4	極難處理	處理極為困難。基本不能滲透，3~4h 的加壓處理，木材吸入防腐劑也極少。橫向和縱向的滲透都很小

來提高防腐劑在木材的透入滲透度及吸收量。

由於木材邊材的可處理性比較心材為容易，因此邊材比例大的樹種適宜用做防腐處理，如南方松、放射松等；心材比例大的樹種，如雲杉、北美黃杉 (花旗松)、歐洲紅松，其邊材的可處理性為 2 級，但防腐處理相對不易。而心材比例非常高，可處理性又很差的樹種，如柚木或鐵木等，則不適合進行加壓防腐處理。

12.4.5 木材防腐處理的發展趨勢

利用化學藥劑進行木材防腐處理，可提高木材使用壽命，維護使用者安全，減少林木資源砍伐、提升碳匯 (carbon sink) 等環境保護效益指標，木材防腐處理是一種環境友善的作為。

而如何避免因使用的化學藥劑產生的環境汙染、人員安全等，則是需要嚴肅面對的議題。由於不同國家或區域的消費意識型態或相關法令、政策及規章的不同，如林業政策、物質安全規定或建築法規等，都有特殊的本地化 (Localization) 需求，而引導該區域的研發方向或趨勢。歐盟於 2005 年底公佈的「有毒物質 禁 用 令 (Restrication of Hazardous Substance, RoHS)」，限制或禁止多種化學藥劑的使用，使得歐洲地區的木材保存的研究方向，有新方向及趨勢；一為以開發藥劑為導向，尋找更低毒性、易分解的有機合成化學藥劑，以防治標的專一性、使用安全性與環境低衝擊性等為研發重點，而對於效能的要求或價格等則為次要考慮因素。其二則進行木材改質的研究，如改善木材吸濕性、安定性等來降低木材的各種劣化產生。

美國及紐澳地區，作為全球最大林產國家及消費市場，但並未全面禁止 CCA 處理材使用，仍可使用高危害的環境如與土壤或海水接處的木構材，推測應與其為大陸型國家及環境需求有關。

日本因消費者安全使用需求與綠色環保意識，也改變了木材防腐市場。1995 年日本政府公佈工業廢水標準，使得日本於 1998 年就成為第一個完全禁止使用 CCA 的國家，目前使用的室內防腐劑以 DDAC、IPBC 等為主，亦使用少量的改質處理木材；室外則以 CuAz 及 ACQ 防腐藥劑為主流。台灣則於 2016 年起也完全禁止 CCA 藥劑及處理材使用。

綜觀上述先進國家的木材防腐劑研發與使用趨勢，已不再強調藥劑效能或經濟性，而轉向以對使用者健康、安全與維護綠色環境優先 (Health, Safe and Environment, H.S.E.)；藥劑的應用也由傳統廣效、長效、高劑量轉變為專一、適地及適量的新思維。

 12.5 木造建築的白蟻危害及防治處理

12.5.1 白蟻的族群與習性

白蟻屬等翅目昆蟲，主要分布在南、北半球的熱帶和亞熱帶地區，延伸至離赤道南、北等溫線約 10℃ 之區域。白蟻的族群經常隨繁衍的環境條件如溫度、濕度、或土壤種類、水分與食物供給而變異。目前估計世界上有 2200 種以上白蟻，台灣發現的白蟻計有四科十一屬十七種，其中以台灣家白蟻 (*Coptotermes formosanus*)、黑翅土白蟻 (*Odontotermes formosanus*)、格斯特家白蟻、截頭堆砂白蟻 (*Cryptotermes domesticus*) 與黃胸散白蟻 (*Reticulitermes flaviceps*) 所造成木質材料的危害最為嚴重，圖 12-13 及 12-14(吳文哲，1996)。

白蟻為常見的社會性昆蟲，族群數量龐大，成熟的蟻巢往往可達十萬至百萬隻，數量驚人。白蟻的生活史形態多而複雜，一個白蟻巢通常需要 5~7 年的時間才會成熟。白蟻族群組織由良好的階級職務系統所組合，不同階級職務的白蟻有其特定的形態、生理與職能，主要可分為兩型：有性型 (生殖階級) 與無性型。有性型白蟻指的是蟻王與蟻后，牠們僅生活在蟻巢內，最重要的工作就是繁殖，蟻后體形膨大，專司產卵任務而成為「產卵機器」，每日產卵可多達數萬個；此外還有稱為補充型生殖蟻，在成熟後會長出翅膀成為有翅型生殖蟻，經常於 4~6 月梅雨季期間，巢內的工蟻建築通路，讓有翅生殖蟻飛離，此稱為分飛 (swarming)，此一情形往往伴隨著下雨，因而俗稱「大水蟻」(陳錦生，1997)。分飛蟻飛出來後，受光線的誘引而向光亮處聚集。雖然分飛蟻飛行距離十分有限，但經常受風向的影響與控制，而可達到數公尺外。分飛蟻飛向光源處，便脫落翅膀，因此白蟻分飛季節時，分飛區域內便佈滿了脫落翅膀圖 12-15 及 12-16，當雌性與雄性分飛蟻配對後，便尋覓適宜的場所，或許是在地下泥土中，或許是在枯死木頭裡，開始營造新蟻巢，繁殖後代並形成新的族群，它們也成為該族群的蟻后與蟻王。無性型白蟻包含工蟻及兵蟻，都不具備繁殖能力，工蟻則是整個族群最主要的成員，數量通常達族群個體數 95% 以上，工蟻尋找水分及食物，並以口對口餵哺方式提供給蟻后、兵蟻和幼蟲，同時建構及清理巢穴等工作；兵蟻主要的功能則是防禦天敵。

12.5.2 木構建的白蟻危害及防治處理

❶ 危害種類

白蟻需要營養物與水分才能生存。白蟻

的營養物為含纖維素之物質 (cellulosic materials)，除了木材外，它們還吃紙張、草、殘幹、穀粒、黴菌、皮革、羊毛、麻等，但只消化其中的纖維素而排出其他成分，雖然白蟻只消化纖維素，但是它卻能破壞諸多物體，甚至塑膠、橡膠、柏油、石膏、泥灰及金屬類物品。含有纖維素愈多的物質就愈吸引白蟻，所以木材與紙張為白蟻最喜歡啃食的物質，但是也有些木材之心材含有特殊的抽出物，以至於白蟻不敢啃食，換言之，此種木材之抗蟻性較佳。又有些白蟻以黴

菌為其主要營養物，一般而言，黴菌感染過之木材，白蟻較容易啃食。

台灣目前發現會入侵室內危害木構材的白蟻種類，依據生活習性可分為：

(1) 土木棲型白蟻

土木棲型白蟻通常築巢於地底土壤，對水分需求量高喜好潮濕的環境，由於族群量龐大且取食速度快，經常對木材造成嚴重破壞。常見有台灣家白蟻、格斯特家白蟻及黃胸散白蟻等三種。危害特徵如下及圖 12-17 及圖 12-18：

▲ 圖 12-13 白蟻危害 (拍攝 : 李國維、李文皓)

▲ 圖 12-14 白蟻危害 (拍攝 : 李國維、李文皓)

▲ 圖 12-15 台灣家白蟻分飛蟻 (拍攝 : 李國維、李文皓)

▲ 圖 12-16 台灣土白蟻分飛蟻 (拍攝 : 李國維、李文皓)

a. 主巢通常築於土壤地中，並常於建物內的屋桁或樑與牆交接處修築副巢。

b. 食性好取食柔軟的春材而遺留下較硬秋材，使木材遭蛀蝕後呈現銳利片狀。

c. 危害處常留有遮蔽管、蟻巢狀結構物、分飛孔等生物遺跡。

(2) 木棲型白蟻

可生活於木料中而不需與土壤接觸，台灣常見的危害種類為俗稱乾木白蟻的截頭堆砂白蟻。木棲型白蟻喜好取食乾燥、堅硬的木材，受危害的木材表面而呈現內陷空腔。木材受蛀蝕，表面光滑、平整並堆積砂粒狀的黑褐色或卡其色的乾燥排遺，經放大鏡觀察排遺為橄欖狀且表面有六條內凹刻痕，極易分辨。

❷ 木構件的白蟻防治

台灣地區屬高溫多濕之氣候環境，木材的蟻害是一個很嚴重的問題。許多傳統木建築的大木構架、壁板、地板、天花板、門、窗及書櫃等經常可看到白蟻危害之現象，不但造成傳統建築嚴重的破壞、結構安全性的顧慮以及財物上的損失，也使傳統保存相關人員不堪其擾。

為了有效的防治白蟻危害，有必要選用耐蟻性佳的材種，或對耐蟻性差的材種施以防蟲蟻處理以及建築物地基的土壤防蟻措施，如此才能保存大木構架，延長其使用年限，減少白蟻危害所導致的各種損失。目前國內建築物的白蟻防治處理，主要採用化學藥劑處理 (chemical treatment) 及 白 蟻 餌 站 處 理 (baiting system)。

化學處理以白蟻防治藥劑 (termiticide) 針對遭受危害部位或可能部位進行藥劑灌注、塗刷，對於環境中的白蟻防治則以化學藥劑灌注於土壤中，形成白蟻阻絕帶 (termite barriers)，一般而言，化學藥劑處理，具有效果立即快速，但防治範圍較為局部，而無法達成消滅蟻巢而導致白蟻持續回害其他未經處理的區域或建築物，亦可能有藥劑毒性殘留等問

▲ 圖 12-17 白蟻副巢。(拍攝：李國維、李文皓)

▲ 圖 12-18 台灣家白蟻危害 (拍攝：李國維、李文皓)

題。白蟻餌站處理係以白蟻社會型昆蟲生態著手的防治處理方法，利用工蟻隨機取食、育幼、照顧族群其他階層等的行為特性，安裝餌站、施藥及回測 (Trap, treatment and monitor) 三個步驟，及時提供藥餌劑，達到白蟻族群消滅的成效，因而也稱為白蟻族群消滅系統。兩種處理工法及藥劑的差異性、功效、安全性或環保性等比較，列表如表 12-10 所示。

白蟻餌站處理係以白蟻社會型昆蟲生態著手的防治處理方法，利用工蟻隨機取食、育幼、照顧族群其他階層等的行為特性，安裝餌站、施藥及回測三個步驟，及時提供藥餌劑，達到白蟻族群消滅的成效，因而也稱為白蟻族群消滅系統。藉由餵食昆蟲生長調節劑 (growth regulator) 並感染白蟻族群，完全消滅族群的防治方法，餌站誘捕系統的有效作用需長期的後續維護及監測工作，如圖 12-19 及圖 12-20。

表 12-10 市面上常見白蟻危害防治方法比較表		
防治方法	化學防治工法	餌站誘捕系統
施作方式	可採灌注、塗刷或噴灑化學藥劑	設置白蟻餌站，經由回測、裝置藥劑等
使用藥劑	水溶性殺蟲劑或有機溶劑	幾丁質合成抑制劑
防治成效	可立即抑制危害白蟻，無法有效滅巢	經由白蟻相互餵食藥劑，達到滅巢

▲ 圖 12-19 餌站安裝、回測 (拍攝：李國維、李文皓)

▲ 圖 12-20 餌站安裝、回測 (拍攝：李國維、李文皓)

12.6 木材阻燃

當木材使用常用建築材料時，容易燃燒的議題經常是消費者關心的重點。建築物發生火災時，木質構件和木製品往往與容易引燃或加劇有關，而造成生命財產嚴重損失與威脅。因此，透過木材的燃燒性狀研究，發展木材阻燃的機制及處理方法等，可以降低消費大眾的使用木材的疑慮，降低災害發生。

12.6.1 木材的熱分解

木材在受熱的環境中，會連續釋放出內部的自由水、結合水，並分解產生氣體及固體 (焦炭)。當木材放在高溫條件的環境中，由外表層及內層產生熱分解，釋放出可燃性氣體，當混和氣體的組成或熱量到達要求條件時，就可引起火焰燃燒的可能性。具備這種火焰燃燒熱的木材再進行加熱，就會加速熱分解而擴大燃燒，快速在木材內部延展。

12.6.2 木材的燃燒

木材的燃燒是在經過加熱分解後，產生揮發性氣體，在適當情況下方引燃。若燃燒熱能足以維持分解反應持續進行，則燃燒可持續直到木材燒至灰燼為止。一般言之，木材受熱後開始升溫，當溫度高於 100~200°C 間產生種類繁多的現象，可分為引火、起火、無焰著火及低溫著火。當溫度上昇至 260-350 °C 時，熱解作用便加速，並會產生可燃性氣體，加速助燃及自燃產生。木材升溫加熱的變化過程，如表 12-11 所示。

表 12-11 木材升溫加熱變化過程		
熱解階段	木材溫度 /°C	發生性狀
1. 初期加熱階段	100	外表層釋放出自由水，產生二氧化碳、酸性物質及結合水釋放；
	150	水從細胞壁放出，化學反應極緩慢
2. 熱降解階段	200	產生緩慢化學反應；釋放放出水氣、二氧化碳、酸性物質及少量一氧化碳產生；因吸熱反應，木材產生緩慢變化
3. 熱分解階段	280	開始熱分解；放出可燃氣體及蒸氣，有煙產生；生成木炭；第一次熱分解生成物進行在分解；在木炭的觸媒作用下促進分解，因妥爾油的熱解產生強烈的放熱反應
4. 炭化階段	320 以上	化學組成發生巨大的變化，但仍保持著木材的細胞、纖維構造；

12.6.3 木材阻燃處理

木材阻燃目的在抑制或防止木材燃燒，處理方法大致分為物理方法和化學方法兩大類。

❶ 物理方法

將木材與不燃物物質混使用，降低可燃性成分的比例，或覆面木材隔斷火源與熱和氧的接觸。例如，用石膏、水泥、石綿、玻璃纖維等無機物與木質材料混和；或利用用石綿紙、石膏板、金屬板貼覆木材表面等。還有在材料表面塗抹也能使木材及木質材料難燃。

❷ 化學方法

利用木材保存處理的方法，如表面塗刷防火塗料，或利用加壓處理將化學藥劑注入木材內部，產生抑制燃燒的化合物，從而達到阻燃效果。可成為阻燃劑的化學藥劑有磷化合物如磷酸氨、四羥基氯化磷，硼類化合物急鹵素化合物等。可被利用為木材阻燃劑應具備如具有火焰溫度下能阻止發焰燃燒，降低木材熱降解及炭化速率等功能外，處理後對木材和金屬連接件無腐蝕作用，對木材加工不產生困難或表面不產生結晶或其他沉積物等。

12.7 練習題

① 木材腐朽真菌生長需要養分、水分、溫度及氧氣等，試述之
② 木材防腐劑的種類有哪些？
③ 試說明木材防腐處理的方法

📖 延伸閱讀 / 參考書目

🌲 成俊卿 (1985) 木材學。北京，中國林業出版社。

🌲 周慧明 (1991) 木材防腐。北京，中國林業出版社。

🌲 European Stander EN 350-2: (1994)，Durability of wood and wood-based products-Natural durability of solid wood-Part 2:Guide to natural durability and treatability of selected wood specoes of importance in Europe

🌲 Forest Products Laboratory, Wood Handbook-Wood as an engineering material, (1999) General Technical Report, FPL-GTR-113, Madison, Wi: U.S. Department of Agriculture, Forest Service, Forest Products Laboratory P463.

工程木材與複合材

撰寫人：吳志鴻、楊德新　審查人：王永松

13.1　集成材之製造及其性能

集成材 (Glued-laminated timber, GLT or Glulam)，係將鋸板 (saw lumber) 或小角材等，使其纖維方向 (木理方向) 互成平行，在厚度、寬度及長度方向層積膠合而成者稱之，而構成集成材之鋸板或小角材，又稱為集成元 (lamina)。而集成材之其種類尚可分為裝修用集成材以及結構用集成材兩大類。

結構用集成材發展於 1890 年初期，美國最早之集成材建築，則可追溯至 1934 年，美國農業部 (United States Department of Agriculture, USDA) 位於威斯康辛州之森林產品實驗室 (Forest Products Laboratory, FPL) 即是以結構用集成材所構成，目前仍在使用中。而過去數十年來，結構用集成材之蓬勃發展主要受惠於間苯二酚 - 甲醛樹脂之導入，其意味著結構用集成材能處於暴露於戶外之使用環境，而無須擔心膠合層劣化以致其膠合性能降低所致之風險。

13.1.1 集成材之種類與定義

依我國國家標準之定義，集成材分為裝修用集成材 (CNS 11029)、化粧貼面裝修用集成材 (CNS 11030) 以及結構用集成材 (CNS 11031)。

13.1.1.1 裝修用集成材 (Glulam for decorative use)

係指在集成材中，以素材狀態表現其美觀者 (包含二次膠合者)，或在這些集成材表面施以溝槽加工或塗裝者，主要作為建築物等之內部裝修使用。

13.1.1.2 化粧貼面裝修用集成材 (Overlaid glulam for decorative use)

係指集成材中，以素板之表面美觀為目的，將薄板膠合 (包含與紙、薄板纖維方向成平行，厚度未滿 5 mm 之台板、與薄板纖維方向成垂直，厚度 2 mm 以下之單板、厚度 3 mm 以下之合板、厚度 3 mm 以下之中密度纖維板或硬質纖維板等膠合於背面者)，或在這些集成材表面施以溝槽加工或塗裝者，主要作為建築物等之內部裝修使用。

13.1.1.3 結構用集成材 (Structural glulam)

係指集成材中，以所需耐力為目的，經等級區分之鋸板 (包含在寬度方向拼接膠合者即在長度方向以斜接或指接接合膠合)，使其纖維方向相互平行層積膠合而成者，主要做為結構物之耐力構材使用。其中，依其集成元品質之構成，又可分

為異等級結構用集成材 (Heterogeneous-grade glulam)，其係由不同品質集成元所構成之結構用集成材，如使用於需高抗彎性能之樑時，其承受抗彎應力之方向應與層積面成直角；與同等級結構用集成材 (Homogeneous-grade glulam)，係指由相同品質集成元及樹種所構成之結構用集成材，而其使用於需高抗彎性能之樑時，其承受抗彎應力之方向應與層積面成平行。

另外，依結構用集成材之斷面尺寸，尚可區分為大斷面集成材 (短邊在 15 cm 以上，斷面積在 300 cm² 以上者)、中斷面集成材 (短邊在 7.5 cm 以上，長邊在 15 cm 以上者，大斷面集成材除外) 以及小斷面集成材 (短面未滿 7.5 cm，或長邊未滿 15 cm 者)。

13.1.2 集成材之製造

集成材之製造工序大致如圖 13-1 所示。主要為原木經製材成鋸板 (集成元) 後進行集成元乾燥、集成元定尺寸 (定寬、定厚)、集成元之縱接或寬度拼接、集成元之等級區分、膠合劑塗布、膠合集成、整修出貨等。

13.1.2.1 集成材使用環境與膠合劑之選擇

集成材所使用之膠合劑依其使用環境區分為三類：

I 類使用環境係指結構用集成材之含水率長期間持續或斷續超過 19% 之環境、直接暴露在大氣環境、長期間斷續受日照之高溫環境，及即使在結構物發生火災時仍須具有高度膠合性能之環境。意即

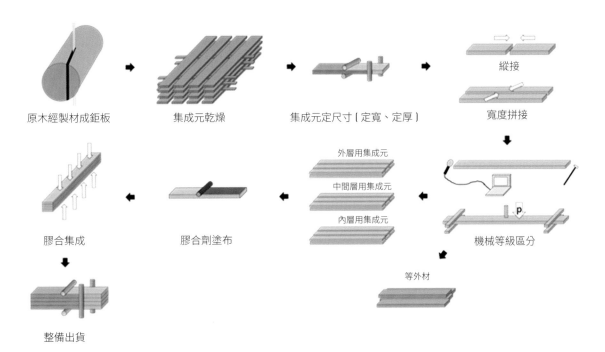

原木經製材成鋸板　　集成元乾燥　　集成元定尺寸 (定寬、定厚)　　縱接　　寬度拼接

外層用集成元　　中間層用集成元　　內層用集成元

膠合集成　　膠合劑塗布　　機械等級區分

等外材

整備出貨

▲ 圖 13-1 結構用集成材之製造流程

以結構用集成材供作結構物之耐力構材，其使用之膠合劑之耐水性、耐候性或耐熱性需符合以上高度性能要求之使用環境；II 類使用環境係指結構用集成材之含水率有時超過 19％之環境、有時受日照之高溫環境，及即使在結構物發生火災時仍須具有高度膠合性能之環境。意即所使用之膠合劑需符合一般性能要求之環境；III 類使用環境則指結構用集成材之含水率有時超過 19％之環境、有時受日照之高溫環境。

由上述三類使用環境而言，可以清楚知道結構用集成材使用於不同環境下，應使用具有相當條件之膠合劑。因此，標示為 I 類使用環境者，其集成元之層積方向、寬度方向膠合及二次膠合所使用之膠合劑應使用間苯二酚樹脂 (Resorcinol formaldehyde resin, RF) 與間苯二酚 - 酚甲醛共縮合樹脂 (Resorcinol-phenol formaldehyde resin, RPF)；長度方向膠合則應使用間苯二酚樹脂、間苯二酚 - 酚甲醛共縮合樹脂及三聚氰胺樹脂 (Melamine formaldehyde resin, MF)。

標示為 II 類使用環境者，其集成元之層積方向、寬度方向膠合及二次膠合所使用之膠合劑與長度方向膠合則應使用所使使用之膠合劑與 I 類使用環境相同。

標示為 III 類使用環境者，其集成元之層積方向、寬度方向膠合及二次膠合所使用之膠合劑應使用 RF、RPF、水性高分子異氰酸酯樹脂 (Isocyanate)；長度方向膠合則應使用 RF、RPF、Isocyanate、MF、三聚氰胺尿素甲醛共縮合樹脂 (Melamine-urea formaldehyde resin, MUF)。

13.1.2.2 集成材之構成與膠合集成

結構用集成材為工程木材產品，其應滿足各種設計應力之要求，因此就集成材之厚度方向尚可分為最外層用集成元、外層用集成元、中間層用集成元以及內層用集成元，分別依集成材厚度 (h) 之 h/16、h/8、h/8~h/4 以及上述集成元以外者定義之。而依此則可依其集成元等級進行結構用集成材之強度配置設計。

經強度配置與佈膠後之集成材，一般可依所使用之膠合劑進行熱壓與冷壓，目前國內最常見之集成材製造以冷壓為主，其一般壓力若為針葉樹集成材多在 10 kgf/cm^2，冷壓約 4 ～ 8 小時可完成膠合劑之硬化，待洩壓後進行養生，伺養生結束後，進行修整、包裝與出貨。

13.1.3 集成材之特性與性能

集成材由經等級區分後之集成元所構成，又可透過接合方式在長度方向、寬度方向與厚度方向進行集成，復因膠合技術之進步使得膠合性賴性提升，使得集成材可以進行各種尺寸與強度之設計，進而廣泛應用於木構造建築或混合木構造建築中。整體而言，集成材之特性主要有：

❶ 集成元尺寸需求屬一般規格，無須特別製材。

❷ 相較於木材，集成元之缺點可於集成前除去，或使缺點分散，使材質均勻、強度變動小，故有利於工程構造。

❸ 大斷面的原木含水率高，短期間難以徹底乾燥，並容易龜裂、反翹、變形，材質難以控制。構成集成材之集成元均須經乾燥處理，尺寸均一，因此即使是大斷面集成材也較不易龜裂變形。

❹ 由集成元構成之集成材，可設計不同形式之斷面，可成型加工成任何形狀，可作成彎曲形、變斷面、大跨度之樑柱，可發揮設計最大的自由；且經由有效之配置可達強度之要求，在安全曲率半徑範圍內，亦可製作彎曲集成材。

❺ 可藉由集成前進行集成元之藥劑處理，增進其耐腐性，使集成材之耐久性獲得提升。

❻ 大斷面集成材有良好的耐火性，遇火災時的炭化速度平均只為 0.6 mm/min，作為結構材本身不必再施以耐火被覆，並可透過附加厚度設計達其防火時效。我國木構造建築物設計及施工規範第九章建築物之防火即明訂梁柱構架最小斷面應依防火時效設計，其中木材與集成材之燃燒炭化深度如表 13-1 所示，可依此深度進行防火時效之設計。

另依我國國家標準 CNS 11031 號，針對結構用集成材之抗彎性能亦有所規定，對稱異等級結構用集成材之強度等級分別由 E55-F200 級（抗彎彈性模數為 5.5 GPa；抗彎強度為 20.0 MPa）至 E170-F495 級（抗彎彈性模數為 17.0 GPa；抗彎強度為 49.5 MPa），而非對稱異等級結構用集成材之強度等級，則為 E50-F170 級至 E160-F480 級，同等級

結構用集成材 4 層以上之強度等級則為 E55-F225 級至 E190-F615 級。

我國目前主要造林樹種為柳杉，以柳杉進行結構用集成材之製造亦可發現，以前述經機械等級區分之 L60、L70、L80、L90、L100、L110 級 之 集 成 元所構成之同等級結構用集成材，可達 E55-F225 級至 E95-F315 級間，而異等級結構用集成材之配置則為 E65-F225 級至 E85-F255 級間，顯示我國柳杉造林木於未來應用時，亦可以此強度等級區間進行設計 (表 13-2)。

表 13-1 不同材種集成材燃燒實驗炭化深度				
材種		時間 (min)	側邊炭化深度 (mm)	底部炭化深度 (mm)
集成材	杉木	30	20.0	23.5
		60	43.4	46.0
	柳杉	30	20.4	21.5
		60	42.1	46.8
	台灣杉	30	22.7	23.5
		60	45.4	49.0
	花旗松	30	19.2	20.8
		60	37.4	37.9
	南方松	30	17.0	17.2
		60	32.8	34.0
	其他材種	30	25	
		60	50	
非集成材		30	30	
		60	60	

表 13-2 柳杉結構用集成材之常見強度基準				
種類	等級	抗彎強度 (MPa)	抗彎彈性模數 (GPa)	
			平均值	下限值
同等級結構集成材	E95-F315	31.5	9.5	8.0
	E85-F300	30.0	8.5	7.0
	E75-F270	27.0	7.5	6.5
	E65-F255	25.5	6.5	5.5
	E55-F225	22.5	5.5	4.5
對稱異等級結構用集成材	E85-F255	25.5	8.5	7.0
	E75-F240	24.0	7.5	6.5
	E65-F225	22.5	6.5	5.5
	E65-F220	22.0	6.5	5.5
	E55-F200	20.0	5.5	4.4

直交式集成板材 (Cross-laminated timber, CLT) 乃是一種板狀型態之工程木材集成品，集成元於側向拼接後，於厚度方向做木理直交式之集成堆疊而成。木材為具有異向性 (Anisotropic properties)，各方向之物理與機械性質均不相同，若利用直交式技術進行集成品之製造，可協調不同方向的特性，使集成品品質穩定與提高其性能。CLT 為近年來新興工程材料之一，相較於其他板類工程產品，CLT 不僅是結構牆體之構成元素，更可直接作為承重牆 (Load bearing wall)、剪力牆 (Shear wall) 與樓板 (Floor) 等結構用途，在最近高樓層木構造建築之發展中，扮演不可或缺的角色。以加拿大英屬哥倫比亞大學於 2017 年完工的布魯克學生宿舍 (Brock commons) 為例，其建築共 18 層樓，1 樓為混凝土結構，2 ～ 18 樓之樓層，每層使用 29 片五層結構，厚度為 169 mm 之 CLT，共計 464 片，使用材積為 1973 m^3；另亦使用前述之集成材作為柱體，計 1298 支，使用材積 260 m^3，為目前世界高樓層木構建築代表之一。

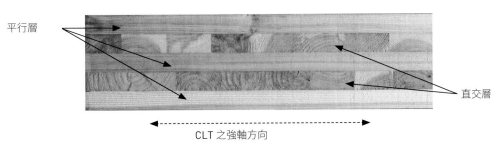

▲ 圖 13-2 國產柳杉直交集成板之強軸方向斷面圖。

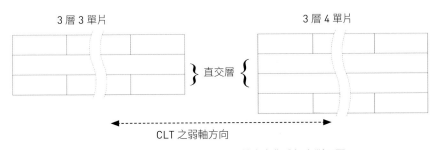

▲ 圖 13-3 3 層 3 單片與 3 層 4 單片直交集成板之斷面圖。

13.2.1 直交集成板之定義

直交集成板係指將鋸板或小角材 (包含將其纖維方向相互約成平行，在長度方向接合膠合調整者) 使其纖維方向相互約成平行，在寬度方向並列或膠合成為單片 (Ply) 者，再將各單片纖維方向相互約成直交層積，經膠合後具有 3 層 (Layer) 以上構造之板材稱之。意即 CLT 由層 (Layer) 與片 (Ply) 構成，各層各片以對稱集成，Layer 依據纖維方向分為平行層 (Parallel Layer) 與直交層 (Cross Layer Layer)。片由集成元 (Lamina) 配置而成，並依據外層 (External Layer) 之木材纖維方向定義 CLT 之方向，平行於外層為強軸方向 (Strong axis, Major strength direction)，垂直於外層為弱軸方向 (Weak axis, Minor strength direction)。

圖 13-2 為國產柳杉 5 層 5 單片構成 CLT 之厚度方向剖面圖，CLT 各單片厚度均相同，但亦可以透過改變平行層與直交層厚度比例，調整所需方向之強度。除了一般單層單片之配置，亦有針對使用方向增加片數之設計，圖 13-3 分別為 3 層 3 單片與 3 層 4 單片之 CLT 橫斷面，其中 3 層 4 單片 CLT 之直交層為兩片結構，若以相同厚度集成元集成，增加直交層比例可以提高弱軸方向之強度。

13.2.2 直交集成板之性能

直交集成板擁有與結構用集成材近似之優點,唯其因構成不同,直交集成板主要以板狀結構應用,如樓地板、天花板、牆板等,與結構用集成材之樑柱型態應用不同。依據北美直交集成板標準,可將其依應力等級分為以下 7 級,其中,E1 ～ E4 級表示機械等級區分材,V1 ～ V3 級表示為目視等級區分材。

E1 級:平行層以 1950f-1.7E 之雲杉 - 松 - 冷杉 (SPF) 機械應力等級區分材 (MSR),直交層以三級材 (No. 3) 之 SPF 目視等級區分材構成。

E2 級:平行層以 1650f-1.5E 之花旗松 - 落葉松機械應力等級區分材 (MSR),直交層以三級材 (No. 3) 之花旗松 - 落葉松目視等級區分材構成。

E3 級:平行層以 1200f-1.2E 之東部針葉材、北美樹種、西部木材機械應力等級區分材 (MSR),直交層以三級材 (No. 3) 之東部針葉材、北美樹種、西部木材目視等級區分材構成。

E4 級:平行層以 1950f-1.7E 之南方松機械應力等級區分材 (MSR),直交層以三級材 (No. 3) 之南方松目視等級區分材構成。

V1 級:平行層以花旗松 - 落葉松以二級材 (No. 2),直交層以花旗松 - 落葉松三級材 (No .3) 構成。

V2 級:平行層以一級材 (No. 1) 與二級材

(No. 2) 之 SPF,直交層以三級材 (No .3) 之 SPF 構成。

V3 級:平行層以南方松二級材 (No. 2),直交層以南方松三級材 (No .3) 構成。

而我國直交集成板之抗彎性能基準中,異等級構成之直交集成板之強度等級為 Mx60-3-3 級 (異等級 Mx60,構成種類為 3 層 3 單片) 至 Mx120-9 -9 級 (異等級 Mx120,構成種類為 9 層 9 單片);同等級構成之直交集成板之強度等級則為 S30-3-3 級 (同等級 S30,構成種類為 3 層 3 單片) 至 S120-9-9 級 (同等級 S120,構成種類為 9 層 9 單片),兩種構成均隨強度等級之增加 (Mx60 至 Mx120 與 S30 至 S120),其抗彎彈性模數與抗彎強度而增大,但同強度等級區間之抗彎性質則隨構成種類 (層片數之平行層與垂直層比例) 而異。

我國在柳杉直交集成板之研究中,我國柳杉集成元主要集中在 M90 與 M60 級,依此設計進行異等級構成 Mx60-3-3 級與 Mx90-3-3 級以及同等級構成 S60-3-3 級與 S90-3-3 級之直交集成板,經試驗結果顯示,其抗彎性能均能符合該等級之強度基準要求,未來我國柳杉造林木製材,如經強度等級區分後,可以此等級作為結構用工程材料之設計。

應用直交集成板進行建築設計具有施工快速之特性,其係因直交集成板採 Prefab 的預製工法,因此可於工廠事先進行牆體、地板、具開口牆體等組件

之製作，透過電腦數位控制 (Computer Numerical Control, CNC) 工具機，可使直交集成板之加工精確度達到 ±1 mm 之許可差，此亦有利於建築現場之施工作業，僅須透過事前規劃之設計，利用五金接合件進行基礎與牆體或是牆體與

樓板、屋頂板之接合即可達成，相較於混凝土結構之灌漿工程，直交集成板建築能快速組立，同樣以加拿大英屬哥倫比亞大學之學生宿舍為例，18 層樓之木構造主結構完成僅用了 10 週之時間，遠較混凝土建築快速。

13.3　合板之製造及其性能

十九世紀初，由於膠合劑之合成技術逐漸成熟與精良，其不僅可對各種複合材進行補強，亦可有效減少複合材料疊層數量，以滿足結構輕量化之目的。同時，單板旋切機 (Veneer lathe) 的成功改良與應用，大大提高原木利用率，故使單板及合板 (Plywood) 產業逐漸興起。而隨著加工技術持續的創新及發展，單板所衍生之木質複合材料 (Wood-based composites) 廣泛應用於裝飾及建築用途，並不斷推陳出新。一般而言，合板主要係以旋切 (Rotary cutting；Peeling) 或平切 (Slicing) 單板為原料 (中層心板可

以小角材構成)，將各層單板以纖維方向相互直交並經膠合及熱壓後所得之多層結構板材。其中，內層單板與面底板纖維走向垂直者稱為直交單板 (Crossband) 或副心板；而與之平行者稱為內層平行單板 (Center)。此外，從合板兩邊目視可見之中央層組 (一般較外側層組為厚)，則稱為中板或心板 (Core)。以 7 層合板為例，圖 13-4 即為典型合板結構圖。

此外，由於合板種類繁多，一般而言可依合板結構、膠合性質、表板加工方式、藥劑處理情況以及板面形狀等予以分類。

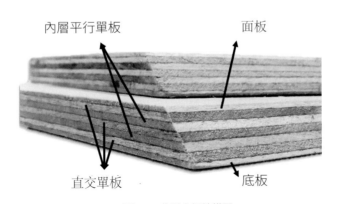

內層平行單板　　　面板

直交單板　　　底板

▲ 圖 13-4 典型合板結構圖

13.3.1 定義

13.3.1.1 普通合板 (Plywood)

普通合板係指除了混凝土模板用合板、特殊合板、防焰合板、耐燃合板、施工架踏板用合板、結構用合板、防火門用合板以及運輸墊板用合板之外，利用 3 層以上旋切或平切單板 (中層心板可以小角材構成) 以纖維方向相互直交膠合而成，其表面未經貼皮、印刷及塗裝等加工處理之板材。而依其結構之不同，主要可區分為全單板合板 (Plywood of all-veneer construction；Veneer core plywood) 以及木心合板 (Lumber core plywood) 兩種。

13.3.1.2 全單板合板

各層均由木材單板依相互直交膠合方式而成者。

13.3.1.3 木心合板

中層使用木條拼合之心板，其上、下各直交以副心單板，再以面、底單板膠合而成之 5 層結構合板者。

13.3.2 用途

合板業為台灣重要之木材工業之一，其發展較其他木質複合材料久遠，並廣泛應用於建築、家具、運輸以及包裝工業中。其中，根據 2013 年聯合國糧農組織數據資料庫 (FAOSTAT) 統計結果顯示，儘管 2008 年全球經濟持續低迷，但全球之合板產量仍呈穩定提高趨勢，顯示經濟衰退對合板生產量並無顯著影響，且仍為常見之木質複合材料。此外，合板於製造過程中，除了可以去除木材之天然缺點並消除其異方性外，亦具有加工容易、成本低、尺寸安定性高、利用率高以及可取得較大面積板材等優點，故應用範圍甚廣，且與人們生活密切相關。在建築材料方面，由於合板具優異比強度及高剛性，故為建築構件之重要選擇之一，常應用於工程支架、木門窗框、地板以及木構建築等。再者，於家具應用方面，由於木材具有材質緻密及色澤美麗等優點，所製備之合板兼具強度及外觀，故為人們取材之首選，主要可作為木質桌椅及系統櫃等。另外，於運輸方面，可將其應用於車輛內裝及交通工具等；而包裝工業方面，則可作為運輸精密工程構件之包裝及封箱材料等。

單板層積材（Laminated veneer lumber, LVL），主要是由旋切機、平切機或其他切削機械切削之單板，其纖維方向相互平行層積膠合之材料，或是纖維方向平行之單板層中參以直交單板，其直交單板厚度合計在製品厚度之 30% 以下，且單板張數其構成比在 30% 以下層積膠合者稱之。在 1940 年代，LVL 主要應用於航空器中需要高強度之木構件，爾後亦常用曲型家具構件，而在 1970 年代以後，LVL 亦常取代木材，用於桁架系統、工字樑或集成材之高抗張部位，主要即是因為單板之層積，分散木材缺點，使單板層積材具有高強度，低變異性等工程木材之優點，即強度之可信賴性可獲得保障。

13.4.1 單板層積材之種類與定義

依我國國家標準之定義，單板層積材分為裝修用單板層積材（CNS 11818）結構用單板層積材（CNS 14646）兩種。

13.4.1.1 裝修用單板層積材

係指非結構用之單板層積材，以素材狀態及表面美觀為目的，將單板膠合，或在該表面施以塗裝者，主要供為家具、結構物等內部裝修使用與室內裝修之基材。近年，單板層積材常取代木材角材，

作為地板、天花板或壁體裝修基材使用；此外，單板層積材再沿膠合方向進行平切，亦可得類似木材徑切面紋理之單板，近年亦常以此作為裝修面板使用，開啟單板層積材創新應用之契機。

13.4.1.2 構造用單板層積材

構造用單板層積材係指主要供作為結構物之耐力部材使用者稱之，其又可分成 A 類結構用單板層積材與 B 類結構用單板層積材兩種。

A 類結構用單板層積材係指結構用單板層積材中，其主纖維方向未插入直交單板者，或是插入之直交單板僅在最外層鄰接部份使用者。

B 類結構用單板層積材則指結構用單板層積材中備有直交單板者，而直交單板之配置應為最外層向內起算之第 3 張，且直交單板不可連續配置；平行單板之連續張數應為 2 張以上、5 張以下，且平行單板應有 3 張以上連續之部分，此外單板應等厚，且其構成應對稱於中立軸。

13.4.2 單板層積材之製造

一般單板層積材之製造是由原木處理、單板切削、單板乾燥、膠合劑塗布、縱

向接合、層積膠合及二次加工等所構成，其製程至單板乾燥為止，與合板製造前期之單板成型過程相同，其後之製程則與集成材之製造相類似，以平行纖維方向之單板，於厚度方向層積膠合而成。一般單板多為 4 尺寬，8 尺長，若欲使長度更加擴張，則可透同層單板間之對接、搭街、斜接或指接方式進行縱向接合，唯應使接合部位於各層間錯開，以使接合部缺陷對強度之影響減至最低。

結構用單板層積材之構成單板品質方面，

應進行分等與品管作業，其中，目視等級區分單板透過節、埋木、捲皮、脂囊、腐朽、開口割裂、橫向割裂、蟲孔等表面品質缺點評估為以往合板工業中常見之單板分級法，唯其相較於應力等級區分單板之分級仍有不足，而透過單板彈性模數之測定雖有諸多研究，但在商用市場上主流仍是以超音波法或應力波法等非破壞性評估技術較常於工業上應用 (Jumg, 1982)。

13.5 粒片板及定向粒片板之製造及其性能

1940 年代德國首先開發出以木粒片 (Particle) 經佈膠及熱壓成型之粒片板 (Particleboard)，此材料具有密度均勻、無纖維方向性、施工鋸切時不易碎裂及價格低廉等優點。一般而言，粒片板為非結構用板材，因具有平整且光滑表面，故可有效地藉由塗裝或貼面，使廣泛應用於家具、櫥櫃、建築、裝潢及貨架等用途。然而於 1960~1980 時期，加拿大進一步利用厚度均勻之方薄片型粒片 (Wafer) 與長薄片型粒片 (Strand)，陸續開發出方薄片粒片板 (Waferboard) 以及定向性長薄片粒片板 (Oriented strand board，OSB)。此二者之製程與傳統粒片板相似，但卻具有與合板 (Plywood) 相近之機械性質，故常做為牆壁、地板、框架、樑柱等結構用板材。

13.5.1 定義

粒片板係指以木材或其他植物之粒片 (Chip；Particle)、裂片 (Flake)、方薄片 (Wafer)、長薄片 (Strand) 或其他破碎片為主原料，使用膠合劑成型、熱壓而成之板材。而依其表底面狀態、抗彎強度、耐水性及甲醛釋出量之不同，又可區分為不同種類之粒片板。

13.5.2 用途

粒片板廣泛應用於家具、建築及裝修等領域，而為因應不同用途之表面性質、機械性質、耐水性以及甲醛釋出量，粒片板常透過多層結構之配層比例、方向性、膠合劑種類、含水率、加工參數、板材形狀及貼面等，提供不同板材性質。常見之粒片板用途，主要可分為：

一般用途、家具用途、負載用途 (Load-bearing) 以及高負載用途 (Heavy-duty load-bearing)。其中，一般用途常作為門板使用。而家具用途之粒片板除使用於家具外，亦應用於牆板、地板、隔板以及室內裝修之基材。再者，負載用途之粒片板則主要應用於建築材料，如：地板襯墊、屋面板 (Roof decking) 以及樓梯踏板 (Stair tread) 等。而高負載用途之粒片板則使用於承重結構之梁柱或工業使用之棚架 (Shelving) 等。

13.6 纖維板之製造及其性能

纖維板 (Fiberboard) 與粒片板 (Particleboard) 之不同，主要在於木材或其他木質纖維材料 (Lignocellulosic material) 的利用型態係以纖維形式而不是粒片形式，且膠合劑的使用亦非是必須的。而纖維板中纖維間的維繫，主要可透過氫鍵的發展、木質素的塑性流動、纖維毛氈化交織 (Interweaving) 或添加合成樹脂使其結合；而上述這些因素的相對重要性，則取決於纖維板的類型以及製造過程。此外，纖維板依其產品密度和生產方式 (是否施加熱壓) 的不同，主要可分為輕質纖維板 (Insulation fiberboard，IB)、中密度纖維板 (Medium density fiberboard，MDF) 以及硬質纖維板 (Hard fiberboard 或 Hardboard，HB) 三種。

13.6.1 定義

13.6.1.1 輕質纖維板

輕質纖維板 (IB) 係指以木材等植物纖維為主要原料，經濕式製法 (Wet-process) 或乾式製法 (Dry-process) 製成密度未滿 $0.35\ g/cm^3$ 之板材。

13.6.1.2 中密度纖維板

中密度纖維板 (MDF) 係指以木材等植物纖維為主要原料，經乾式製法製成密度 $0.35\ g/cm^3$ 以上，未滿 $0.80\ g/cm^3$ 之板材；結構用 MDF 之密度則為 $0.70\ g/cm^3$ 以上，未滿 $0.85\ g/cm^3$。

13.6.1.3 硬質纖維板

硬質纖維板 (HB) 係指以木材等植物纖維為主要原料，經濕式製法或乾式製法製成密度 $0.80\ g/cm^3$ 以上之板材。

13.6.2 用途

輕質纖維板由於密度非常低，除少部分可放置在框架構件之間作為絕緣和緩衝材料之外，主要可作為牆壁組件 (Wall assemblies)、被覆板 (Sheathing)、屋頂隔熱材料和天花板 (Ceiling tiles) 等用途。而中密度纖維板因具有緊密的邊緣和幾乎均勻的紋理，可以像實木一樣加工，甚至適合雕刻。此外，中密度纖維板具有光滑的表面，可以直接塗裝、印刷或貼皮，主要可作為家具、門窗框架、隔板、門板以及外壁板 (Siding) 等。至於硬質纖維板之用途，則主要可作為房屋外壁板、地板襯墊 (Floor underlayment)、混凝土模板、預鑄式壁板、家具以及廚房櫥櫃等。

13.7　木材塑膠複合材之製造及其性能

近年來，木材塑膠複合材 (Wood-plastic composites，WPC) 之發展已漸趨完善，且此類複合材料結合了木材及塑膠二種材料之特性，可有效改善二種材料各自之缺點，故應用範疇相當廣泛。目前，常用於製備 WPC 之塑膠材料，則以聚乙烯 (Polyethylene，PE)、聚丙烯 (Polypropylene，PP)、聚氯乙烯 (Polyvinyl chloride，PVC)、聚乳酸 (Poly(lactic acid)，PLA) 以及聚苯乙烯 (Polystyrene，PS) 等熱可塑型 (Thermoplastic) 塑膠為主。

13.7.1 定義

早期，WPC 係指木材經減壓含浸聚合性之乙烯單體、架橋劑及觸媒等藥劑或酚甲醛樹脂 (Phenol formaldehyde resin，PF) 等熱硬化型 (Thermosetting) 樹脂後，

以加熱或放射線照射等方式，使單體或樹脂於木材內聚合硬化所製備而成之木材與塑膠複合體。直至 80 年代時，美國發展出以木材粒片與熱可塑型塑膠混合而製備成木材與塑膠之複合材後，木材塑膠複合材 (WPC) 始泛指木質材料與塑膠材料所製備之複合材料。

13.7.2 製造

為了因應 WPC 產品之屬性、用途以及形狀之差異，產業界及學界發展出各式製造方法，如擠出成型 (Extruder molding)、射出成型 (Injection molding)、平壓成型 (Flat-platen pressing)、捏合碾壓成板 (Kneading) 以及空氣成型熱壓成板法 (Air formed process) 等；其中，又以擠出成型、射出成型以及平壓成型等三種最為常見。

13.7.2.1 擠出成型

擠出成型係最常見的 WPC 製造方法，此法主要係利用擠出機將粉狀、粒狀或丸狀之塑膠材料及木質纖維加熱熔融後，以螺桿將此熔融物質輸送至定型模頭，並連續不斷地擠出，並經冷卻後所形成連續之產品。其中，以單螺桿擠出機生產 WPC 時，木質纖維與塑膠材料須先經混鍊 (Compounding) 及造粒後，方能投料進行 WPC 之擠出製造。相對的，以雙螺桿擠出機生產時，則可省略混鍊造粒之步驟，可直接利用混合均勻之木質纖維及塑膠材料或將二種材料分別投料進行 WPC 之擠出成型。

13.7.2.2 射出成型

WPC 之射出成型主要係利用已混鍊造粒之木質纖維與塑膠材料作為原料，經加熱熔融後，以螺桿輸送至模頭。接著，螺桿停止旋轉進料，但急速往前運動將熔體射入一空模具後，螺桿自動退後，並再度進行旋轉進料之動作。而射入模具之熔體，於高壓下冷卻後，即形成與模穴同形狀之成品。

13.7.2.3 平壓成型

此製程與一般粒片板之製造方法相似，製造時主要係將木材粒片與塑膠粉末均勻混合後，抄製成板坯 (Mat) 再進行熱壓，隨即冷壓成板。而 WPC 與粒片板製程最大之差異係 WPC 須待塑膠冷卻後方能成板，因塑膠於高溫下呈熔流體 (Melt flows)，故需進行冷壓使其成板；相對的，粒片板則無須進行冷壓成板。由此可知，相較於上述擠出成型及射出成型而言，此製程可使用較大尺寸之木材粒片，且機械設備較少，以粒片板製程所需之攪拌機、抄板機、熱壓機以及冷壓機即可製備。

13.7.3 用途

一般而言，擠出成型所製造之 WPC 主要應用於門框、窗框、地板、線板以及柱材等較大尺寸之材料，而射出成型之 WPC 產品則以家電用品外殼、鞋底、衣架、椅子以及工具把手等為主。另外，平壓式製造法所生產之 WPC 板材則可做

為室內外結構及非結構用材,如鋪板、外壁板以及天花板等。同時,根據 Suddell 和 Evans(2005) 指出北美地區 WPC 之應用以建築材料為主,約占 WPC 市場之 66%,其次則為基礎設施方面 (18%);同樣的,天然纖維製備之塑膠複合材亦以建築材料領域應用最多 (74%),其次則為汽車工業 (16%)。

另一方面,依據 CNS 15730 台灣地區木材 - 塑膠之再生複合材主要應用於室內、室外以及土木領域,其用途及主要製品則如表 13-3 所示。

表 13-3 再生複合材之用途領域、用途區分及其主要製品參考 (CNS 15730)				
用途領域	符號	主要用途區分	代號	主要製品參考 (例)
室外	EX	步道用	I	甲板材
		住宅或戶外設施用	II	甲板材、長椅、露台、柵欄、門扇、涼棚、陽台
		其他用	III	甲板材、長椅、柵欄、門扇、涼棚、陽台、外牆、百葉窗、百葉門、桌子
室內	IN	住宅等地板用	I	甲板材
		住宅等室內裝修用	II	裝修材、化妝材
土木	CV	模板工程用	I	模板材
		步道用	II	塊狀材、鋪裝材、枕木、仿木板材步道

13.8 練習題

① 請說明結構用集成材與直交集成板之構成差異及其特性。
② 請說明合板與單板層積材之構成差異及其特性。
③ 請說明木材塑膠複合材之成型方式與用途。

延伸閱讀 / 參考書目

🌲 中華民國國家標準 CNS 11029 (2014) 裝修用集成材。經濟部標準檢驗局。

🌲 中華民國國家標準 CNS 11030 (2014) 化粧貼面結構用集成材。經濟部標準檢驗局。

🌲 中華民國國家標準 CNS 11031 (2014) 結構用集成材。經濟部標準檢驗局。

🌲 中華民國國家標準 CNS 1349 (2014) 普通合板。經濟部標準檢驗局。

🌲 中華民國國家標準 CNS 11818 (2014) 單板層積材。經濟部標準檢驗局。

🌲 中華民國國家標準 CNS 14646 (2015) 結構用單板層積材。經濟部標準檢驗局。

🌲 中華民國國家標準 CNS 15730 (2017) 木材 - 塑膠之再生複合材。經濟部標準檢驗局。

🌲 中華民國國家標準 CNS 2215 (2017) 粒片板。經濟部標準檢驗局。

🌲 中華民國國家標準 CNS 9907 (2017) 硬質纖維板。經濟部標準檢驗局。

🌲 中華民國國家標準 CNS 9909 (2017) 中密度纖維板。經濟部標準檢驗局。

🌲 中華民國國家標準 CNS 9911 (2017) 輕質纖維板。經濟部標準檢驗局。

🌲 李佳如、張夆榕、林志憲、楊德新 (2014) 35 年生國產柳杉分等結構用材之機械性質評估。林產工業 33(2)：61-70。

🌲 李佳如、林蘭東、林志憲、楊德新 (2016) 柳杉集成元之配置對結構用集成材抗彎性質之影響。林產工業 35(1)：11-19。

🌲 吳志鴻 (2009) 淺談木材塑膠複合材之開發與利用。林業研究專訊 16(6)：33-35。

🌲 林志憲、李佳如、楊德新 (2015) 直交集成柳杉地板之物理與機械性質評估。林產工業 34(1)：1-10。

🌲 卓志隆、顏廷諭、洪崇彬 (2010) 柳杉疏伐木製造之集成材抗彎性質評估。林產工業 29(4)：227-236。

🌲 陳載永、陳合進、徐俊雄 (2000) 簡介木質纖維與塑膠混鍊製造生態複合材之方法介紹。木工家具 187：89-93。

🌲 陳載永、宋洪丁、陳合進、徐俊雄 (2006) 合板。木工家具雜誌。

🌲 黃彥三、陳欣欣、黃清吟、許富蘭 (2000) 木粉 / 塑膠複合材之理學性質及劣化特性探討。林產工業 19(2)：249-254。

🌲 葉民權、李文雄、林玉麗 (2006) 國產柳杉造林木開發結構用集成材之研究。台灣林業科學 21(4)：531-546。

🌲 葉誌峰 (2006) 農林廢料 - 塑膠複合材製造及其性質之研究。國立中興大學森林研究所碩士論文。52 頁。

🌲 楊德新 (2007) 中小徑木製造結構用集成材及其工程性能之研究。臺灣大學森林環境暨資源學研究所，博士論文。

🌲 楊德新 (2017) 國產柳杉強度等級區分及其應用於直交集成板之研發。行政院農業委員會林務局 106 年委辦科技計畫成果報告。

14.1　竹藤材的種類

國際竹藤組織 (International Network for Bamboo and Rattan, INBAR) 為國際組織，宗旨是提高竹藤資源對於社會、經濟及環境效益，通過竹藤產業幫助全球生活在有竹藤地方的人們消除貧困，此組織提出主要原因如下：

❶ 竹藤產品價值高、用途廣，竹藤可以用於生產板材、家具及 / 或活性碳。多樣的竹藤產品為生產者提供了廣泛的選擇，靈活地應對市場壓力。

❷ 竹藤的應用歷史悠久，與引進全新的科學技術相比，基於現有技術對新產品進行加工利用的方式更受利益相關方的青睞。

❸ 與木材相比，竹子重量輕、呈線型分裂，易於加工。提供農民參與初級加工的機會，增加在產品附加價值。

❹ 在貧困地區，藤是一種重要的植物。在寮國、柬埔寨和越南等國家，農民收入的 50% 來源於藤產品的加工製造。

❺ 竹子生長所需的土壤環境要求較低、投入少、生長速度快，是一種重要的可再生資源。

基於上述原因，通過協助創建小型企業和社會團體，扶持婦女和社區發展，此組織期在世界各地利用竹藤資源優勢，充分展示出竹藤改善生計、增加收入的潛在價值，因此竹藤材料之開發利用為目前全球趨勢。

竹為多年生單子葉被子植物，屬於禾本科 (Poaceae) 竹亞科 (Bambusoideae)，台灣竹類共 89 種，其中木本性竹類 83 種，草本性竹類 1 種，而台灣原生種為 25 種，竹為高度多樣型態之植物，可藉由其地下莖生長方式及發筍成程後的外觀型態分為叢生竹 (Pachymorph rhizome) 與單稈竹 (Leptomorph rhizome)；叢生竹之地下莖僅由稈柄處連續發筍成程，至全體成合軸叢生，即地下莖與稈合而為一軸；單稈竹包括竹稈永久單一及初年單一次年後再合軸成者，其地下莖橫走，倒芽抽出地面成筍或由稈柄處之芽連續發出多數新筍以成程。前者主要為莿竹 (Bamausa stenostachya)、長枝竹 (Bambusa dolichocladat)、麻竹 (Dendorcaramus latiflorus)、綠竹 (Bambusa oldhami) 為主，後者以桂竹 (Phyllostachys makinoi) 及孟宗竹 (Phyllostachys pubescens) 為主。臺灣屬於亞熱帶地區，氣候適合竹類的生長，且竹林容易栽植，生長快速，高生長約 40 天完成，由北至南皆有竹林

分布,所生產之竹材、竹筍及竹籜具有經濟價值,尤以竹材已廣泛應用在多種生活用品。根據農委會林務局 2015 年公布之第四次森林資源調查報告,台灣竹類純林面積共 112,549 公頃,佔總森林面積 5%,竹類佔 20% 以上之竹木混淆林為 114,900 公頃,合計則佔 10%,推估竹材蘊藏量達 15.8 億支,竹材蓄積量豐富,以桂竹、孟宗竹、莿竹、長枝竹、綠竹、麻竹等 6 種具有經濟價值,前兩者面積約為 63,200 公頃,後四者約為 120,130 公頃。

竹類植物之器官包括竹稈之竹籜、竹筍、稈、枝條、葉、花、果實及地下莖。竹材中空有節,其中空部分稱之為髓腔,周圍的壁稱為竹稈壁,據林曉洪於竹材產業技術諮詢中心之文中指出,在加工利用上分別稱之為竹青、竹肉及竹黃,其竹稈外觀型態特徵如下列詳述:

❶ 竹青:
位於竹稈壁之最外層,生長密實,細胞壁比率高且高度木質化,因內含葉綠素,故使竹稈外觀呈綠色。由於質地堅硬,竹材表面被覆一層白色蠟質薄膜,表皮組織中亦充滿矽質細胞 (Silica cell),因此含大量二氧化矽外表富含矽及蠟質,耐磨且光滑,為竹製編織藝品之原料。

❷ 竹肉:
屬於竹稈壁中間層之構造。其由維管束組織(輸導組織、纖維細胞)及基本薄壁組織等所構成,為竹壁之主要部分。橫斷面上之維管束形體由小而大,從竹稈壁外側往內側增加,且均勻散生於基本組織中,縱向平行排列,在節間中無橫向組織溝通。由於缺乏形成層,故竹稈直徑無法每年加粗。

❸ 竹黃:
竹稈壁之內側部位,由十數層長軸在弦向之鬆散細胞構成,由於細胞壁木質化程度高,故硬度高,也具有較脆之特性。竹黃層因居竹稈壁之內側,故顏色呈淡黃白色,其厚度也因竹種而異,然最厚者亦僅 1-2 mm。其為製漿時紙漿纖維之主要部分。

竹節為竹材的一部分,結構外觀上可做為辨識特徵之一,圖 14-1 為臺灣經濟竹材在竹節部位之外觀,其中莿竹及長枝竹之竹節處有圓珠狀突起物,並環繞竹節形成密集或稀疏之環狀分布,綠竹則竹節上棕色細毛。表 14-1 則為此六種竹材之節間長度、外部直徑及竹肉厚度。其中莿竹之節間長度可達 45 cm,麻竹和長枝竹亦可達約 35 cm,以桂竹之節間長度則最短。而竹稈直徑則以麻竹、孟宗竹及莿竹較大,約可達 10 cm,綠竹和長枝竹則相對較小。竹肉厚度則以麻竹和綠竹較大,莿竹和長枝竹則較小。

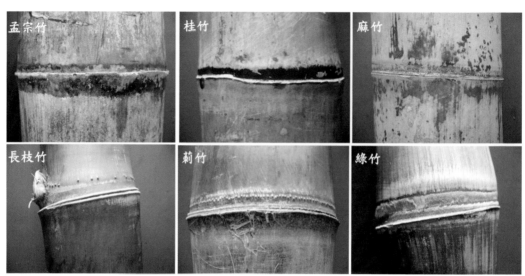

▲ 圖 14-1 六種臺灣經濟竹材之竹節外觀型態（許玲瑛和李文昭，2011）

表 14-1 六種臺灣常見竹材之節間長度、外部直徑及竹肉厚度						
竹種	孟宗竹	麻竹	桂竹	長枝竹	莿竹	綠竹
節間長度 (cm)	24.3	34.4	15.8	35.7	45.0	28.0
外部直徑 (cm)	10.0	12.0	6.3	5.8	9.4	5.7
竹肉厚度 (cm)	1.14	1.50	1.19	0.87	0.76	1.52

竹材是由維管束、纖維細胞與薄壁細胞組成之中空含節之材料，組織結構影響其機械性質，每一個維管束周圍環繞四個纖維鞘，其中包含韌皮部、一個初生木質部導管及兩個後生木質部導管，縱向強度與維管束鞘中纖維排列方式與密度高度相關，在纖維鞘中最大的細胞是接近於後生木質部導管的薄壁細胞，在橫切面上，靠近竹青處，纖維旁之薄壁細胞數量越少，纖維壁之厚度則是呈現越往竹稈下方越厚之趨勢。圖 14-2 則為六種竹材在竹節處之橫切面圖，各竹材在接近外圍竹青部位之維管束分布較密集，形狀較小，且排列較規則，周圍之薄壁細胞則較少；而靠近竹黃部位則以薄壁細胞為主，其維管束數量較少，面積較大，且形狀較不規則。又六種竹材在此竹節處皆有放射線狀之橫向輸導組織所構成之特殊紋理。

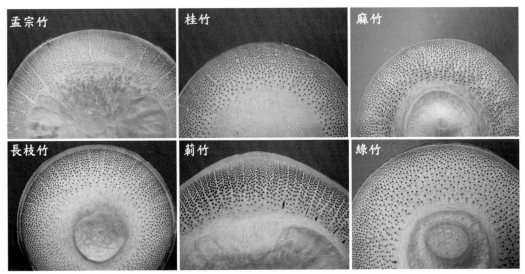

▲ 圖 14-2 六種臺灣常見竹材在竹節部位之橫切面圖 (許玲瑛和李文昭，2011)

竹材屬於並生維管束 (Collateral vascular bundle) 型態，其基本構造主要由中央維管束及 0-2 個獨立纖維束 (Fibre strand) 所構成，其中央維管束由 4 個纖維團所組成為主，中間部位為早成木質部 (Protoxylem)，兩側部位為晚成木質部 (Metaxylem vessel)，以及外側部位之韌皮部 (Phloem)，此纖維團外側為厚壁細胞所構成之纖維鞘 (Fiber sheath)，其組成纖維團之數目會因竹材種類或部位而異，Grosser 和 Lieser(1971) 將維管束型態分成四型，如圖 14-3，Type I 為開放型，構造為 4 個纖維團所構成中央維管束，其中早成木質部細胞間隙具有填充體 (Tyloses)；Type II 為緊腰型，為 4 個纖維團構成之中央維管束為主，中央部位之早成木質部外側之纖維鞘明顯較其他纖維團大，無填充體；Type III 為斷腰型，其構造包含一個中央維管束及一個獨立纖維束，獨立纖維束位於維管束內側，早成木質部之纖維鞘形狀較小；Type IV 為雙斷腰型，由一個中央維管束及二個獨立纖維束所構成，獨立纖維束位於中央維管束之內外兩側。

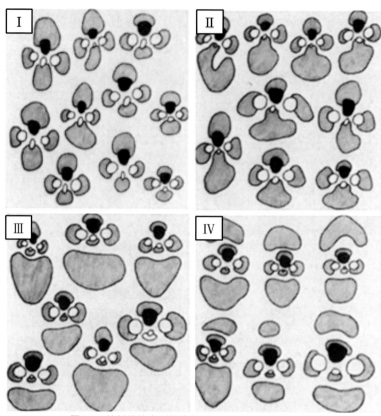

▲ 圖 14-3 竹材維管束型態分類 (Grosser and Liese，1971)

藤是森林的副產品，屬單子葉之棕櫚科 (Palmae) 中省藤屬 (Calameae) 植物，為蔓生的原產於熱帶森林雨林野生植物，共有超過 250 種，臺灣共有 3 種，即為台灣水藤 (Calamus formosanus)、黃藤 (Calamus quiquesetinervius) 及蘭嶼省藤 (Calamus siphonospathus)。莖的部份即為藤材，主外皮有著銳利的鉤刺，常藉莖上鉤刺攀附在其他樹木的枝幹上生長，莖部長度可至數十公尺。

前人以市面上使用之藤材觀察其形態，藤材之組織構造與竹材較相似，與木材具有顯著差異，藤材之電子顯微鏡結果證明橫切面 (圖 14-4) 為具有散生狀維管束 (Vascular bundle)，導管束由一個獨立導管細胞 (Vessel elements) 組成，可分為原生木質部 (Protoxylem)、後生木質部 (Metaxylem) 及韌皮部 (Phloem)，兩個導管細胞連接處存有導管節 (Vessel segment)，導管周圍是基本薄壁組織 (Parenchymatous ground tissue)，少數維管束導管內具有填充體 (Tyloses) 之構造。導管往藤心之方向具有螺旋紋導管，為早成木質部管細胞 (Spiral Vessel)，大多數的維管束具有三個螺旋紋導管，螺旋紋導管的周圍為薄壁細胞。

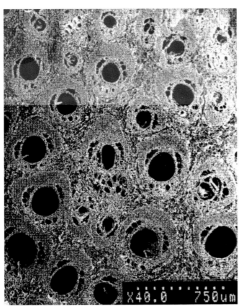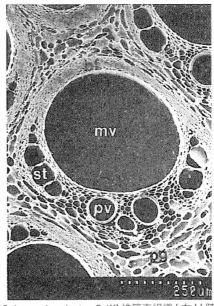

▲ 圖 14-4 藤材之橫切面 (左) (張上鎮等，1988) 與吧噹藤 (*Calamus longisetus* Griff) 維管束組織 (右) (陳玉秀，1992)。mv：後生木質部導管 (metaxylem vessel)；pv：原生木質部導管 (Protoxy1em vessel)；bf：靭皮纖維 (Bastfiber)；st：篩管 (sieve tube)；pg 基本薄壁組織 (Parenchymatous ground tissue)。

14.2　竹藤化學性質

竹材由於生長期短可收穫，化學組成為應用材料重要參考，竹材種類、年齡、部位影響其組成分。木質材料之主成分為纖維素、半纖維素及木質素，木材與竹材之化學組成相似，針葉樹木材三者之比例為 40-44、25-29、25-31%。

以藤為原料進行紅外線光譜儀 (Fourier transform infrared spectroscopy) 進行化學分析，結果指出藤材之化學組成分含有較木材高量之羧酸類或羰基類化合物，乙醯基和羧酸基為半纖維素中木聚糖 (Xylan) 和甘露聚糖 (Mannan) 之官能基，因此其半纖維素含量較木材高，又顯示木質素之含量較低，定量分析同

顯示其 Klason 木質素含量為 20.9%，Calamus manan 藤材之全纖維素與木質素含量分別為 78.4 和 22.0%。由於其纖維素與半纖維素含量較高，木質素含量較少，因此使藤材之可塑性高，具有良好的彈性彎曲性質。前述顯微結構中，發現導管中具有填充體，經由 X 光能量散射分析光譜 (Energy-dispersive X-ray spectroscopy) 分析顯示矽、硫、鉀與鈣等成分，另藤皮部分則以矽為主要成分。吧噹藤 (Calamus longisetus Griff) 之填充體分為針晶體和簇晶狀矽粒，前者成分為硫和鈣組成，後者為主要為矽，當水分於藤類植物蒸發及流速變慢

時，其水中二氧化矽濃度逐漸增加形成矽沉積物，因此具有填充體的產生。測試 10 種 Calamus merrillii Becc 類藤材之矽成分，發現其灰分中含有 44-48% 之矽含量，且直徑越大其含量越高。

14.3 竹藤物理性質

臺灣產不同竹齡之竹材基本性質如表 14-2 所示，高度約為 7.2 至 18.6 m，其中孟宗竹和綠竹較矮，麻竹和莿竹較高，(谷雲川、邱俊雄 1972)，胸高直徑為 4.7-11.7 cm，其中較小者為桂竹和綠竹，較大者為麻竹和竹變，生材含水率為 36.61-69.65%，竹齡越小則生材含水率越高。(谷雲川、邱俊雄 1972) 呂錦明和劉哲政 (1982) 探討孟宗竹之稈壁厚度，顯示在稈基部者最厚，離地越高越薄，節間隨高度上升而增長，至中段附近又會隨高度上升而變短之趨勢 (呂錦明 and 劉哲政 1982)。

竹材與木材具有相同的尺寸不安定性，竹材在生材乾燥後，長度、寬度及厚度收縮平均為 0.397-0.1162、1.837-2.806 及 1.482-2.094%，顯示寬度收縮率最大、厚度次之、長度最低，厚度收縮率最高為桂竹，最低者為長枝竹，孟宗竹則為略為膨脹的現象，其不同竹材方向、部位及種類影響收縮率，此因竹材顯微結構之維管束於內外側之密度不同，竹材在乾燥過程中應如木材乾燥同注意其尺寸不安定性，避免其劈裂等缺點。

竹材之比重影響力學性質，比重分布值範圍甚廣，比重與竹稈部位、竹齡、立地條件及竹種等因子有關。竹稈上部和竹壁外側比重較大，基部和竹壁內側比重較小；竹材比重隨竹齡增長而提高。立地條件同為影響因子，降雨多、溫度高條件佳者，竹生長快，因此竹材比重低；反之立地條件不佳者，即降雨少、氣溫低地區，竹生長慢，則比重大。

國產竹材機械性質研究報告指出竹材強度性質隨竹齡及竹稈高度部位而變異，竹材強度在竹齡約 3 到 5 年達最高，此與竹種及化學組成影響，竹材強度由稈部上部向下部方向遞減。同比重之竹材具有高於木材強度之特性，竹節降低一般強度性質，然而在縱向剪力方面，則有增加強度之影響，說明竹節對竹材原稈剛性之重要性。台灣各竹種之機械強度如表 14-3，結果顯示同具稈部上部向下部方向遞減趨勢，抗彎和橫壓強度以桂竹最高，麻竹為低；縱壓強度則以孟宗竹最高，麻竹最低，顯示竹種對於機械強度之影響。

表 14-2 臺灣產竹材之基本性質				
竹種	竹齡（年）	高度（m）	胸高直徑（cm）	生材含水量（%）	比重
桂竹	1	11.5	5.8	47.35	
	2	11.2	5.3	42.35	0.709
	>3	10.8	5.2	38.84	
麻竹	1	18.0	11.7	69.65	
	2	17.5	10.7	54.97	0.459
	>3	15.2	9.1	40.95	
莿竹	1	18.6	9.5	66.64	
	2	18.0	9.0	45.90	0.601
	>3	16.6	8.4	42.19	
長枝竹	1	11.0	5.9	56.65	
	2	11.2	6.0	44.10	0.729
	>3	10.5	5.3	38.78	
孟宗竹	1	8.2	6.6	43.72	
	2	8.0	6.2	41.11	0.721
	>3	7.2	6.4	36.64	
綠竹	1	9.0	5.1	61.31	
	2	8.0	4.7	48.72	0.671
	>3	7.2	4.7	47.87	
竹變	1	16.8	9.9	63.90	
	2	13.3	8.2	51.95	0.734
	>3	13.2	10.2	38.81	

（馬子斌，1964, 谷雲川和邱俊雄，1972）

表 14-3 竹材之機械強度							
竹種	竹材部位	抗彎強度 (kg/cm²)		縱壓強度 (kg/cm²)		橫壓強度 (kg/cm²)	
		平均	總平均	平均	總平均	平均	總平均
桂竹	Bottom	294.5		596.3		154.3	
	Middle	269.3	311.4	664.3	638.7	223.4	216.9
	Top	380.4		655.7		273.2	
麻竹	Bottom	48.5		306		35.8	
	Middle	67.9	66.1	398.1	390.2	50	51.8
	Top	81.9		466.5		69.7	
莿竹	Bottom	168.3		510.8		47.1	
	Middle	107.1	132.9	498.7	502.6	59.2	66.4
	Top	123.2		498.4		93	
長枝竹	Bottom	366.3		552.3		72.9	
	Middle	243.4	196.2	629.8	606.2	99.2	100.5
	Top	278.9		636.5		129.6	
孟宗竹	Bottom	71.2		550.3		113.6	
	Middle	106.4	120.7	702.3	648.2	167.8	167.7
	Top	184.6		692		221.7	

（蔣福慶，1973）

14.4　竹藤加工處理

竹材和藤材為快速生長且再生性強的生質物，為森林重要產物，應用於產品前再經由加工處理將使其在使用過程可保持其顏色、耐久性及機械強度等特性，竹材加工方法以使用型態分類整理如下：

14.4.1 原竹使用

一、乾燥

竹材含有大量的澱粉，易受竹蠹蟲或其他生物性的危害，因此可利用對高溫乾燥（110℃）方式處理，成熟竹材可製作建築物及家具，如竹屋、竹圍籬、竹涼亭、竹搖籃、竹椅、竹家具、竹筷、竹童玩等。

二、編織

利用竹片、竹篾編組成型製作器物，如竹面板、竹編板、竹簾、竹畚箕、竹簍及漁牧用具等；竹編藝品則具特殊工法及工序，成為高價值的工藝品。

三、竹雕

使用刀具雕刻、氣動雕刻、噴砂、雷射
雕刻及 CNC 自動控制等竹材加工技術。

四、保綠

竹材的澱粉含量高，比木材更易受生物
劣化因子如菌類、白蟻、蛀蟲等危害，
為突破竹材易腐朽的問題，為擴展竹材
加工利用之領域，進行竹青保綠處理，
使竹材於製作產品後仍能保持原綠色外
觀，竹青保綠處理前，必須先將竹材以
鹼性藥劑進行前處理去除表面之蠟質薄
膜及矽質細胞，竹青保綠藥劑為水溶性
或醇溶性銅鹽類藥劑，室內環境可保良
好的綠色堅牢度且具有耐腐朽性。

五、煙燻

將竹材置入封閉空間內進行煙燻或表面
碳化處理，竹材表面除了具有均勻的棕
色外，同時可使竹材維持表面的光澤。

六、熱處理

研究指出熱處理溫度 170-230℃，加熱時
間 1-4 h。隨熱處理溫度及時間增長，質
量損失率呈顯著地增加，其絕乾密度、
平衡含水率及尺寸收縮率皆為降低之趨
勢，且在 210 與 230℃處理者具有提升
竹材耐腐朽性質。

14.4.2 竹層積材

以竹材為原材料，經積層、膠合熱壓而
成的竹層板；依其厚度有不同的用途，

成為綠色環保資材的首選。目前已大量
應用於現代生活的日常用品、家具和裝
潢用材，並發展出竹地板及建材。

14.4.3 竹展開板

成熟竹材為材料，將竹材連皮展開，再
劈成竹蔑或竹片，並加工製成竹平板或
貼面合板，以提高竹材利用率。

14.4.4 竹粒片

為竹材與其它材料的摻合，利用各材料
的不同特性，可達功能性的複合效用。
如竹塑材的開發或為增加柔軟度。

14.4.5 非原竹型態使用

一、製漿

擷取竹原料中的纖維，經由蒸煮漂白加
工製作而成可做為造紙原料。

二、炭化

竹材經煙燻、氣乾後高溫炭化燒製而成；具有絕佳的吸附力與過濾特性。竹炭廣泛應用於淨化水質改良、吸附、紡織品、食品、口罩、建築裝潢及農業土壤改良等。為竹材炭化過程中因熱裂解反應、煙霧和水氣經熱交換急速冷卻後所得到的液體，具消毒、除臭、忌避害獸及農業土壤改良等功能。下節中將詳細介紹。

三、液化

竹材可取代木材做為化學原料的來源，以酚或多元醇為液化藥劑，強酸為催化劑進行液化處理，研究結果發現酚液化竹材可製備 Resol 型水溶性、Resol 型醇溶性及 Novolak 型酚醛樹脂 (Phenol-formaldehyde resin)，多元醇液化竹材可應用於製備聚胺基甲酸酯 (Polyurethane) 膠合劑及發泡體。

成熟藤類取其莖部去除葉鞘做為使用，大徑和小徑藤各取 2.5-3 m 和 5-9 m，目前可購買之藤材型態可分為三類，為未加工之原藤 (Raw rattan)、藤材和家具，藤材由處理程度不同可分為刨光 (Deglazed)、清潔硫化 (Washed and sulphurized) 半成品 (Semi-finished)、成品 (Finished) 和藤條 (Split)，清潔硫化藤為東南亞之初步加工步驟，去除表面矽化合物及葉鞘等，以硫磺煙燻 12 h 再乾燥，硫磺可使其漂白及減少蟲害。

14.5　竹材及竹炭之利用

14.5.1 竹材利用

竹材質地輕、強度高，且有優良之機械與物理性質，竹材相對木材之收縮膨脹率較小，靜力彎曲強度、彈性係數、順紋抗張強度及順紋抗壓強度較多數木材高，竹材之平行竹纖維方向能承受的抗拉強度超過木纖維 10 倍以上，強度近似而超過混凝土。由於價格低於木材，因此早期即以竹為重要之結構用材，傳統建築屋可見常採用竹材為其樑架，日式建築亦見編竹夾泥牆，以竹編敷泥之骨架，固定於柱與貫構材上。現代化竹造建築須經過適度設計，兼顧多種面向，包括竹建材之物理及機械特性之選擇，選擇竹齡較高者其比重漸增，如以抗彎強度為設計要求項目，桂竹及莿竹則為三年竹齡為最大值，麻竹及孟宗竹則以四年為佳，長枝竹則需五年。可利用前述物理及化學處理對抗生物劣化及保綠之方式改善建材，如層積竹材之開發，為竹在建材利用以及竹結構設計增加其不同尺寸變化，利用竹片厚度及寬度方向層積，可長度方向以延長，可製造實心樑柱構材，新技術擴大應用範圍，藉

由層積竹建材的開發，層積竹材之斷面尺寸多呈矩形，平坦的材面在鐵釘及螺栓的施作方面，使其如同木建材使用方式，其竹材間之接合問題也能解決，就能以工業化大量、快速生產為竹建材，且使用竹材較木材增加更多碳吸存量，未來使用竹材為重要趨勢。

竹材為經常被拿來做農具、漁具、生活用品等日常生活用品材料，增加便利的生活機能，目前可應用於家具、竹編工藝品及餐具等，竹膠合板強度及台灣六種經濟竹種目前已使用在各種民生用品，經統計莿竹以農用及魚塭擋風牆為大宗，每年約需使用重量約 420 公噸，長枝竹則用於蚵架，每年約需 1,920 公噸，蚵架使用竹材有孟宗竹、桂竹及長枝竹等，其中大宗者為孟宗竹約 40 萬支，因可維持兩年，桂竹及長枝竹約為一年，孟宗竹另可應用於工程和廣告鷹架，約各需

原竹 11,250 和 2,150 公噸，桂竹也應用於生產竹劍、建築工程用竹編、竹蓆、竹簾、竹串、香蕉柱、蚵架、竹竿、掃帚柄及農用支架等，每年約需 61,068 公噸。竹材具有取代木材為材料製作工藝品之潛力，目前台灣具有許多竹藝品專家及公司投入，如大禾竹藝工坊研發茶組、名片盒、相框等竹製精品，悅山工坊利用煙燻竹材製作精緻文具及生活用品，澀水竹炭工作室製作之帶柄竹炭杯，且多名竹編名家以高超技巧創作多項竹編藝術品等，展現台灣於竹製工藝品上之成就。

14.5.2 竹炭利用

炭材 (Charcoal) 與活性碳 (Activated carbon) 的製程與用途不同，炭材是以炭化方式，而炭化為熱裂解過程，限制空氣或隔絕空氣缺氧環境下加熱，使其化學成分熱分解而形成以碳為主體的結構，因此產生微米及奈米級之多孔性構造，由於炭化過程碳氫化合物生成，並附著於炭材結構進一步可能阻塞部分孔洞，降低炭材比表面積而影響吸附能力，因此可利用物理氣體活化法或化學藥品活化法將碳氫化合物去除，增加孔隙率並使比表面積增加，因此活性碳具有吸附能力。由於竹炭具有多孔性，因此具有許多機能性，如吸附特性，多孔性使比表面積高，可吸附化學物質，如苯、氨、甲醛等有害物質，並擁有調節濕度、特

殊導電性、尺寸安定性、電磁波屏障能力等特性。

如應用生質炭與其他高分子材料結合，則可利用竹炭所具備之特質增加複合材料功能性，開發多功能性複合材料。竹炭粉添加對聚乙烯醇／矽氧混成材料性質之影響，由其結果得知添加竹炭粉將改變此混成材料之力學性質及耐熱特性。將四乙基矽氧烷之預聚物與溶劑型聚醋酸乙烯樹脂及竹炭粉混合後可乾燥成膜而製作有機 - 無機混成材料。二液型水性聚胺基甲酸酯樹脂樹脂混合微米竹炭粉調配塗料，其結果指出此塗料之抗黴、抗白蟻及抗菌性能優於市售木材塗料。以多元醇分子量及添加竹炭粉為變因，探討水性聚胺基甲酸酯樹脂性質的影響。上述研究顯示添加竹炭材料可增加複合材料的功能性，且同樣具有材料本身的機械或化學性質，可增加竹炭之應用範圍。

14.6 藤材料利用

藤材之應用相當廣泛，民國 51 年至 66 年期間，每年產量約為 36 萬至 236 萬間，目前則以進口為主，如日常生活中可見的如藤床、藤椅或藤籃、藤椅、藤箱、魚簍等，在原住民的生活中，台灣產藤以黃藤品質最佳，其莖部外皮短直刺，長度可達 200 m，強韌富有彈性，成熟尚未完全木質化的莖，可以用來製作各種家具和工藝品，另可黃藤編織材料可使用於木質建築物之樑柱固定，黃藤同為原住民重要纖維料作物之一，如 2018 年林務局嘉義林管處提供 600 公斤黃藤建造鄒族代表性的建築物男子集會所 Kuba，其樑柱固定即以黃藤為主，另外鄒族早期網袋、背籃多由黃藤及竹材編製而成。

▲ 圖 14-5 黃藤建造建築物男子集會所 Kuba 圖〔林務局網站〕

14.7　練習題

① 請說明竹籐材之組織構造及其分類。

② 請說明竹籐之物理及化學性質。

③ 請說明竹籐之加工處理及其利用。

📖 延伸閱讀 / 參考書目

🌲 呂錦明 (2001) 竹林之培育及經營管理。林業研究叢刊 135。

🌲 谷雲川、邱俊雄 (1972) 臺灣主要竹材形態及化學組成試驗。臺灣省林業試驗所合作報告 20。

🌲 許玲瑛、李文昭 (2011) 六種臺灣常見竹材之型態特徵及熱解產物。林業研究專訊 18(1): 37-42。

🌲 唐讓雷 (1989) 竹材之強度性質。林產工業 8(3): 65-78。

🌲 蔣福慶 (1973) 臺灣產主要竹材之物理性質試驗。林業試驗所報告 241。

木質構造建築

撰寫人：葉民權　審查人：王永松

15.1　概說

木造住宅又可稱為都市內之森林，可以固定 CO_2，在生產人工乾燥製材作為綠建材時，每立方公尺可以固定 150 kg 的碳，而鋼材則釋出 5,320 kg 碳，混凝土則釋出 120 kg 碳，木造住宅在解決地球環境之優越性由此可知。在日本之相關報告指出一棟 41 坪 (136 m²) 的標準木造住宅之建材碳排放量為 5,140 kg，混凝土造住宅則排放 21,814 kg 碳，而鋼造預鑄住宅也大量釋出 14,743 kg 碳，同時木造者可進一步貯藏 5,670 kg 的碳，可見木造建築對於環境之負荷較小，足可作為台灣發展綠建築之標的。

在加拿大木材委員會所作的建築分析中亦指出，若以生命週期分析 (LCA)，一棟 1,400 坪的三層辦公室，作有關建材、能源消耗以及氣體、液體、土地等之環境影響評估時，在總耗能方面木結構設計最少，而混凝土結構為木結構的 1.5 倍，鋼結構則為 1.9 倍。木結構建築物之溫室氣體散逸量最低，鋼結構則為木結構之 1.45 倍，而混凝土結構則為 1.81 倍。所造成之空氣污染指數也以木結構為最低，鋼結構則為木結構的 1.42 倍，而混凝土結構則為 1.67 倍，水污染指數鋼結構在鋼材製造過程中，對水污染的衝擊有相當大的影響，是木結構的 120 倍，而混凝土結構則為木結構的 1.96 倍。

資源之取用對環境的衝擊十分複雜，木結構設計的生態資源利用衝擊指數為最低，鋼結構為木結構的 1.16 倍，而混凝土結構則為 1.97 倍 [葉民權，1999]。由此可見木質構造建築最能符合台灣所推動之「綠建築」的目標，宜加強推廣及利用，加拿大為推動使用木材在 BC 大學所興建的 18 層木造學生宿舍，要較類似混擬土建築即能減少二氧化碳散逸輛 500 噸。

木造建築質量輕對抗震的效果佳，適合在環太平洋地震帶之建築如在日本、台灣等東亞及南亞地區。木造建築主結構多採用針葉材，其設計之材料重量僅為鋼筋混擬土材料的 20%，一棟木造住宅的總靜載重也僅為鋼筋混擬土住宅之 10~15%，就抵抗地震力而言有其優勢。

木造建築之防火可透過大斷面梁或柱的燃燒安全斷面設計，以及結合石膏板或矽酸鈣板組成牆體達到防火披覆目的。在標準加熱試驗下鋼材及鋁材在 5~10 分鐘內強度降低至 20%，而木材則超過 30 分鐘，透過木材表面炭化形成保護層的機制，木梁或木柱可以達到 30 分鐘或 1 小時防火時效的設計，不同樹種如杉木、

柳杉、台灣杉及其他商用大斷面木構材會有不同的炭化深度。

一般木造住宅建築的耐用年限在各國均有不同的認定，在日本為 30 年，在美國及加拿大分別為 84 年及 56 年，如保養維護適當其使用壽命將會更長，在美國南方與台灣緯度相近的濱海城市紐奧良還存在許多 1850 年代的高級木造住宅。

在北歐森林資源豐富的瑞典及挪威的木造住宅使用年限為 95 年及 87 年。在台灣少數古老的木造廟宇如台南大天后宮亦有可追溯到 1865 年之杉木柱構材，台中文昌廟有可追溯至 1871 年的樟木柱構材。

15.2 木質構造建築種類

木質構造建築之結構形式可區分為承重牆構造、柱梁構造以及此兩種之複合構造，用以傳遞承載垂直力及側向力。依所組成的木質構材之形式及建造工法可進一步區分幾種主要類別，說明如下：

15.2.1 框組壁構造住宅建築

為北美主要木造住宅建築施工之方式，稱為輕型構架施工 (Light framing construction)，在日本又稱為 2×4 工法，主要是採用 2 英吋系列結構用製材品進行施工，常用之木材種類包括南方松、雲杉 - 松 - 冷杉類、花旗松 - 落葉松類，以及鐵杉 - 冷杉類。一般以 204 及 206 規格為牆體間柱，208 及 210 規格為樓板托梁，210 及 212 規格為屋頂椽條，並以制式之間距 300 mm、400 mm 或 600 mm 進行施工，透過結構用合板或長薄片型粒片板 (OSB) 組合形成堅實之木質剪力牆牆體及版構造為其特點，用以承

載垂直力及水平地震力或風力。屋頂結構除可採用椽條人字形結構，隨著加工技術進步及施工效率考慮，木桁架系統會成主要結構。當需要有高承載考量時，可採組合梁或組合柱之運用成為大斷面尺寸之構造。框組壁構造之組立是採用金屬連結件為主進行接合。

施工方法又可區分為平台式及輕捷式結構，前者施工時依每一層樓之樓板及牆體分段組合，由於省工有效率而成為主要之工法，後者是牆體需一次組合至屋頂層，較為費人力及工時。

15.2.2 柱梁構造住宅建築

為日本主要木造建築施工方式，木結構系統之受力行為是透過柱構材及梁構材承載為其特點，在外觀上可區分為大壁造及真壁造型式，前者是梁柱構材隱藏在壁板內，類似北美住宅，後者是柱外

露於牆體，與北歐之木造建築相似。梁柱構造之組立採用榫接及金屬連結件併用之方式，常用之木材種類包括柳杉、鐵杉、檜木等。柱構材尺寸介於 100~180 mm，一層建築以 105 及 120 mm 角材為主，二層建築以 120 及 135 mm 為主，間距多介於 0.9~1.8 m。外牆之梁多採用與柱相同之尺寸，斜撐之寬度尺寸為 90 mm，厚度介於 30~90 mm，間柱間距為 450 mm，其尺寸介於 40×45 mm 及 30×100 mm，均視組合工法而定。除了採用木板灰泥牆體，牆體亦可採用結構合板形成剪力牆結構，用以抵抗水平之側向力。樓板梁寬度尺寸為 105 mm，梁深介於 210~330 mm 視跨距空間而定，大空間則在托梁下方另加小梁。屋頂結構可採用山形構架 (和小屋組) 或是桁架構架 (洋小屋組)。

15.2.3 原木 (圓木) 構造住宅建築

源自早期之粗獷原木建造住宅，至今成為渡假旅遊之精緻木屋或是高價住宅，在歐美地區多建於山區、鄉村或森林遊樂區。利用原木段或經過簡單成型加工之較大實木，以水平層疊或是垂直並列成為牆體，並成為此種木構造之特色，常用之木材種類包括西部側柏、鐵杉、雲杉、松木等。除了直接採用原木為構材者會保有直徑外，經過量產之規格化構材尺寸多以 6×6 或 4×6 規格及 6 英吋直徑規格為主，斷面多樣如單弧 (D-log)、雙弧、矩形或是圓形，以形成不同之牆體外觀。原木牆在層疊組立時透過舌槽榫接固定並以螺桿及螺帽將整片牆鎖緊，在下方並埋入基礎牆固定。另一方法是利用大木螺釘或道釘分層自上層原木固定於下層原木，如砌磚之過

程依序堆疊完成牆體。兩面牆之原木在牆角處彼此交錯搭接或以鳩尾榫接以加強結構剛性為一重要的步驟。屋頂結構採用原木組合之桁架系統，亦可用框組壁結構材或角材以椽條形式組合。

15.2.4 預組式木造住宅建築

為節省施工工時或提高施工效率以降低成本，所開發之木造房屋系統，透過設計與規劃可在生產線上先行完成局部的房屋單元甚至是整棟房屋，然後再運送到工地經過簡單快速安裝完成，或是整棟房屋運送到基地直接固定完成。預組式木造結構依不同的開發系統而有不同形式，大致區分成四類，板型預組結構系統是牆板、樓板、屋頂板全部以具承重性能的木質板組立；構架及填充預組結構系統是先行組立梁柱結構之骨架，再直接以木質板包封。單位容積預組結構系統則是將已完成的每個空間在工地直接堆疊組合完成一建物。複合式預組結構系統則是混合上述三種生產線完成的結構單元在工地完成組合。結構單元上的有關門、窗、樓梯等開口之作業，均已在生產線上依設計加工完成。由於運輸上的限制，一般預組式木結構之規模較小，所使用之木材尺寸也較小，牆體厚度也較薄。

15.2.5 板式木造建築

以木質板類為木建築主結構的構件，可應用於牆體、牆板以及屋頂之組合為其特點。其中直交集成板(Cross-laminated timber, CLT)為木質板中重要之工程木材產品，常用之木材樹種為歐洲雲杉、松、柳杉、黑雲杉、放射松等，板厚度一般是3~9層，其大面積尺寸可達 2.4 m×16 m，可直接作為板式木造建築之主結構，或是以集成材 (Glulam) 大型梁柱構件配合直交集成板類牆體及樓板之結構。直交集成板於 1990 年代源自歐洲發展而成，為木造建築開發之重要里程碑，除一般住宅外，主要應用於中高樓層之公寓、辦公大樓、大型商場等木造建築，在英國、德國、挪威、奧地利及澳洲等常見者多在 6~14 樓層，突破一般木構造建築高度之限制，在英國有高 300 m，80 層之超高層木造建築規畫，在日本亦有 350 m，70 層之超高層木造建築之規畫。

直交集成板可依設計需求，先行在生產線上進行加工，再運至工地直接組裝，其精準度高、組合效率高、作業成本低，可大幅提升此系統建造之競爭力。

15.2.6 傳統木造建築

台灣地區早期之木造建築主要為柱梁結構系統，在承重牆構造方面則是在屋頂系統之擱檁結構部分應用木材，或是在內部空間複合以柱梁結構之混合構造。柱梁結構系統依構架組合之方式又可區分成三種，第一為穿斗式構架，主要見於住宅之應用，一般豎向柱之間距較窄，並以橫向之貫或是貫穿枋穿透柱之榫孔

進行連結，牆體則多以木板牆或是編竹夾泥牆填充於柱間，柱與貫構材多採用製材品或圓木，而屋頂之檁或梁多為圓木，其間距（步架）約 60~70 cm。所使用之木材樹種以杉木為主約佔 60%，檜木次之。第二種為抬梁式構架，主要用於減少柱數量增加室內寬敞之空間，常見於大宅院或寺廟。構架上方之各檁或桁構材透過短柱（瓜柱）之承接，座落於橫梁（通）上，形成二通三瓜或三通五瓜等之結構，最後整個屋架梁結構再由兩端之柱構材承接。第三種為疊斗式構架，與抬梁式構架相近，用以承載桁檁的瓜柱轉成斗拱層疊，並透過橫向之束隨、看隨、束木及員光等輔助構材以增加屋架穩定性及裝飾性。抬梁式及疊斗式木構架系統多在寺廟及古蹟建築可見，且主構材大量採用原木形式，所使用之木材樹種以杉木為主約佔 70%，其餘包括檜木、柳杉、肖楠、樟木等。

15.2.7 其他建築

由於結構用集成材工程木材之開發，木結構系統可在長跨距、大空間的領域發展，透過曲面設計、桁架結構、拱結構的運用，木構造在教堂、車站、會堂、展覽館、體育館、廠房、商場、巨蛋等造型多樣化建築均有發揮空間。日本在 1990 年代興建許多木造巨蛋，其中秋田縣的大館樹海拱型木造巨蛋棒球場，高度 46.2 m，最長的結構用集成材拱梁跨距為 175 m。在台灣有台東史前博物館、車埕林業展覽館、台中大墩國小體育館、阿里山火車站、高雄民權國小圖書館等均為突破傳統木造之木材尺度限制之案例。

表 15-1 結構用木材常用樹種分類		
針闊葉樹別	類別	樹 種
針葉樹	I 類	花旗松、俄國落葉松
	II 類	赤漢柏、扁柏、羅森檜、南方松 [1]
	III 類	赤松、黑松、落葉松、鐵杉、北美鐵杉、南方松 [1]、世界爺
	IV 類	冷杉、蝦夷松、椴松、朝鮮松、柳杉、西部側柏、雲杉、杉木、 台灣杉、放射松
闊葉樹	I 類	樫木
	II 類	栗木、櫟木 [2]、山毛櫸 [2]、櫸木、油脂木、冰片樹、硬槭木
	III 類	柳桉

註：[1] 硬木類之南方松歸屬 II 類，軟木類之南方松歸屬 III 類；[2] 櫟木、山毛櫸之平均輪寬寬在 1 mm 以上。

15.3 木質構造建築之設計法 - 容許應力設計法

15.3.1 木材之容許應力

在木構造建築物設計及施工技術規範所採用的木結構安全評估決定方法為容許應力設計方法，其原則是以估算的木構件實際應力去驗證是否小於或等於木材相對應的容許應力。大多數的木材容許應力值基本上是依據統計上的 5% 除外水準為基礎推導所得，以獲得安全的設計。在規範中首先將常應用於木構造建築物的樹種依其相近的強度特性合併歸類成針葉樹四類及闊葉樹三類，如表 15-1。

同時將各類結構用木材再區分為普通結構材及上等結構材兩等級，以利設計時之結構應力分析，另將 CNS 標準中各類結構用材分級中所區分的特級、一級及結構級等木材歸為規範中訂定的上等結構材，其他等級木材歸為普通結構材。

依上述七類樹種以及兩種等級可分別提供不同特性之容許應力，包括平行及垂直壓縮應力、拉伸應力、剪斷應力、彎曲應力以及彈性模數，以供木結構在不同設計載重條件下，驗證各構材可能產生之應力是否安全。

木構造建築施工所採用的結構用木材應採用乾燥木材，其平均含水率在 19% 以下，容許應力值亦係依此乾燥水準運用。當使用環境係經常在濕潤狀態下，則容許應力值以 70% 折減，當使用環境係直接暴露在雨水狀態下，則可視實際狀態折減 80%。

木材的強度與載重持續的時間有很密切的關係，因此容許應力在運用時，又視載重組合之不同可區分為長期容許應力

及短期容許應力，一般的使用狀態是依長期容許應力進行設計，當考慮到風力、地震力、雪及火災等場合時依短期容許應力進行設計，亦即是採用長期容許應力之 2 倍。

15.3.2 木質托梁構材之設計說明

木梁在設計上主要是承載垂直載重，當作為住宅樓板之架構時，最常使用作托梁或小梁構材，並以固定之尺寸及間距進行施工，當考量空間或跨距需求條件下，可在木材樹種、等級、斷面、間距等之間作適當配置，以達到結構設計之目的，同時設計之考量在力學上，通常須要分別針對靜曲強度、剪強度、梁撓度、梁端壓陷應力等性質一一核算。

15.4 木質家具之種類

家具產品與人們的生活起居十分密切，由於木材質感溫潤穩重，且加工容易，一直是製作家具產品的重要選項。各國家具因不同傳統文化薰染而形塑出不同風格。中式明清家具有方正造形及運用榫卯組合為特色；南歐西班牙及葡萄牙家具有大量運用壓花、刻花、燙金裝飾之特色；英國巴洛克風格家具的鑲嵌細工及彎弧形桌椅腳為特色；法國則為洛可可風格家具以及新古典主義的路易十六式風格家具；北歐具有優雅清新現代設計感的家具；美國風行美式維多利亞風格之家具以及亞洲的竹藤家具等均有其特色。

隨著消費型態以及工作環境的改變，家具呈多樣性改變，辦公自動化潮流形成OA家具，以開放性辦公空間提供不同形式、尺寸、顏色及材質家具組合，整合空間格局，動線處理、檔案管理、及資訊提供，可提高工作效率。拆裝式家具 (Knock-Down, K/D) 提供消費者自行組合簡易型的家具設計產品，此種家具改變了傳統的榫卯接合，新型金屬扣件及連結件的開發，使得容易拆開家具異地重新組合，除了簡化產品製程可精簡人力，同時產品包裝尺寸縮小大幅降低運輸成本。自組式家具 (Ready-To-Assembly) 類似 K/D 家具，僅是組合成家具後不再拆裝，因應消費者的需求，提升設計層次，也提升了價位，在設計及配件均優於 K/D 家具。

木質家具依功能與用途可區分成桌類、椅類、櫥櫃類以及床類，說明如下：

15.4.1 桌類

桌類家具為具備一平面可供人們從事文書活動或放置物品餐點用途者，依其機能可區分為辦公桌、餐桌、書桌、神桌、八仙桌、咖啡桌、茶几、會議桌、靠牆桌等。由於桌類家具需求大尺寸板面，因此實木桌加工多以拼板組合，其中西式家具多採用桃花心木、櫻桃木、櫟木、山毛櫸、胡桃木等，中式家具多採用黃檀、紫檀、鐵刀木、柚木、檜木、樟木、肖楠等。在平價產品中常採用橡膠木加工製造。中密度纖維板及粒片板由於板面平整及加工容易，經過貼面加工後亦廣泛應用於桌類家具之製造。

15.4.2 椅凳類

木質椅凳家具為供人們辦公、用餐、休息等用途之座具，常配合桌類為整體設計，如學生桌椅、餐桌椅、辦公桌椅、

茶几沙發椅、化妝台凳等，在各國之古典家具中風格亦常呈現在其椅凳類家具，在中式亦有典型之圈椅、燈掛椅、官帽椅、疏背椅、玫瑰椅、鼓墩（坐墩）、交椅、太師椅等。椅凳類家具依機能可區分為一般用椅凳、搖椅、躺椅、摺椅、沙發椅等。椅凳類之材料運用多採用如桌類之實木樹種，也常採用松杉等針葉材。椅框架組合常採用榫接及木釘接合，椅腳之成型中木工車床為重要加工程序，並形成不同之風格特色。由於椅凳結構之設計以精簡為主，木質複合板類中除了可彎曲加工之合板以外較為少用，竹籐材料之運用則常可見及，桂竹及孟宗竹常用以製作椅凳，黃藤用做編藤椅坐，主要商用之藤包括色牙藤 (Sega)、巴旦藤 (Batung)、道以治藤 (Tohiti)、倫地藤 (Lunti)、紅不律藤 (Hobilu)、瑪瑙藤 (Manuo)。經過油煮殺菌、防黴、防蟲、以及硫磺煙燻漂白處理，進行椅凳加工製作。

15.4.3 櫥櫃類

木質櫥櫃類家具為供人們存放或展示物品之用途，在不同場所各有不同之櫥櫃，如客廳之電視櫃、餐廳之酒櫃、門口之鞋櫃、臥室之床頭櫃及衣櫥、廚房之碗櫥櫃、書房之書櫃、矮櫃及簡易三層櫃等。木質櫥櫃類家具形式主要以木質板加工組合，除了櫃腳、櫃框及飾條為實木外，多數採用具貼面之合板、硬質纖維板、中密度纖維板、粒片板製造，所衍生之系統家具即為整合室內裝修及家具設計專業，提供消費者生活空間不同風格客製化家具組合之形式。

15.4.4 床類

木質床類家具為供人們睡眠用途之躺具，中國古代臥式家具中的典型代表為羅漢床，區分為三、五、七、九屏型式，常見雕刻及鑲嵌或是櫺門，材料採用黃檀、鐵刀木、紅木、雞翅木、烏木等貴重硬木或是楠木、榆木、櫸木、樟木、黃楊木、橡膠木等。現代之床具除木材材料外，常配合彈簧墊、海綿墊、絨布等以提高舒適性。床之結構支架如床柱或床腳主為實木加工，床頭及床尾板採用中密度纖維板及實木飾條加工，由不同結構材造形及飾條形成特有之風格。床板則以合板為主。

15.5　練習題

① 在地球環境永續理念下推動「綠建築」的目標，試從對環境的負荷面向說明木質構造建築的優越性。

② 木質構造建築可依所使用之構材形式及建造工法區分成不同之種類，試簡要說明主要的不同木質構造建築之區別。

③ 木質構造建築之結構設計係採用容許應力設計法，試簡要說明有關樹種分類、木材分等及容許應力分類之內涵。

📖 延伸閱讀 / 參考書目

🌲 內政部營建署 (2011) 木構造建築物設計及施工技術規範。內政部營建署 第 4~5 章。

🌲 王松永 (2014) 森林、木材利用與地球暖化防止之推廣。木質建築 18：56~77。

🌲 徐特雄 (1987) 家具結構及五金配件。正文書局 P266。

🌲 葉民權 (1999) 環保木造建築及其效益。木材利用與環境保護研討會論文集。中華林產事業協會 P1-18。

🌲 葉民權 (2007) 木質生態材料綠建築之應用。國立屏東科技大學農學院叢書 005 生態材料實習 P347-296。

🌲 Breyer, D.E., K. J. Fridley, K.E. Cobeen (1999) Design of Wood Structures. McGraw-Hill Company. New York, USA. P6-1-P6-94.

🌲 Faherty, K. F., T. G. Williamson (1995) Wood Engineering and Construction Handbook. McGraw-Hill Company. New York, USA. P4-1-4-77.

16.1　木構件及立木的應用

木材是重要的生態材料資源，臺灣地區木質材料需求量每年約 620 萬 m³，木質材料種類及性質的應用資訊是重要的議題；除了木材工業使用外，台灣地區古蹟及傳統建築物中，有 64% 屬於木構架為主，木構件（大木作）在使用的過程中（未落架），可能受到生物及非生物因子的影響及危害，造成木構件的位移、變形、腐朽、損害、白蟻蛀蝕等現象，對建物的安全性及文化保存性的影響很大，需要監測木構件的強度性質；最後，

木材來自樹木體，樹木以木材的形式存在時，樹木立木階段可能受到腐朽、白蟻、颱風、豪雨等因素的危害，造成對樹木健康性及安全性的影響，需要評估樹木結構性強度的健全性；無論新木料、未落架木構件、立木狀況，為了維持木構件及立木的原有作用及功能，又要評估強度性質，可採用非破壞性技術（Nondestructive technique, NDT）加以評估及診斷。

木構件及立木的非破壞性技術評估系統

第一診	第二診
目診(目視法)	含水率計
打診(敲擊法)	超音波或應力波法
觸診(工具法)	鑽孔抵抗法
其它:紅外線法	斷層影像法
	其它方法

檢測評估結果

決策:(換)新木料、修補(強)、監測追蹤

目視分等(目視法)　　打音或振動法
應力分等　　　　　　其他方法
超音波或應力波法

▲ 圖 16-1 木構件及立木材質的非破壞性評估診斷系統

所謂非破壞性技術是指不損害材料物體即有用途下，以感官、工具、儀器來評估性質或構造的方法，非破壞性技術有很多方式，但是基本上可以分類成四個大項，包括目視法、化學法、物理法及機械法等，由於科技發展快速，基於這些方法，更精確、更經濟、更方便的儀器陸續出現，因此目前有多的非破壞性技術評估使用的儀器設備，儀器設備有其專業性操作技術，建議需要由專業人員進一步實務性的檢測及推估較為妥當，而台灣地區木構件及立木材質的非破壞性評估診斷系統彙整摘要建議如圖 16-1 所示，實際採用時應該依據個案需求及狀況進行檢測評估。

16.2　目視評估法

16.2.1 前言

目視評估法係透過肉眼或利用放大鏡、顯微鏡等工具輔助加以觀察獲得的相關訊息，並以所擁有的經驗及知識為背景，加以推測材料或立木的材質，並判斷劣化或生物危害的原因及程度，以作為木構件材料或立木結構改善意見或建議。目視評估法是傳統木匠師或樹醫生（樹藝師）廣泛使用於木構件或立木的檢測與判斷，主要因為簡易、直接且便利可行。

16.2.2 木構件

大木構件目視評估應先對所需檢測構件進行材種鑑定，以了解木構材基本特性，並可提供未來修復或抽換時參考。接著進行目視分等，評估構件材質狀況。木材鑑識主要是判定木材之樹種，木材之鑑識方法是從以往之經驗，自然發展而來以肉眼檢視木材之外觀特徵而加以鑑別的方法，在實用上最為普遍而簡便，

但較為主觀。

中國國家標準 CNS 442『原木之分等』，將天然生針葉樹及闊葉樹原木可能產生的缺點依不同程度加以分等，缺點項目包括節、彎、鋸口縱裂、鋸口環裂、幹空、有償藕朽等。因為古蹟與歷史建築大木構件的缺點以縱裂居多，因此將針葉樹、闊葉樹之縱裂分等標準供作圓木構件損壞判斷之依據，其中縱裂係依其長度對材長之比率而定，同一端有兩處時以最長者為判斷基準；若在兩端，則以兩者最長者之和為縱裂長度。而日式與洋式建築通常以矩（方）形斷面木材為主結構用材，因此以中國國家標準 CNS 14630 針葉樹結構用製材分等之角材類為標準，角材係指構件最小橫斷面方形之任一邊 6cm 以上，寬未滿厚之 4 倍者。CNS 14630 針葉樹結構用製材標準主要規範供建築物之構造耐力上主要部分所使用的製材。其區分為目視等級區分製

材及機械等級區分製材。前者又區分成

(1) 甲種結構材：主要使用在高抗彎性能部分者，再依橫斷面尺度區分成結構用材 I 等及結構用材 II 等

(2) 乙種結構材：主要使用在抗壓性能部分者。

16.2.2 立木

樹木危險缺點的目視評估法，稱為目視樹木評估法（Visual tree assessment, VTA）是最早發展作為危險缺點的分析之過程，其使用樹木生長的反應及樹木的外觀表現的形式為基礎來檢測缺點，VTA是基於觀察及檢查或測定樹木生長有均勻分佈的應力，這個是涉及有關樹木整體的力學設計，主要是指樹木生長沿著樹木表面有均勻分佈的應力，長時間的發展下，樹木整體已達成平衡狀況，沒有超載或低載的位置點，在活動的形成層生長的結果下，樹木產生機械應力，機械強度分佈與樹木內部的組織構造有關，樹木生長的表現即顯示出樹木應力的模式。一般來說，當發現有不適當的任何連接物體，應被視為樹木缺點的標誌，例如樹幹上有膨脹或腫脹現象，表示有腐朽或空洞，有肋骨（rib）狀突起，表示有內部的破裂，一旦缺點確認之後，建議檢測法以決定缺點的程度、嚴重性及影響的重要性。樹醫生（藝家應該要有能力去觀察樹木的危險缺點，並解釋這些現象。

主要影響樹木強度結構的危險缺點項目，並建立檢查表（詳見表 16-1），七個項目分別為

(1) 腐朽的木材（decayed wood）

(2) 破裂（cracks）

(3) 根部問題（root problems）

(4) 衰弱枝條的連結（weak branch unions）

(5) 潰瘍（cankers）

(6) 不良樹體結構（poor tree architecture）

(7) 枯死幹枝（dead trees, tops, or branches）

以便現場檢查使用，這是簡易樹木外觀檢查項目。

樹木健康性檢查及監測的具體指標建議為

(1) 樹勢（茂密度）

(2) 樹形（完整度）

(3) 樹冠完整度（枯梢）

(4) 大枝條損傷及復原

(5) 枝葉密度（鬱閉度、樹冠密度）

(6) 葉的大小、顏色

(7) 樹皮外觀、腐朽

(8) 不定枝、萌櫱有無出現

(9) 傷材的發展（如修剪斷面或破損面）

(10) 有害生物疾病的出現

(11) 根部狀況

(12) 限制樹木生長發育的環境因素等。

上述指標可以藉由健全程度不同，以數字量化標準加以評定健全度。

表 16-1 樹木結構危險性檢查及評估表—目視樹木評估法	
樹木危險缺點	特徵項目 ■有檢出 □未檢出
1. 腐朽的木材	□ a 腐爛木材□ b 真菌子實體 (腐朽指標)□ c 空洞中空□ d 穴 □ e 內捲裂□ f 開放式爆裂□ g 木材腫脹 (不正常生長模式) □ h 昆蟲 (螞蟻、白蟻)□ i 其它：材質劣化
2. 破裂 (破裂木材， 癒傷組織)	□ a 衰弱枝條的劈裂 □ b 修枝處理造成 □ c 風力 (樹幹損害、滲液 [脂]) □ d 垂直的破裂□ d1 剪斷式破裂□ d2 內捲式破裂 □ d3 肋骨式破裂□ e 水平破裂□ f 縫線
3. 根部問題 (根及根領)	□ a 損害的根部 □ a1 死根部□ a2 缺根部□ a3 破裂根部□ a4 腐朽根 部□ a5 傾斜根部□ a6 真菌子實體□ a7 損害根部□ a8 切斷根部 □ a9 其它：昆蟲危害□ b 不適當的根部錨狀支持 (面積大小) □ b1 生長限制□ b2 盤根□ c 樹冠衰退或枝葉枯萎現象 (輕微) □ d 樹木新的或不正常傾斜□ d1 土壤小隆起□ d2 土壤破裂 □ d3 根部舉起□ e 有關土壤問題□ f 基部展開、根部上舉、根領下埋
4. 衰弱枝條的連結	□ a 分叉樹幹或枝條□ b 有徒長的枝條□ c 枝條連結有捲入樹皮 (內含 樹皮)□ d 枝條細長比值□ e 不定枝及水芽□ f 其它
5. 潰瘍 (樹皮破損、受傷)	□ a 潰瘍 (樹皮)□ b 真菌□ c 昆蟲 (白蟻危害) □ d 微生物 □ e 機械損害□ f 其它
6. 不良樹體結構	□ a 傾斜樹木 (幹) 或枝條□ b 樹幹上有引張及彎曲皺摺現象 □ c 徒長枝的樹木□ d 樹冠重心偏一側 (枝條分佈)□ e 活樹冠比值 □ f 樹高直徑比值□ g 尖削度□ h 其它
7. 枯死幹枝	□ a 枯死樹□ b 枯死頂部□ c 枯死枝條 (含懸掛)

16.3　非破壞性檢測技術

16.3.1 木構件

由於歷史演進及時代的變化，目視評估法及非破壞性檢測技術，有時區分為兩大類，有時目視評估法包括非破壞性技術 (儀器設備) 在內，有時非破壞性技術包括目視評估法在內，這也就代表因為檢測評估目的之不同，可以擇用這些目視評估法或非破壞性

技術的項目。木構件材質的非破壞性評估技術有很多方式，如果分類成四個大項，包括目視法、化學法、物理法及機械法等，如表 16-2 所示。由於科技發展快速，更多的儀器設備陸續出現，為了達到劣化木材的非破壞性評估，目前世界上使用的非破壞性評估使用的儀器設備如表 16-3 所示。

表 16-2 木構件材質的非破壞性評估技術
目視 (Evaluation of Visual Characteristics)
顏色 (Color)   缺點的種類 (Presence of defects)
物理性試驗 (Physical Tests)
電阻抵抗 (Electrical Resistance)   誘電性質 (Dielectric Properties)   振動性質 (Vibrational Properties)   波傳播 (Wave Propagation)   音放射 (Acoustic Emissions)   X 光線 (X-ray)
化學的試驗 (Chemical Tests)
化學組成 (Composition)   加工處理的種類 (Presence of Treatments)   保存藥劑 (Preservatives)   防火藥劑 (Fire Retardants)
機械性試驗 (Mechanical Tests)
抗彎剛性 (Flexural Stiffness)   試驗載重 (Proof Loading)   抗彎 (Bending)、引張 (Tension)、抗壓 (Compression)   探針 / 鑽孔 (Probes/Coring)

(Ross and Pellerinet 1991)

表 16-3 木構件材質的非破壞性評估使用的儀器設備		
公司	儀器名稱	檢測原理
Argus	Picus tree tomography	音響性斷層影像法 (Acoustic tomography)
Brookhuis Micro Electronics	Timbeer-Lumber Grader	共振法 (Resonance)
CBS-CBT	Sylvatest Triomatic Pollux	超音波法 (Ultrasonic) 超音波及機械法 (Ultrasonic+mechanical) 機械法 (Mechanical test)
CNS Farnell	Pundit	超音波法 (Ultrasonic)
Dimter GmbH	Dimter 403 Grademaster	機械法 (Mechanical)
Dynalyse AB	Dynarade Precigrader	共振法 (Resonance tool)
FAKOPP Bt.	Microsecond timer, 2D timer, Ultrasonic timer,Treesonic Portable lumber grader Screw withdrawal Resistance meter	音響性 (Acoustic tools) 共振法 (Resonance tool) 機械法 (Mechanical test)
GreCon	UPU3000	超音波法 (Ultrasonic)
IML	Resi Impuls hammer Fractometer	鑽孔抵抗法 (Drilling) 應力波法 (Stress wave) 機械法 (Mechanical test)
John Ersson Engineering AB	Ersson ESG 240	機械法 (Mechanical test)
Lemmens N.V	Grindosonic	共振法 (Resonance)
Microtec	GoldenEye ViSCAN	多重感應法 (Multisensory) 共振法 (Resonance tool)
Rinntech	Resistograph Arbotom	鑽孔抵抗法 (Drilling) 音響性斷層影像法 (Acoustic tomography)

(Brashaw et al. 2009)

16.3.2 立木 (樹木)

樹木在立木階段的健全性檢測評估，是基於樹木是一種生物及力學材料的特性，而樹木健全性評估的詳細程度，區分為初階、中階、高階程度的評估等級，主要檢測目的在於樹木的健康性及安全性評估，評估的嚴重等級是以風險程度作為概念，將樹木發生破壞或傾倒的可能性、打擊到目標物的發生機率、後果嚴重程度等三項作為風險等級的依據。

初階等級是最簡易快速的目視樹木評估法，檢查項目如表 16-1 所示；中階等級是較為進階的目視樹木評估法，或使用簡單工具進行樹木評估，目視樹木評估項目較為詳細，有制式的檢查樹木表，

通常設計作為是合格樹木醫師 (或稱樹藝師) 於現場中使用；高階等級是比中階等級更為詳細的樹木檢測，也就是使用不同儀器設備的非破壞性技術評估樹木，高階等級評估應該包括如下的樹木非破壞性技術之評估方法，採取擇用法，也不限制如下的方法，例如有 a. 枝條或樹幹缺點的空中評估；b. 鑽孔；c. 生長錐鑽孔；d. 有關於可能的或確定缺點的樹木或生育地歷史調查；e. 傾斜評估；f. 探針；g. 拉力測試；h. 輻射評估 (例如雷達，X 射線，γ 射線)；i. 抵抗阻力鑽孔 (鑽孔抵抗儀)；j. 音響性評估 (超音波、應力波等)；k. 打擊 (音) 法；l. 地表面下根部或土壤評估 (如表 16-4 所示)。

表 16-4 樹木結構危險性檢查及評估表─非破壞性技術	
方法	項目
1. 打診	打擊法判斷樹皮分離及木材中空：木槌、橡膠槌
2. 觸診	探針判斷腐朽，生長錐、鑽孔器、抵抗記錄鑽孔
3. 音響測定	超音波、應力波兩個探頭、多個探針、配合斷面影像
4. 其它儀器	樹木及土壤應用雷達、熱影像、X-ray 或 r-ray
5. 根部檢查	根領及主根檢查，小鏟子或空氣挖掘機、水壓機
6. 空中檢查	望遠鏡、空拍機、攀樹師、升降機
7. 拉力檢測	靜態、動態
8. 風力模擬	風力模擬模式及風力的風向圖
9. 解釋進階評估的結果	風雪冰等氣候極端等級對樹木的忍受度、幹枝強度損失及腐朽的計算、不對稱的腐朽、採取處置的建議及指導、根部腐朽評估

16.4.1 縱向打音技術 (tap tone method)

木材受外力振動時會產生共振頻率或自然頻率，振動或波動現象在知覺主觀上稱為音，音可沿著材料傳播，音速及彈性模數與木材強度有關，可藉此評估木材性質。打音技術是在試材一端敲擊使其產生振動，在另一端面附近以麥克風接收木材中的彈性波打擊音之傳播，利用頻譜分析儀 (FFT spectrum analysis) 將瞬間發生的打音波形分解成頻譜，由示波器中找出訊號並求出自然振動頻率，再計算音波及動彈性模數，藉此評估材料的優劣性。其實此法是振動法一種，由於未落架木構件或立木通常是固定狀況 (受制)，受此影響到振動特性的表現，進而造成材質評估的誤差，因此檢測時需瞭解真正的自然振動頻率值，所以對於新木料或落架木構件使用較理想。

其方法可使用打音測定儀 (FAKOPP Enterprise, Portable Lumber Grader)，以鋪有泡棉之木塊支持試片中央位置，以硬質橡膠槌敲擊試材之一端，打音由置於試材另一端之麥克風檢出，並輸入 FFT 頻譜分析儀，將瞬間發生之打音波形分解成頻譜，便可精密測量出其自然頻率，並由計算公式可計算出其波速與動彈性模數 (如圖 16-2)。如採用振動法 (如 AD-3552 振動監測儀)，可使用加速度規緊密接觸端部，測定其自然頻率或共振頻率，再計算波速與動彈性模數。

$$Vf = 2fr \times L$$
$$DMOEf = 4fr^2 \times L^2 \times \rho$$

Vf：縱向波速

L：試片長

fr：自然頻率

DMOEf：動彈性模數

ρ：木材密度。

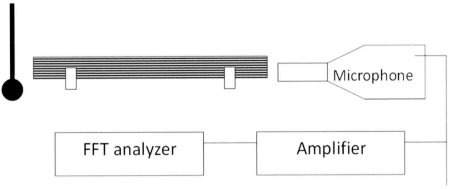

▲ 圖 16-2 打音頻譜分析之測定示意圖

16.4.2 橫向振動法

應用橫向振動儀 (Metriguard model 340 transverse vibration tester)，檢測試材的非衰減自然頻率，並進一步計算動彈性係數 (DMOEv)。

$$DMOEv =(fn^2 \times W \times L^3)/(K \times b \times h^3)$$

W：試材重量

L：跨距

fn：非衰減自然頻率

K：常數 =79.5

b：試材寬度

h：試材厚度

安裝示意圖

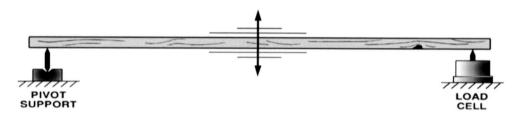

PIVOT SUPPORT

LOAD CELL

橫向振動及載重感應器

▲ 圖 16-3 應用橫向振動儀檢測木構件示意圖

16.5　打診法及觸診法

16.5.1 木構件

敲擊檢驗法係傳統匠師以塑膠質、木質榔頭或其它物質敲擊木構件表面，藉由發出的音響特性及配合目視觀察等方法，綜合各種訊息來判斷木構件的材質狀況，藉此判斷劣化或生物危害的原因及程度，以作為大木構件評估與維護改善之道。

敲擊檢驗法在傳統古蹟大木構件的材質判斷上扮演很重要的角色，此種利用材料的音響特性加以判斷材質優劣情形，主要作為木構件內外部腐朽或蟲蟻危害、表面補修與否、材質鬆軟程度或變異等之判斷。

探針檢驗法係木匠師利用布袋針或類似針狀物，由木構件表面之裂縫或破裂之處，刺入木材中心部以探測內部損壞程度，藉此檢驗劣化或生物危害的原因及程度，以作為大木構件維護改善之道。

16.5.2 立木

應用木槌或橡膠槌已手持敲擊樹幹的樹皮上，或是敲擊在已經暴露的木材表面上，操作者要憑著經驗，並可以解釋產生的聲音是否為中空、嚴重的腐朽或是健全的木材部位，這個方法是高度的主觀性，並且依據操作者的經驗及解釋技巧，當樹木內部腐朽存在時，藉由打擊樹幹上的樹皮判斷，注意不要誤判聲音的特性，這個方法是非入侵式、便宜的、好攜帶的、不需要維護的優點。

以金屬桿是直徑 0.95 cm 的檢測桿，可以使用去探測樹幹及樹根組織是否正常或腐朽，為了檢測樹幹空洞的大小、破裂的深度、或者進階腐朽的存在，假如樹幹或樹根組織是嚴重的腐朽時，樹幹或樹根的質地會改變（強度減弱），因此容易使用金屬桿去檢測強度的減低現象。

應用生長錐（Increment borer）取樣樹芯試材，藉此了解樹幹內部木材腐朽與否及程度的方法，生長錐的組成，包括一個中空的管子，然後外部末端有一個螺旋紋，藉由螺旋可以轉進樹木中，並抽出一個直徑約 5 mm 的樹芯，在橫切面的這個樹芯可以檢查是否有存在變色或腐朽位置，腐朽的存在可以用手繪製沿著樹芯的長度和相對位置，很多的鑽孔在樹幹的周圍，依據取樣樹芯的長度位置，可以提供一個健全木材外殼厚度的測定。生長錐是不貴的、容易攜帶、有需要一些維護，然而，評估的方法是入侵到樹木內部，通常這個工具一般在使用的時候，造成腐朽檢測的最大直徑傷害。樹木有內部腐朽的時候，生長錐會打斷（破壞）樹中存在的障礙帶（barrier zone），有可能使木材腐朽區域發展到未損害的木材中。最後，假如鑽孔的尖端變鈍時，這個工具可能會塞住，移出樹木是困難的，有時腐朽部位的樹芯試材會破碎而不容易完整抽出，而造成阻塞或損害生長錐。

16.6 電阻性（含水率計）檢測法

通常木材含水率的高低與環境有關，當含水率較高時，木材較容易受到白蟻及真菌類的攻擊造成劣化現象，反之，木材可以保持較佳的保存效果，因此，檢測含水率偏高的區域有助於了解木材劣化的狀況及進一步檢測材質變化的重點位置，常使用的檢測法是使用電阻式及高週波式的含水率計來檢測木材含水率，原理為利用各種不同材料間的電導特性和水量成份的關係來尋求材料之含水率，儀器使用可以很快測得含水率的大小，不過含水率計有檢測高低的限制及誤差，正常狀況未落架的木材含水率應該不會超過 20%，儀器的誤差應該進一步校正。

16.7 表面腐朽檢測法

Pilodyn 儀器多應用在已腐朽或有疑慮的木質設施材質評估，其以鈍針（< 5 mm 直徑）在即有固定的能量大小下，射入木材表面，由於穿透深度與木材密度或腐朽程度具有密切的相關性存在，當鈍針打入愈深表示木材密度愈低，鈍針打入較淺表示木材密度較高，因此，材質劣化程度可以藉此評估，此儀器可以應用於評估遊樂區或生態工法的木質設施、大斷面構件、電桿的腐朽，或測定立木或木材密度。

木材表面腐朽偵測儀（Pilodyn）此亦可說是螺絲起子穿刺試驗之定量化的儀器，為特定廠商之商品化儀器，但此名稱已廣泛普及，所以就直接被使用。此儀器是將金屬棒（直徑 3 mm、長度 4 cm）以一定衝擊力打入木材中，進入木材中之深度會以數字表示。市售品之最大打入深度為 4 cm，針葉樹等密度較低材料，表層部之殘留強度是可探測出，但在節部分是無法使用。在針葉樹之中，年輪寬較寬，早材與晚材之密度差較大者，依取材或打入位置之不同，其所得數值會分散。但對於有些木材，只在最表層為健全，內部則完全被腐朽，或被白蟻危害之情形，此時在表面金屬棒之穿入會停止，所以內部腐朽是無法檢測出。

Pilodyn 之可攜性、堅牢性、迅速性等為其優點，對於在樑等作業較困難處，僅對於目視、觸診、含水率測定等被判斷有懷疑處，實施 Pilodyn 之檢測即可。Pilodyn 可推測木材的密度和強度，Pilodyn 在學術上之應用，包括有：木製電線杆的強度檢測，初期腐朽的發現，在森林的疏伐期間：伐除木材密度不足的樹木，疾病林木的儘早發現。

16.8.1 木構件

超音波檢測大木構件之方法是非破壞性檢測的一種，乃依據超音波在木材內部傳播速度與木材力學性質之間所呈現的物理原理，其中彈性模數 (Modulus of Elasticity) 是大木構件強度性質的重要指標，雖然掌控古蹟大木構件之安全性最重要的是破壞模數 (Modulus of Rupture)，然而大木構材之力學強度性質多與彈性模數呈線性正相關，所以大木構材之非破壞試驗常藉彈性模數之測定，來推定強度性質。

超音波檢測法的特性為 (1) 超音波主機體積小、重量輕及便利可行，惟不易檢測較高地方，(2) 超音波對人員及試材具安全性，(3) 操作及判讀容易，(4) 缺點嚴重時無法傳遞能量，無法檢測數值，(5) 部份木構件隱閉處無法檢測，如木構件交接處，(6) 無法判斷缺點的種類，僅可獲得整體材質狀況，其優點為 (1) 體積小、重量輕、便利可行、操作及判讀容易，(2) 對人員及試材無害，(3) 可檢測木構件的整體材質狀況，評估材質降等情形，並建立基本資料庫，其缺點為 (1) 無法判斷缺點種類及大小 (無法完全定量)，(2) 受木構件基本材質之影響如木理、比重、含水率等之影響，(3) 部份不能施放探頭處 (榫接或隱閉處) 無法檢測，(4) 缺點嚴重時無法測定、超音波路徑可能受缺點損壞程度不一或可能外加物之干擾檢

測，(5) 需配合其它檢測法進行評估，提高評估材質的準確性。

應力波法 (stress wave method) 的原理主要是以應力波速度作為指標參數，以決定木材強度及剛性。在實際操作上，是藉由鎚子的敲擊材料產生壓縮波 (compression wave)，壓縮波的速度由存在兩個轉換器 (transducer) 間的穿透時間 (transit time) 及轉換器間的距離加以計算，經測定木材密度後，可以計算應力波動彈性係數。

另外若使用應力波檢測的方法需要將感應器 (探頭) 置入材質中，因此將對材質造成部份破壞，一般不會輕易使用在材料上，不過在確定材質有疑慮下，為證明腐朽損壞的定量分析，可以使用此評估法，例如 Frank Linn 公司研發 Arbotom 儀器，此設備操作技術可以檢測出材料的平面或立體斷層掃描圖形，再利用此圖形進行影像診斷技術判斷內部材質優劣，作為木構件維護更新的基準。

16.8.2 立木

應力波或超音波技術除了檢測實大樑，積層材或電桿材外，同時是適合在生立木狀態健康性監測。一般而言，當應力波傳播時間 (us/m) 增加 30% 時，其強度下降 50%，傳播時間增加 50% 時，表示

腐朽嚴重。另一個簡單的計算方法是建立一個傳播時間 (1575 us/m) 基準值,當小於這個基準值時,屬於健全及健康材質,而大於這個基準值時,是腐朽及不健康材質,若以傳播時間 (us) 表示時,此基準值 = 1000 ~ 1300(針葉樹) 或 670(闊葉樹)× 應力波傳播距離。

應力波及超音波系列的儀器有很多種,都具有檢測危險樹木的效力,其中介紹音響性設備 (應力波計時檢測器),包括 Mertigard stress wave timer 應力波檢測計及 Sound impulse hammer 音響性打擊檢測計,應力波或打擊波傳播通過樹幹橫斷面的時間,所有的音響性設備是藉由音波在一個物體的傳播特性加以判斷,傳播性質與物體的密度有關,損害的木材通常密度較低,因為木材受真菌腐朽或是昆蟲咬食成孔洞,假如部份樹幹的損害或密度降低時,音的傳播時間會比健全木材大,當嚴重的缺點時,其標準是健全木材降低音速的 70% 以下時。

應力波檢測器雖然可以檢測樹幹內部的缺點是否存在,例如腐朽、破裂、孔洞,然而主要缺點是應力波檢測器不能繪製、定位和定量樹幹內部缺點的範圍,另外,應力波檢測器不能檢測確定腐朽的種類,例如,使木材腐朽時可能變脆的狀況。在木材密度降低時,會導致音速降低。

腐朽導致變脆的狀況時,而降低木材密度及彈性模數,但是,檢測的音速卻沒有改變,因此可能會誤判。

超音波檢測器的檢測跟應力波的測定是相似的原理,但是,測定傳播時間是由發射端探頭跟接收端探頭之間獲得,探頭必須直接接觸木材,並確定良好的接觸樹木,所以,需要移除樹皮進行檢測。與應力波檢測器相似,超音波檢測器可以檢測缺點的存在與否,但是不知道缺點的種類,也無法區分強度損失的程度,使用這些設備,不能使操作者測定,樹幹健全外殼的厚度,也不能繪製缺點的位置和範圍。從一些研究指出,這個應力波及超音波的檢測值,需要用標準參考值去做比較及評估。超音波裝置可以協助應力波檢測器不能檢測的木材是腐朽變脆的類型。不像應力波裝置,超音波裝置不能使用在大直徑的樹木上,因為音波信號在木材中會快速的衰減。目前藉由斷層影像軟體研發,多探頭的應力波或超音波等音響性的檢測,已經由 1D 發展成 2D 甚至 3D 影像的階段,對於危險缺點的位置及範圍,更能快速且較精準的預估,其儀器包括有 Sylvatest 超音波、Fakopp 應力波、Arbotom 應力波、Picus sonic 等,可以結合斷層影像技術 (Tomograph),影像分析判斷音速在樹幹橫斷面的分佈圖是另一個重要的解析。

16.9.1 原理

穿孔儀器是以鑽針以高速度旋轉推進木材時，穿孔儀會記錄所遭遇抵抗值，由抵抗值來評估材質的強弱現象，此類儀器包括有可攜帶式的鑽孔機 (Portable drill)、阻抗圖譜儀 (Resistograph、IML-RESI F500S)、賽伯腐朽檢測穿孔儀 (Sibert DDD200、Sibert Tech Wood Decay Analysis(DmP 系統) 等，一般是主要使用做為腐朽檢測的儀器，所有這些儀器評估木材的力學抵抗的改變，為了定量瞭解腐朽的程度及相對位置，穿孔儀器可以評估腐朽的基本條件，是基於木材在腐朽的過程中，木材密度會降低，而相對的木材的硬度和鑽孔的抵抗值會下降，因此，健全的木材密度和硬度較高，鑽孔抵抗值也較高，相反的，嚴重的腐朽木材有較低的密度，較低的硬度，鑽孔抵抗值會較低。

16.9.2 可攜式的鑽孔機 (Portable drills)

關心樹木的專業人士使用可攜式的鑽孔機已經有很多年的歷史，可視為一種可靠的腐朽檢測之工具，鑽針是由電池可以支援電力進行鑽孔，當樹木被鑽孔穿透時，藉由降低的抵抗值圖譜，可以顯示腐朽的位置及程度，鑽孔穿透木材時，每間隔一定距離可推移出鑽孔的木材殘屑，木材屑片可以評估是否存在變色、腐朽質地改變、產生氣味等特徵，作為木材腐朽的指標，可攜式鑽孔機的優點是檢測鑽孔腐朽時獲得的這些殘屑片，提供腐朽存在及位置的直接證據，藉著檢查在一定間隔的木材屑片，操作者可以手繪沿著鑽孔路徑長度上正確的變色、腐朽、孔洞位置，這個工具是相對的不貴、容易攜帶、僅需要一些保養，可攜式鑽孔機的缺點，可能在定量腐朽方面可能發生主觀上的誤判。

研究顯示這個可攜式鑽孔機，可以有效的檢測中後期及進階式的腐朽 (木材的重量損失率超過 20% 以上時)，有經驗的操作者使用的時，可靠性較高。對於早期到中期的腐朽 (木材的重量損失率小於 20% 以下) 的檢測，就算是有經驗的操作者，可能沒辦法完全的檢測出來。

16.9.3 鑽孔抵抗儀 (Resistograph)

鑽孔抵抗儀是相對較新的設備，容易操作和使用，有許多不同的機型，使用電池操作而驅動的馬達，在固定的前進速度下驅動鑽頭鑽入木材中，在鑽針鑽頭的鑽孔抵抗是透過齒輪箱機制被轉換，成為一個鑽孔抵抗值的指標，鑽孔抵抗圖譜可由儀器的頂端看見，也可由防水蠟紙印刷輸出顯示圖形，當鑽孔穿透木材時，抵抗值可以測定並記錄，抵抗圖譜的改變模式，可用來決定是否存在腐朽，例如，相對高抵抗的圖譜表示健全

的木材，而低的圖譜表示腐朽或缺點，有些機種可藉由連接的電腦螢幕顯示，並由影印機印出資料分析，也可以透過微軟軟體將資料進一步處理。

阻抗圖譜儀的優點，除了可攜式的鑽針可獲得定量的結果，圖譜紀錄可以印出圖形資料分析之外，進階腐朽和空洞，可以檢測出來，腐朽和空洞可以從鑽孔路徑﹝深度﹞的橫斷面，繪製定位腐朽空洞的位置，它的缺點是整體的鑽孔抵抗儀會增加重量及大小，使得難以運輸及作為野外使用，另外一個缺點是鑽孔抵抗儀的鑽針頭是尖銳，不是鈍的，使用久之後會變鈍，需要定期更換鑽針。

16.9.4 賽伯腐朽檢測鑽孔儀﹝Sibert decay detecting DDD 200﹞

賽伯 DDD200 相似於阻抗圖譜儀的原理跟檢測腐朽的機制，透過可攜式的鑽針，在固定向前鑽孔的速度下進行鑽孔檢測，它的結果也可以定量，並且也可以藉由列印得到資料，它的鑽針頂端是鈍的，可以減少木屑填滿鑽孔的路徑位置，減少鑽針主軸的摩擦力，賽伯腐朽檢測鑽孔儀可以提供一個電子的輸出，並且可以從電腦螢幕和影印機看到圖譜的結果。

16.9.5 鑽孔儀的限制因素

可攜式的鑽孔機及阻抗圖譜儀在實驗室中，研究木材密度的測定及目視檢查的腐朽評估，發現具有評估的可靠性，使用木材密度值在門檻值以下時，決定木材腐朽的存在，然後比較阻抗圖譜儀的讀值，與可攜式鑽孔的結果相符，這兩個儀器可以有效的檢測中期到後期、進階腐朽及孔洞的存在，然而，早期到中期階段的腐朽，卻不能夠有效的檢測出來，在一些案例中，早期到中期腐朽發展在圓柱形的樹幹內部時，鑽孔儀可能會低估存在腐朽的量，有一個顯著性安全的問題，是因為木材可以承受某些強度的損失，所以在早期腐朽的階段很難去檢測。

腐朽檢測裝置的另外一個限制是，木材抵抗值的變異性以及缺少特定樹種的圖譜基本資料，健全木材的抵抗模式，在不同的樹種有很大的不同，而且在一棵樹木內部可能就存在很大的變異，這些變異因素是樹木生長模式的速率不同、樹脂存在、反應材、心材及邊材不同等，會影響鑽孔抵抗圖譜，因為鑽針鑽孔時產生的摩擦力作用，可能因為鑽孔深度越深時，造成鑽孔抵抗值增加，這個摩擦力變強，而會使抵抗值變太高，因此妨礙腐朽木材的檢測，因為這些誤判的理由，所以熟悉這些木材的抵抗模式，存在不同樹種之間及樹木的內部是很重要的，這樣才可以正確的解釋是否存在腐朽，操作者應該具有標準參考資料，從結構上比較，評估在每一個樹種沒有腐朽或健全木材的差異，做為比較的標準。成本是另外一個問題，必須要考量，阻抗圖譜儀跟賽伯 DDD200 是很昂貴的，共同使用這個儀器可能是一個思考的選項。

16.10.1 概述

關心樹木的朋友常常問，這棵樹大約幾歲了，生活環境中的樹木到底要如何判斷歲數呢？樹木中充滿木材，所有樹齡的秘密存在木材中，有兩個主要的評估方法，第一種是傳統的方法，調查樹木的生長外觀現狀與大小，透過樹木的直徑和生長速度因子 (如年輪寬度) 來估計，第二種方法是進階的方法，可取樹幹的圓盤或生長錐樹芯，使用儀器設備來計算樹木的年輪並評估樹齡。

木材存在樹木體中，木材隨著樹木形成層的生長，會週期性的產生累積造成樹輪，在溫帶氣候中，每年發生新木材的形成，在熱帶和亞熱帶地區幾乎不斷新木材形成，在溫帶氣候，新的木材通常會增加成為一個明顯的年輪，反應了明確定義的生長季節及之後的休眠期，在熱帶和亞熱帶地區，休眠期可能會不存在，有可能在一年中有一個以上的生長期，年輪是屬於典型的溫帶氣候樹木的特性，往往有兩種不同的木材形式，當樹木第一次結束休眠後，新木材通常有薄的細胞壁和較大的細胞間之空隙，這就是所謂的早材 (earlywood)，在後來的季節，細胞壁會變增厚，細胞間隙會變小，這就是晚材 (latewood)，晚材組成是每個年輪的較強的部分。這些木材性質受到生長速率和生育地情況不同而影響。

16.10.2 評估樹齡的方法

一、訪談及物證

確切要知道一棵樹生長有多少年的唯一方法，需要嘗試找出什麼時候種植，因此，詢問鄰里的老年居民是重要的手段，然而，人對環境中事物的存在時間記憶可能有迷思而容易產生誤解，建議查看目標樹木的栽植紀錄文獻、舊照片或 GPS 影像等資料，提供正確的佐證才能完全確認。

二、生長枝節

如特定的松類、南洋杉等針葉樹，樹幹每年會產生輪生枝節 (Whorl)，因此可計算樹木生長枝節的數目，可用於估計樹齡，這是一種不破壞樹木的評估方法，但僅限於有此特性的樹種，本方法運用時須注意樹木頂端的部分，可能受到災害折損 (如：風害)，而造成估算樹齡時的不確定性。

三、生長速度

如果知道樹木每年的平均生長速度，或者是平均年輪寬度，透過直徑便可計算樹齡，計算式如下：

樹齡 = 半徑 / 平均年輪寬度

然而每一種樹種的生長速率，可由樹木調查或文獻資料歸納平均值去推算，然

而樹木的生長速度受到年齡與環境因素的影響，例如，老齡的樹木生長速率較慢，森林樹木比城市樹木生長得更快，本法是提供確定樹齡的一種評估方法。

四、倒木年輪計算

當樹木生長到一定樹齡，其壯大的樹勢與生活在一起的人們日積月累所產生的情感，常無法透過樹幹斷面或些微的破壞取樣方法（例如：受保護老樹），致沒有採取評估樹齡的樣本，因此可使用附近區域相似樹種的倒樹、樹樁或殘材，以目視或用簡易工具計算樹樁或圓盤的年輪數目，注意早晚材出現為一個年輪，有無缺輪或偽輪出現，此法僅限於年輪明顯的樹種。

五、樹芯計算年輪

在不破壞道樹體而又可透過科學方法確認樹齡，可能的話從樹皮到髓心取一個小樣本，使用生長錐取樣樹芯。這是一種計算年輪而不砍伐樹的方式，通常取樣在樹木胸高位置，當以生長錐取樣時，若有取樣到髓心部位，則可精確地估計樹齡，若沒有完整樹皮到髓心的樹芯時，可計算平均年輪寬度，由直徑評估樹齡，樹芯試材可埋置在砧木，再切（磨）出年輪觀察。

六、細胞組織週期性變化

樹木的細胞生長受到四季的變化有週期性的表現，這一種方式需要採取試材並觀察其細胞組織，試材可使用倒木圓盤

及樹芯材料，通常針葉樹的年輪較容易計算（早晚材），對於闊葉樹樹輪的解析，可以依據樹輪中的細胞組織週期性變化來確立年輪，不同樹種的年輪變化有幾種模式，可透過 (1) 端生薄壁細胞帶（marginal parenchyma bands）出現模式，如光臘樹及桃花心木，(2) 交替木纖維及薄壁細胞帶的重覆模式（a repeated pattern of alternating fiber and parenchyma bands），檢查樹輪中最密或最疏區域的週期性變化，(3) 導管分佈及（或）導管大小的變異模式（variations in vessel distribution and(or)vessel size），如半環孔材或環孔材，如櫸木，苦楝，櫻花樹、構樹、桑樹、榔榆等，檢查方式是由細胞組織（解剖）的基準加以判斷，由製作木材切片及藉由顯微鏡觀察細胞特徵加以決定。

七、樹輪密度圖譜

樹木每年週期性生長的過程中，經歷春夏秋冬的氣候變化，年輪會生長出早材及晚材，木材細胞組織在四季中的密度有所不同，通常為春天夏天的樹輪密度較低，秋天冬天的樹輪密度較高，每年周而復始，便形成樹輪密度圖譜。密度高低變化曲線，便完成一年的時期，樹輪可經過檢定變成年輪，而可以評估計算樹齡，此為木材密度的變異模式（density variation），由木材密度在樹幹徑向的樹輪密度圖譜變異模式加以判斷樹齡的方法，檢定材料可使用樹芯試材，使用 X-ray 儀器掃描試片，取得 X-ray 輻

射的吸收強弱值，再反轉獲得樹輪密度量變曲線。

八、木材平均年輪寬度的計算

試材橫斷面可依據中華民國國家標準(CNS 6713) 木材平均年輪寬度 (RW) 試驗法，檢查清楚的年輪數目 (n) 及距離 (L)，計算木材平均年輪寬度 (RW=L/n)，再由樹木直徑與年輪寬度，評估樹齡。

九、樹皮層狀輪

除了樹木直徑之外，有些樹種的樹皮，因為每年會代謝生長出疊層狀的組織像年輪一樣，也可作為評估樹齡的計算方法。

十、其他方法

可利用早材及晚材物理或化學性質，例如硬度、密度、化學組成等的差異，使用物理法或化學法處理木材橫斷面，將年輪的痕跡顯影以計算年輪評估樹齡。

16.10.3 樹輪密度圖譜檢定程序 (圖 16-4)

一、以生長錐取樣樹芯試材

使用生長錐取樣樹芯作為試材，通常不會對樹木的生長及健康產生影響，取樣位置一般在樹木離地 1.3 m 胸高的位置作為標準，如果要算平均年輪寬度，盡量選取有代表性的方位，如果要算髓心到樹皮的年輪數目，盡量選取樹輪最寬的方位，可避免生長過程中所產生的偽年輪與缺輪所產生的誤判，如果是老樹

或珍貴樹木盡量不傷害樹木為原則。木材係為樹木死亡的木質部累積而成，有時會有許多的化學物質填塞，如果必要時，樹芯需要泡置於清除化學物的藥劑中，以利樹木年輪的檢定。

二、樹芯試材埋置砧木

用生長錐取得的樹芯試材，要用膠合劑將樹芯埋置於砧木中，樹芯的橫斷面要朝外側，以供顯微鏡觀察或 x-ray 掃描。

三、切取 X-ray 掃描試片

如果不做 X-ray 掃描檢測時，用砂磨方式將年輪磨開，可透過放大鏡或顯微鏡檢視進行年輪的觀察，如果要做 X-ray 掃描檢測時，要切鋸成一定厚度的試片，製作成 X-ray 掃描試驗片。

四、X-ray 掃描成樹輪密度圖譜

使用 X-ray 掃描機掃描樹芯試驗片，先取得 X-ray 掃描試片的吸收能量變化，再反置成樹輪密度變化圖，可藉由實體平均木材密度值，校正調整樹輪密度圖譜，可以獲得樹輪密度圖譜。

五、檢定樹輪成為年輪

獲得的原始樹輪密度圖譜，每個樹輪週期性的波動可以視為年輪，但是要進一步換算樹輪密度圖譜成為年輪密度圖譜，首先設定年輪境界，採用浮動式年輪境界法，以決定每個早材寬度、晚材寬度及年輪寬度的位置及大小。

六、計算平均年輪寬度及密度

通常比較不容易獲得完整從髓心到樹皮的所有年輪,當決定每個年輪寬度後,可以將所有年輪的寬度加以平均,計算平均年輪的寬度;有樹木的平均年輪的寬度後,最後由樹木直徑計算評估樹木年齡。

a. 生長錐取樹芯

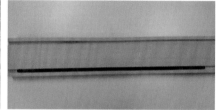

b. 樹芯埋置砧木

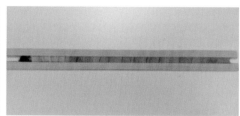

c. 製作 X-ray 掃描試片

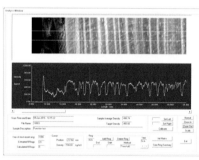

d. 樹輪密度圖譜
　（上:樹輪,下:圖譜）

e. 細胞組織觀察
　（顯微鏡）

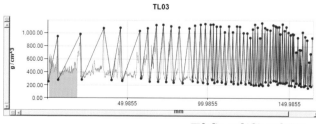

f. 利用參數軟體檢定樹輪成為年輪

▲ 圖 16-4 應用樹輪密度圖譜法檢測樹輪及評估樹齡的檢定程序 (a → f)

① 試述木構件 3 種非破壞性檢查方法及原理？

② 目視樹木評估法 (VTA) 有哪些？

③ 試述立木 3 種非破壞性檢查方法及原理？

④ 樹木年齡鑑定的方法有哪些？

📖 延伸閱讀 / 參考書目

🌲 林振榮、黃裕星、黃國雄、張東柱、吳孟玲 (2013) 都市樹木風險性評估及管理參考手冊。林業試驗所林業叢刊第 238 號。

🌲 林振榮、黃裕星、黃國雄、張東柱、吳孟玲 (2014) 樹木風險評估之個案調查彙編。林業試驗所林業叢刊第 243 號。

🌲 林振榮 (2016) 樹木健全性評估及管理參考手冊。台大樹木科技有限公司。初版。

🌲 林振榮、林柏亨、李志璇、鍾智昕 (2017) 樹木年齡鑑識及評估作業程序芻議。林業研究專訊 24(3): 56-59。

🌲 林振榮、林柏亨、李志璇、鍾智昕 (2017) 危險樹木檢查及評估作業規範芻議。林業研究專訊 24(5): 64-68。

🌲 蕭江碧 (2004) 大木作非破壞性診斷之操作手冊。內政部建築研究所研究報告 P179。

🌲 Brashaw BK, Bucur V, Divos F, GonÁalves R, Lu J, Meder R, Pellerin RF, Potter S, Ross RJ, Wang X, and Yin Y (2009) Nondestructive Testing and Evaluation of Wood: A Worldwide Research Update. Forest Products Journal 59 (3): 7-14.

🌲 Dunster JA, Smiley ET, Matheny N, Lilly S (2013) Tree Risk Assessment Manual. International Society of Arboriculture. P198.

🌲 Lilly SJ (2010) Arborists' certification study guide. International Society of Arboriculture Champaign, Illinois, USA P198-213.

🌲 Lilly Smiley ET, Matheny N, Lilly S (2011) Best management practice: Tree risk assessment. International Society of Arboriculture, Graphic, Illinois. P81.

🌲 Ross RJ and Pellerinet RF (1991) Nondestructive testing for assessing wood members in structure-A review, Forest Products Laboratory General Technical Report 70, P29.

🌲 Smiley ET, Matheny N, Lilly S (2012) Tree risk assessment: levels of assessment. Arboristï News April, 2012. P12-20.

第四單元

木材化學加工利用

第四單元　木材化學加工利用
木材樹脂化學加工利用

撰寫人：劉正字、盧崑宗　審查人：李文昭

17.1　木材之膠合加工利用（劉正字撰）

17.1.1 前言

膠合 (Adhesion) 為一歷史悠久的傳統技藝，人類應用膠合來結合物件的歷史已久不可考，當時做為膠合劑的物質均來自天然界，其中包含利用動物的皮、骨頭等加以熬煮所得的動物膠 (Animal glue)，利用動物的血液所製作的血膠 (Blood glue)，利用小麥粉、玉米粉、米粉、馬鈴薯粉等糊化製作澱粉膠 (Starch glue)，利用植物分泌物所製作的樹脂膠 (Resin)、蟲膠等 (Shellac) 等，為此階段膠合的應用範圍僅侷限在不要求承載重量的裝飾膠合。

19 世紀西方的工業革命對人類文明產生了巨大的變革，木材機械的出現則改變了木材的加工利用型態，藉由機械加工使木材的鋸切、鉋削作業變得快速而有效，因此帶動木材供給量大增，而膠合劑則大量的被應用於木材的再結合作業，惟此時所採用的膠合劑仍以傳統天然膠為主。20 世紀初因軍事需求，發展出具備部分耐水性、耐候性的乳酪膠 (Casein glue)、大豆蛋白膠 (Protein glue)。

在此同時，有機化學及高分子化學已萌芽發展，1909 年 Baekeland 利用酚與甲醛反應首先開發出酚 - 甲醛樹脂

(Phenol-formaldehyde resin；PF)， 並將其做為木材膠合劑使用，此為第一個人工合成的樹脂膠合劑。在此之後，尿 素 - 甲 醛 樹 脂 (Urea-formaldehyde resin；UF)、聚醋酸乙烯樹脂 (Polyvinyl acetate resin；PVAc)、三聚氰胺 - 甲醛樹脂 (Melamine-formaldehyde resin；MF)、間苯二酚 - 甲醛樹脂 (Resorcinol-formaldehyde resin；RF)、 環 氧 樹脂 (Epoxy resin)、聚胺基甲酸酯樹脂 (Polyurethane resin；PU)、壓克力樹脂 (Acrylic resin)、瞬間膠 (氰丙烯酸酯膠合劑；Cyanoacrylate adhesive)、橡膠系列膠合劑 (Rubber adhesives)、熱熔膠 (Hot melt adhesive) 等許多不同性能的合成樹脂陸續被開發出來。

隨著石化工業的持續發展，合成樹脂性能不斷提升，逐漸擴展其應用領域，加上石化工業可大量提供性能穩定的合成樹脂，價格則漸趨合理化。因此，至 1950 年代以後，合成樹脂已逐漸取代天然樹脂而成為膠合劑工業主流。目前市面上所採用之膠合劑多為合成樹脂，而膠合的對象則除傳統木材外，亦拓展至金屬、塑膠、玻璃、石材等各式各樣的材料膠合。膠合應用領域則除傳統的木材加工業外，電子、電器產品製造業、

汽車製造業、航太工業、高科技 3C 產品製造業、建築工程、運動用品製造業、紡織布料加工業、紙器製造業亦大量運用膠合劑做為結合材料。

然由於合成樹脂之原料主要來自石化工業產物，而石油為一非再生資源，其蘊藏量有限，且由於在加工過程及各類產品製造過程將大量排放有害氣體，為兼顧資源永續利用及對地球環境保護之要求，除傳統蛋白質系、澱粉系、樹脂系等天然膠合劑外，開發新的具備再生性特質之天然膠合劑再度被重視，其中包含利用植物抽出成分製備之單寧膠 (Tannin adhesive)，利用木質素製造之木質素基質膠合劑 (Lignin-based adhesive)，甚至有將木材經過液化處理再製作的液化木材基質膠合劑 (Liquefied wood-based adhesive)。

17.1.2 膠合劑的本質要求

膠合是一種界面化學，藉由膠合劑與被膠合材之間產生的作用力將兩個被膠合材緊密的結合在一起。而在兩個被膠合材之間要形成一個膠合劑薄層須經過幾個階段，首先膠合劑須均勻地被塗佈在被膠合材表面，若此塗佈作業僅施作在單一被膠合材表面，在兩個被膠合材組合後，此膠液須進行轉移程序，亦即膠合劑須由佈膠面轉移至未佈膠的另一個膠合材表面，而此膠合劑必須與被膠合材表面存在親和力方能濕潤被膠合材表面。對於多孔性材料而言，液體態的膠合劑會滲透進入孔隙，在此同時膠合劑藉由溶劑散失或 (及)

化學反應形成固態膠合層。

基於上述過程，做為膠合劑的物質須具備下列幾個性質要求：

(1) 液體態：塗佈為膠合作業的第一步驟，惟有具有流動性的液體才能進行塗佈。因此，做為膠合劑的物質必須是液體態或在塗佈時可呈現液體態的物質，例如，熱熔膠在常溫下雖呈現固態，然膠合前藉由高溫可使其轉變成液態，並在此階段完成塗佈作業。

(2) 濕潤性：此液態物質須對被膠合材具備親和力，惟有如此，膠合劑液體才能在固體被膠合材表面分散而形成均勻薄膜，同時與被膠合材表面緊密接觸，濕潤性大小可藉由接觸角測定加以判定，其接觸角大小與膠合劑的表面張力及被膠合材之表面性質有關，膠合劑液滴在特定固體表面所形成之接觸角愈小，兩者之間的親和力愈佳。

(3) 硬化性：液體物質不具備對外力的抵抗能力，而膠合劑除將兩個被膠合材結合在一起外，此膠合材須承受外力載重，惟有轉變成固體才具被外力承載能力，此即為硬化性。

(4) 高分子化：固體材料雖然具備一定的強度特性，然做為膠合劑的物質在硬化後，其分子結構必須屬於高分子才可提供足夠之凝聚強度，例如，水在低溫下可凍結成固體的冰，但此單分子的水所構成的薄膜狀冰並無法提供抵抗外力所需要的強度。膠合劑可在使用前即為高分子，使

其溶解在適當溶劑中，亦可為非高分子物而，而在使用硬化過程中轉變成高分子。

17.1.3 膠合劑的硬化機制

膠合劑的硬化機制乃指膠合劑由液體態轉變成固體態的過程，此相轉化的機制依照膠合劑種類不同而異，但硬化完整為其共同的要求，惟有硬化完全的膠膜才能具備適當之凝聚強度，進而發展出足夠的膠合強度。

膠合劑依照其硬化機制可區分為熱硬化型膠合劑 (Thermosetting adhesive) 及熱可塑型膠合劑 (Thermoplastic adhesives) 兩大類。熱硬化型膠合劑在使用時為低分子或寡分子樹脂，在硬化過程中可透過加熱或加入硬化劑使其樹脂分子發生進一步的化學架橋反應，並使分子成長而最終成為高分子聚合物。此類型膠合劑硬化後的膠膜為三次元網狀構造體，溶劑無法使其溶解，加熱亦無法使其再熔融，具備較高的機械強度，同時具備耐溶劑、耐熱、潛變抵抗能力等性能，因此常被應用於結構用膠合劑。熱硬化型膠合劑的高分子化反應又可區分為兩種類型，其中縮合反應型 (Condensation reaction) 在硬化過程中會產小分子之反應副產物，如水、甲醛等，因此在硬化過程須施加足夠的壓力，使產生的水或其他揮發性副產物排出膠合層而逸散，否則停留膠合層中形成氣泡，使膠合劑之連續薄膜被中斷或在膠合層中形成空隙，致使膠合強度不良，此類型包含 UF、MF、PF、RF 等樹脂膠合劑。另一類則屬於加成反應型 (Addition reaction)，此類型膠合劑在硬化過程中不會產生無副產物，故可採用較低的加壓壓力，如環氧樹脂 (Epoxy resin)。

熱可塑型膠合劑在使用時即為線狀高分子樹脂，藉溶劑使成溶解而形成液態膠合劑 (如 PVAc 膠) 或直接將固體狀膠合劑在使用時再加熱使熔融成液態 (如熱熔膠)。此類型膠合劑在乾燥硬化過程中不發生化學反應，僅藉由溶劑揮發或滲透而乾燥成膜，或藉由冷卻再回復固體型態而成膜，膠合劑的分子結構在硬化前及硬化後不會產生變化。由於其結構屬於線狀高分子，硬化後的膠合層僅有分子鏈的交織、糾纏及分子間引力而無架橋鍵結。因此，在高溫時可再熔融，溶劑亦可膨潤、滲透、溶解此硬化膠膜。此類型膠合劑缺乏耐水性、耐溶劑性、耐熱性及抗載重抵抗能力，因此多應用於非結構用途產品的膠合。

而膠合劑如何在兩個被膠合材之間產生強大的膠合力？由於早期膠合劑主要應用於木材膠合，而木材為一種多孔性材料，當膠合劑被塗佈在木材表面，部份液體態膠合劑將滲透至木材內部，固化後的膠合劑則會在木材內部產生如同投錨的作用力，因此機械膠合為早期膠合強度發生最主要的假說。

然隨著新的膠合劑不斷的被開發，利用膠合劑結合的被膠合材種類亦大幅拓展，其中諸如金屬、塑膠、玻璃等無孔隙材料亦大量的運用膠合，且可以獲得優異

的膠合強度。因此，機械膠合假說已不足以完全解釋膠合強度產生的原因。目前一般認為膠合強度產生的最重要因素為分子間引力，此假說認為膠合劑與被膠合材緊密接觸時，兩者之間可產生凡得瓦耳引力 (Van Der Walls force)，並藉此分子間引力提供膠合強度。為使此分子間引力發生，膠合劑對被膠合材表面要有良好的親和力，且膠合時必須藉由加壓使被膠合材緊密接觸。

膠合強度的產生除上述兩種機制外，特殊的膠合劑對特定的被膠合表面亦可能透過化學鍵結而提供膠合強度，例如，異氰酸酯膠合劑具備高反應活性的 NCO 官能基，此官能基可能與木材的 OH 基發生架橋鍵結而提供強的膠合強度。另金屬或晶圓材料在膠合前透過酸蝕刻或電漿處理可使其表面產生活性官能基，此亦可提供膠合時產生化學架橋鍵結。另有學者提出靜電理論 (Electrostatic theory)，此假說認為在膠合劑與被膠合材的界面會形成一個電雙層 (Electrical double layer) 區域，並進而誘導產生靜電力 (Electrostatic force)。而擴散理論 (Diffusion theory) 則適用於熱可塑型塑膠材料的膠合，此假說認為熱可塑型塑膠材料在塗佈含有溶劑的膠合劑後，塑膠材料的表面有部分分子鏈被溶出，並發生相互擴散現象 (Interdiffusion)，而溶劑離開後兩個被膠合材表面的分子鏈將因相互擴散而糾纏在一起。

17.1.4 常用的木材膠合劑

膠合在木材工業的應用非常廣泛，依照木材產品的特性可將膠合的應用區分為一次加工膠合及二次加工膠合兩種型態。其中一次加工膠合為木質初級原料之製造膠合，所得產品將做為進一步加工的材料，其膠合產品包含合板、粒片板、纖維板、薄片板、木芯板、層疊材、集成材、美耐板等平面狀板材或大尺寸角材。此類產品由於外觀型態較一致，因此多採用標準化膠合操作流程，使用的膠合較單純，而消耗量則較大，大多數的木材膠合劑主要用於此一次膠合加工產品的製造，其採用的膠合劑依產品不同的性能需求包含 UF 膠、PF 膠、MF 膠及 RF 膠等。

木材的二次加工膠合則為最終木材製品、器具或室內裝修時所採用的膠合操作，由於其膠合對象的型態變異很大，施作膠合的部位亦不同，因此適用的膠合劑種類及膠合操作技術亦不同。此類型膠合所消耗的用膠量較少，但為了配合不同膠合產品，被選用的膠合劑種類則較多，其中家具的組合膠合常採用聚醋酸乙烯乳膠（白膠）或環氧樹脂膠，實木拼板膠合則多採用 UF 膠或白膠，木質板材的封邊膠合一般選用熱熔膠，而木材單板貼面膠合會採用 UF 膠或白膠，塑膠薄膜的貼面膠合則採用橡膠系列的強力膠為主，曲木的成型膠合以 UF 膠或 UF 膠混合白膠為主，瞬間膠則常被應用於家具的修補膠合，結構用集成材 (Structure laminated wood) 多使用 RF 膠或 PU 膠；而木材與異質材膠

合的膠合劑選擇則依膠合對象而異，以木金合板 (Ply-metal) 為例，此產品乃將鋁板或鋁合金等金屬薄板貼合於合板表面，此時常用的膠合劑包含橡膠系、環氧樹脂系、聚胺酯系及乙烯 - 丙烯酸共聚合樹脂系膠合劑等。

木材工業所採用的膠合劑主要有 UF 膠、PF 膠、MF 膠、RF 膠及 PVAc 乳膠等五種，而其他諸如瞬間膠、環氧樹脂膠、熱熔膠、強力膠、異氰酸酯膠等在木材工業的使用亦日漸廣泛。以下就木材工業常用膠合劑之性能做一個概略介紹。

17.1.4.1 尿素甲醛膠合劑 (UF)

17.1.4.1.1 UF 膠的優點

UF 膠為尿素與甲醛反應所得到的預聚合物，屬於熱硬化型樹脂，在使用時透過加熱或添加硬化劑而形成高分子化的硬化樹脂。UF 膠為水溶性膠合劑，加工操作及清洗方便，與其他種類膠合劑的調和效應良好，故可混合其他種類樹脂而調配成摻合樹脂。使用時可配合需要添加硬化劑而採用常溫硬化或直接透過加熱硬化，硬化後的膠膜為透明無色，不會污染材面；具有良好的硬度、耐熱性、耐溶劑性，對木材有優異的常態膠合強度，且價格便宜。為木材工業最重要的膠合劑之一，主要用於室內用途木材產品的膠合加工。

17.1.4.1.2 UF 膠的缺點

UF 膠雖然為使用最廣泛的木工膠合劑，

然亦存在一些本質上的缺點而限制其應用領域，由於其硬化後的膠膜缺乏足夠的耐水性及耐候性，且具有老化性，因此其膠合產品僅限於室內環境使用，而無法應用於戶外環境或高濕度環境。而由於其膠合產品會持續的釋出甲醛氣體，因此對居家環境危害較大。而其硬化膠膜較硬，對粒片板等含膠量較大的木質板材在切削時易損傷刀具，造成刀具提早鈍化而增加更換刀具之頻率。

17.1.4.2 三聚氰胺甲醛膠合劑 (MF)

MF 樹脂為三聚氰胺與甲醛反應所得的預聚合樹脂，由於三聚氰胺具備對稱的三氮雜苯環構造，因此其硬化後的膠合層有較完整的架橋結構，具備優異的耐水性、耐熱性及耐藥品性。然三聚氰胺價格昂貴，故少有單獨使用三聚氰胺製備 MF 膠，一般多與 UF 樹脂混合或共聚合形成 MUF 樹脂以降低其成本，其中 MF/UF 之添加比為 30/70 時即具備良好的耐沸水能力，此 MUF 膠應用於合板及粒片板製造時可改善 UF 膠之耐水性能。

此外，將 MF 樹脂含浸至紙或布，再脫水乾燥所得 MF 樹脂含浸紙或布可做為貼面材料，將其覆蓋在合板、粒片板等木質板材之表面，再藉由熱壓 (120~130℃) 使其中固體態 MF 樹脂發生熔融及再聚合反應，並黏著於木質板材表面。其中高分子化的硬化 MF 樹脂可提供板材表面高耐水性、耐化學藥品性及耐熱性，而含浸紙或布所具備的色彩及花紋則可提供貼面板材特殊之表面外觀。此類含

浸紙（商品名 Tego film）亦可用以取代液體態的膠合劑而應用於熱壓膠合。而經 MF 樹脂含浸的木材單板可經過多層堆疊、熱壓成型而製造曲木等成型材料。除前述用途外，MF 膠合劑常被做為紙張抄造時的濕強劑，而將 MF 樹脂經過醚化處理可做為加熱硬化之烤漆塗料，進一步與醇酸樹脂 (Alkyd resin) 混合則可調配胺基醇酸樹脂塗料 (Amino alkyd coatings)。

17.1.4.3 酚甲醛膠合劑 (PF)

PF 樹脂為酚與甲醛反應所得的預聚合樹脂，PF 樹脂可藉由合成時甲醛 / 酚 (F/P) 的莫耳比、反應液 pH 等合成條件的改變而獲得性能迥異的 PF 樹脂，並使其適用於不同的木材加工產品的製造。一般可將 PF 樹脂先區分為 Novolac 型及 Resol 型 PF 樹脂兩大類。

Novolac 型 PF 樹脂合成時設定 F/P 莫耳比小於 1，並在酸性環境反應，所得 PF 樹脂預聚合物屬於線狀熱可塑型樹脂，通常透過加熱去除水及未反應酚，再將所得塊狀樹脂研磨成粉。此類型 PF 樹脂主要用於成型板或成型物製造，其製程為將樹脂膠粉與架橋劑六亞甲基四胺及填料用木粉混合，在高溫熱壓條件下，樹脂粉熔融，六亞甲基四胺裂解釋出甲醛，並在線狀的樹脂分子鏈之間產生架橋連結而形成三次元網狀結構的硬化樹脂，代表性產物為電木板。

Resol 型 PF 樹脂合成時設定 F/P 莫耳比大於 1，並在鹼性環境進行反應，所得 PF 樹脂預聚合物屬於熱硬化型樹脂，可直接透過加熱而形成硬化樹脂。依合成時 F/P 莫耳比及 pH 的改變可進一步形成水溶性高溫硬化型 PF 樹脂及酒精溶性高溫硬化型 PF 樹脂，亦可藉由其他合成條件改變而形成中溫硬化型 PF 樹脂及常溫硬化型 PF 樹脂。

其中水溶性高溫硬化型 PF 樹脂為酚與甲醛在強鹼性環境下的反應產物，對水具有良好的親和力，可任意加水稀釋，硬化後之膠膜則具備耐水性、耐候性。此類型 PF 樹脂膠合劑主要用於室外用途的結構用木質板材的膠合製作，一般採用的熱壓溫度需在 135°C 以上。其缺點為樹脂液之粘度較低，對木材滲透性強，易在材面形成欠膠 (Starved joint) 現象，有時則又發生乾涸膠合面 (Dry out) 之現象。

而酒精溶性高溫硬化型 PF 樹脂則為弱鹼環境下酚與甲醛反應所得 PF 樹脂，此類型 PF 樹脂不溶於水，但可溶於甲醇、乙醇、丙酮等溶劑，在加熱至 130~170°C 可形成三次元結構的硬化樹脂。此類型 PF 樹脂一般不會應用於木材膠合，其用途主要做為含浸用樹脂，使用時先將樹脂液以乙醇稀釋並調整至適當的粘度，隨後將木材單板或其他材料浸漬於此樹脂液中使充分吸收樹脂液，取出後使溶劑完全揮發散失，此時浸漬材料內部含有大量乾燥的 PF 樹脂。以單板為材料者可將經樹脂含浸的單板多層堆疊排列，再以 150°C 高溫進行熱壓，此時各層單板

中的樹脂受熱熔融，相互流動，並硬化而結合成一塊板材，而根據施加壓力大小有浸漬材 (Impregnated wood) 及浸壓材 (Compregnated wood) 兩種產品。而利用未經上膠之紙張做為含浸材料所的 PF 樹脂浸漬紙則可做為乾燥膠膜，並將其應用於熱壓膠合。亦可將此 PF 樹脂浸漬的牛皮紙多層堆疊，最上方再放置一張含浸 MF 樹脂的彩色印刷紙則可熱壓製作美耐板。

17.1.4.4 間苯二酚甲醛膠合劑 (RF)

RF 樹脂為甲醛系統木材膠合劑中性能最優越者，具備水溶性、常溫硬化 (亦可以 70~80°C 加熱硬化)、中性硬化、硬化時間與可使用時間 (Pot-life) 關係良好、硬化後樹脂有優異的耐水性、耐候性等優點。然由於價格昂貴，一般僅用於室外用途之木質產品，且加工製程不適合採用高溫加熱硬化者。RF 膠合劑在木材工業最主要用途為應用於結構用集成材的製造，其他諸如防腐處理材的膠合、應用於水邊或水中物品的膠合、高含水率木材的膠合、木材與異質材料之間的膠合等特殊產品膠合時，RF 膠亦為最佳的膠合劑選擇。

由於 RF 膠的價格昂貴，一般會在不影響 RF 膠常溫硬化的性能條件下，適當的利用酚取代一部分的間苯二酚製備酚 - 間苯二酚 - 甲醛共聚合樹脂 (PRF) 以降低膠合劑成本。其方法有分別合成 Resol 型 PF 樹脂及 Novolak 型 RF 樹脂，做為膠合劑使用時再將兩者摻合使用，或利用

酚、間苯二酚與甲醛共同反應形成 PRF 共聚合樹脂，另亦有在 Resol 型 PF 樹脂熱壓膠合前再追加間苯二酚及甲醛，但此法不具備常溫硬化性，間苯二酚與 PF 樹脂之共聚合反應需發生在熱壓的高溫條件。

17.1.4.5 聚醋酸乙烯膠合劑 (PVAc)

PVAc 膠屬於長鏈狀結構的高分子物質，為熱可塑型樹脂。其外觀型態包含溶液型 (Solution type)、乳液型 (Emulsion type) 及熱熔膠型 (Hot melt) 三種，木材工業主要採用乳液型 PVAc 膠，一般俗稱白膠，為木質材料二次加工膠合時廣泛使用的膠合劑，常用於家具的組合膠合及拼板膠合。PVAc 膠在硬化過程不再發生化學反應，僅藉由溶劑散失而呈現固體的硬化膠膜，缺乏耐候性、熱抵抗及潛變抵抗性，因此僅能用於室內、非結構性木材製品的膠合。

PVAc 乳膠為白色乳液，pH 值 4.0~5.5，固形分 40~45 %，使用時不需添加硬化劑，無可使用時間 (Pot-life) 的限制。使用時一般採用冷壓膠合，硬化速度快，加壓約 1~2 h 即有良好的膠合力，而稍微加熱則可進一步縮短其硬化時間，但加熱溫度一般限制在 80°C 以下。由於所需加壓時間短，壓力小，適合木工或手工藝品之膠合操作。乾燥後的膠膜為透明狀，不污染材面，無老化性的問題，且其硬化膠膜性質柔軟，切削時不損傷刀具。

17.1.4.6 氰丙烯酸酯膠合劑
(Cyanoacrylate adhesive)

一般俗稱瞬間膠合劑，為一液型膠合劑，目前廣泛應用於電子零組件、金屬、陶磁、塑膠、木材、手工藝品的膠合。而木材工業主要將其用於修補膠合，例如，單板貼面膠合時若發生小面積局部脫膠現象，此時可將單板畫開，並擠入少量瞬間膠，再將其壓平即可完成再貼合作業。

由於瞬間膠合劑乃藉由水分子啟動其高分子化反應，因此一般瞬間膠合劑乃密封販售，開封後之膠液應隨時密封鎖緊，然瓶內空氣中微量之水氣亦會使其發生聚合反應而硬化，故應盡可能於短期內用完，甚至未拆封使用者亦有使用期限的限制，不宜一次購置過多，以免硬化無法使用而造成浪費。而為配合各種膠合對象的不同性能要求，目前市售瞬間膠合劑有許多不同的配方，購買時應配合被膠合材種類及採用之膠合作業選擇適用性質者。由於瞬間膠合劑在佈膠後會快速反應，因此將膠液滴至被膠合材表面後應迅速完成膠合動作，一旦接合後即不可再移動膠合位置，以免破壞初形成之膠合鍵結而造成膠合失敗。另使用時應注意工作場所需通風良好，佩帶護目鏡，並避免碰到皮膚及眼睛。若不慎沾到手，在未硬化前可迅速浸入水中，或利用大量水沖洗；若已硬化則可利用丙酮或去指甲油浸潤溶解而不可強行剝離。

17.1.4.7 熱熔膠 (Hot melt adhesive)

熱熔膠在木材工業被廣泛應用於木質板材的封邊膠合，通常將加熱熔融之膠液塗佈於木質板材的側邊，隨即覆蓋封邊材料，並利用滾筒施壓，一旦膠液溫度降低即完成膠合動作。目前熱熔膠的應用領域非常廣泛，為配合其性能及加工作業需求而有不同種類熱熔膠，購買前應配合現有的加工設備選擇適用性能者。而使用時須配合所選用熱熔膠的性能設定正確的加熱溫度。溫度不足則膠液之流動不夠，無法濕潤被膠合材的材面，溫度太高則可能破壞熱熔膠之分子結構。另由於佈膠後的冷卻速度非常快，須注意在膠合劑仍呈現熔融態時即完成貼合及加壓動作，否則將無法獲得好的膠合力。

17.1.4.8 環氧樹脂膠 (Epoxy adhesive)

一般俗稱 AB 膠，其中 A 為主劑，B 則為硬化劑，將兩者混合後即開始發生化學反應而逐漸高分子化而硬化，因此有可使用時間的限制。環氧樹脂膠主要用於金屬膠合，而木材工業主要將其應用於榫頭接合或木質材料與金屬間之膠合。為配合膠合產品性能要求，環氧樹脂的主劑及硬化劑均有很多不同的配方，購買前應確認性能需求而選擇適用者。又各廠牌環氧樹脂對 A 劑與 B 劑的混合比例要求不同，調膠時應依廠商之規範調配。而一旦將 A 劑與 B 劑混合後，其膠液之粘度即開始增加，需在一定時間內

使用完畢，太粘時將使膠液塗佈困難，應捨棄不用，而一次調膠量不宜太多。又環氧樹脂 A 劑與 B 劑混合後之反應為放熱反應，膠液溫度會逐漸提高，此高溫又會促使主劑與硬化劑的反應加速，膠液的可使用時間縮短，故調膠時宜使用淺盤或設法降溫以延長膠液可作業的時間。

17.1.4.9 強力膠

橡膠系統膠合劑，屬於彈性體膠合劑，是一種介於熱可塑型與熱硬化型的膠合劑，其分子結構類似長鏈狀的熱可塑型膠合劑，因此具備膠膜柔軟，高變形能力的特性，但分子鏈之間存在少量的共價鍵結，因此可以提供優越的撓曲變形能力，並提高膠膜的韌性，但加熱亦無法使其完全熔解。此類型膠合劑對木材、金屬、橡膠、皮革、玻璃、石材、陶瓷均有良好膠合力，但僅能用於非結構用途產品的膠合。

強力膠大都溶於溶劑中而以液體型態使用，溶劑揮發後即形成硬化膠膜。由於其溶劑為苯、甲苯、甲乙酮等許多有機溶劑的混合液，需特別注意膠合操作環境的空氣流通性以避免傷害作業人員的身體健康。通常佈膠後須放置至指觸乾燥時再行貼合及加壓，需特別注意貼合時機的控制，尤其是針對無孔材料膠合，過早貼合會有溶劑無法完全散失而殘留在膠合層的問題，過慢貼合則膠合劑可能已發生乾涸現象而無法產生膠合力。

木材工業常將強力膠應用於木質板材的塑膠薄膜貼面膠合，常見的強力膠有商品名 Neoprene 的聚氯丁二烯，其他則有聚丁基橡膠、聚腈基橡膠等，而丁二烯-苯乙烯橡膠 (Styrene-butadiene rubber) 則為目前應用廣泛的強力膠。

17.1.4.10 聚胺基甲酸酯膠合劑
(Polyurethane adhesive；PU)

聚胺基甲酸酯樹脂為具備胺酯結構的高分子聚合物，主要由含醇基 (OH) 的多元醇與含異氰酸酯基 (NCO) 的異氰酸酯反應而得。PU 樹脂有一液型及二液型兩種外觀型態，其中二液型乃將多元醇與異氰酸酯分開包裝，使用前再依一定比例將兩液混合，混合後即有可使用時間的限制，須注意使用時間的控制。

一液型 PU 樹脂則將多元醇與異氰酸酯先行聚合反應形成線狀高分子，此類型 PU 樹脂又可包含兩種分子結構型態，其中一種為合成時採用過量的異氰酸酯，並使所得的樹脂膠合劑含有 NCO 末端基，使用時透過被膠合材表面的吸著水為硬化劑，使膠膜高分子化而形成硬化樹脂，由於 NCO 與水分子作用時會釋放出 CO_2 氣體，因此主要應用於機能性布料的貼合，藉由 CO_2 氣體在膠膜中形成的微小孔隙使具備透氣性。另一種為不具備 NCO 末端基，屬於熱可塑型膠合劑，將此樹脂溶解於溶劑或利用水為分散相製做成水性 PU 樹脂，使用時溶劑或水散失即可乾燥成膜，常用於製鞋工業之鞋底

貼合，木材工業則將其應用於塑膠薄膜的貼面膠合。

目前木質板材製造工業則有直接利用異氰酸酯 (聚二苯甲烷二異氰酸酯；PMDI) 取代 UF 膠或 PF 膠，並將其應用於粒片板製造之實用例，此類板材不會有甲醛氣體釋出的問題，同時因異氰酸酯可與水分子作用，因此可容許木材粒片有較高的含水率，此可降低粒片乾燥的時間及能源消耗，又由於異氰酸酯的反應性較高，熱壓溫度及時間亦可縮短，惟其膠合劑成本較高。而由於異氰酸酯可與熱壓時的金屬熱板發生膠合作用，因此應用在粒片板製造時較適合應用於多層板的中板用膠，若要直接接觸熱板則須塗佈離型劑以免黏附於熱板。

17.1.5 小結

膠合為現代工業及工藝製造過程中應用非常廣泛的技藝，各類產品製造過程中脫離不了膠合劑及膠合的應用，新的膠合劑亦不斷的被開發利用。而木材工業產品亦隨著新的膠合劑及膠合技術的引入而更加多元化，不斷的吸收新的膠合資訊，並選擇更適用的膠合劑種類及膠合方法將有助於發展新的木材膠合技藝，並開發新的木材膠合製品。

木材有一定的塗裝順序稱之為塗裝工程，若要塗裝有效率及得到良好的品質，則必須遵守其塗裝步驟，例如家具有家具專用的塗裝工程，但同屬家具的廚櫃與椅子，其塗裝方法則互異，甚至同樣的廚櫃，因樹種、物品樣式、價格等，其塗裝工程亦會有改變；因此，塗裝工程依製品的種類，所使用的樹種及製品的等級而有所不同，基本的塗裝工程如下：(1) 素材整修→ (2) 材面研磨→ (3) 素材著色→ (4) 填充、填充著色→ (5) 下塗、抑制油脂→ (6) 塗膜研磨→ (7) 中塗、塗膜著色→ (8) 塗膜研磨→ (9) 上塗→ (10) 補正著色→ (11) 拋光；其中 (3)(4)(5)(7)(9) 之作業，俟乾燥後才移入下一工程，而 (1) 至 (4) 作業是屬於塗裝的前處理，(5) 以後的作業才屬於塗裝的範圍，依塗裝的目的，可以增減上述的工程，通常高級塗裝所佔的費用是製品成本的 5~10%，若僅是滿足保護與耐久作用的簡單塗裝則在 5% 以下，當然高級塗裝比簡單的塗裝，需要更多的工程步驟，各項塗裝工程要點說明如下。

17.2.1 素材整修

素材整修是塗裝的基準，相當於建築工程的地基，也是優良塗裝的先決條件，材面清潔平坦，不但塗裝相當容易，又可得到高精確度及牢固的處理面，尤其是透明塗裝時更能將木材的質感充分表達，對整個塗裝工程的影響最為重大；因此，素材整修的優良與否，直接影響到塗裝作業的效率及塗裝的品質，此工程相當重要不可疏失，一般素材整修的工作項目如下。

17.2.1.1 木材含水率的調整

通常家具所使用的木材，自森林砍伐後，最初先堆積於室外，經長時間天然乾燥後（氣乾材），再移至室內進行人工乾燥至所需的含水率為止（窯乾材），而含水率的多寡可由木材水分測定計測定，非常方便；木材塗裝時需要適當含水率的理由如下：

一、提高塗膜與木材間附著性

木材是一多孔性物質，其細胞壁是由纖維素 (Cellulose)、半纖維素 (Hemicellulose) 及木質素 (Lignin) 所構成，而這些組成物含有 -OH、-COOH 等親水基，這也是木材容易吸濕的主要原因；將木材置於空氣環境中，水分與細胞壁親水基吸著，若將木材放於高濕度的場所，則水分子層厚，木材與塗膜間的附著性不良。木材含水率 5%時，塗膜的附著性最佳，但基於乾燥成本因素，塗裝時最適當的含水率為 8~12%；一般木材需乾燥至比平衡含水率低 2~3%，再行塗裝則較少缺點發生。而靜電塗裝時，為保有適當的導電性，木材含水率需 7%以上。

二、材面研磨時容易將纖維毛去除

乾燥木材之表面纖維毛硬且容易折斷，相反地，若含水率高時則柔軟易彎曲倒伏，木材含水率為 8~12%時，最容易將纖維毛去除，且砂紙不易為木粉填塞，作業效率優良。

三、可得到美麗的塗膜

木材若高含水率時，使用硝化纖維素拉卡 (Nitrocellulose lacquer，NC) 塗裝，塗膜容易產生白化現象而失去光澤，使用聚胺基甲酸酯塗料 (Polyurethane，PU) 塗裝時，則易產生發泡及針孔等缺點，無法得到美麗的塗膜，所以木材塗裝時必須嚴格要求適當的含水率。

四、可增加塗膜耐久性

木材塗裝時有適當含水率，除使塗膜的附著性優良外，亦不會因木材的收縮膨脹，而導致上層塗膜的龜裂，產品的穩定性佳，同時也不易腐朽生霉，這些優點均可以大幅提高塗膜的耐久性。

五、可以縮短塗料的乾燥時間

木材含水率對塗料乾燥時間的影響，依塗料的種類而定，對酸硬化胺基醇酸樹脂塗料 (Acid curing amino alkyd，AA) 及 PU 塗料而言，木材含水率愈高則塗料的指觸乾燥時間愈長，例如含水率 5%時，AA 塗料的指觸乾燥時間約 23 分鐘，但當木材含水率達 20%時，則需 50 分鐘，雖然木材含水率不認為對 NC 拉卡的乾燥時間有影響，但高含水率則易產生白化的缺點；故一般而言，木材含水率愈高，塗料乾燥時間愈長，塗膜長時間保持濕潤狀態，則易沾灰塵而產生各種塗膜的缺點，所以木材含水率愈低，塗料乾燥時間愈短，生產效率也會提高。

17.2.1.2 修正材色（調整心邊材色差及去除污染）

一般心材與邊材的色澤不盡相同，為了提高木材利用率，通常心邊材一起使用者較多，除了特別強調心邊材差異的工藝品之外，心邊材色差往往會降低產品的價值；此外，木材也是一種容易受污染的材質，例如受污泥污染，各種藥品附著，黴菌及腐朽俊的污染，與金屬接

觸所引起金屬污染等,均會影響產品的品質。

如需深色塗裝時,一般以著色處理使材色均一,若需淡色及明亮的色調時,則需進行漂白處理;一般最常採用者為過氧化氫系漂白劑,漂白時以濃度 30~35% 的過氧化氫水溶液與 28% 的氨水溶液,使用前以 1:1 混合塗佈即可,可使用時間約 30 分鐘左右;若需各別處理,則先塗佈氨水後再塗佈過氧化氫水溶液,效果良好,利用此系統漂白劑行漂白作業後,不需中和處理,簡單方便。但其缺點是氨水的刺激臭味。

過氧化氫系漂白劑中,若只有塗佈過氧化氫水溶液,雖可得到漂白的目的,但

能與助劑配合則效果更佳,常使用的助劑除上述的氨水之外,氫氧化鈉、碳酸鈉及醋酸均可採用;例如使用醋酸為助劑,屬於酸性的漂白,調整 pH5~7,對去除鹼污染具有效果;可依樹種、污染的種類及需漂白的程度,先行試驗,選出最合適的助劑;此外,除添加助劑外,若再添加硫酸鎂則能增加漂白效果,及延長可使用時間。

木材塗裝之前和刀具等鐵金屬接觸的工程很多,木材含水率高時,單寧含量多的木材容易受鐵污染;而鐵污染係木材中的單寧及酚性物質和鐵離子反應,形成不溶於水的單寧鐵化合物 (Ferric tannate)、酚鐵等分間錯化合物所致,一

深入到木材內部，漂白劑若無法注入，則要去除藍斑很困難，因此漂白劑的滲透性仍需加以考慮；通常要去除藍斑，可用漂白粉或次亞氯酸鈉水溶液，調整至 pH12 左右，再將木材浸漬即有效果，此外，亦可用二氯化異氰尿酸鈉溶液漂白，或用添加硫酸鎂之氫氧化鈉與過氧化氫之 2 液型漂白劑漂白，亦具有效果。

17.2.1.3 刮傷、割裂、蟲孔及膠合劑斑點之修補

塗裝素材因鉋削等引起的傷痕、死節、拼板貼面之膠合間隙，以及殘存的膠合劑等，在素材整修下一工程之材面研磨前，需以補土、埋木、填充等處理，作成平整的材面。

修補時所使用的合成樹脂膠合劑，可以添加著色顏料，或以木粉或米糊調練，再添加著色劑作成的填充劑，須力求與素材同一色調，可以避免產生材色不均等缺點。單板貼面處理或家具組立時，使用的膠合劑容易滲出，行著色處理時，容易產生著色不均的缺點。因此滲出的膠合劑需立即擦拭乾淨，若已滲出硬化輕微斑點，宜以砂紙研磨去除，嚴重的斑點則用刀片削除，再取相同素材的薄片行埋木處理。

17.2.1.4 抑制樹脂滲出

使用如落葉松等含油脂多的木材，去除油脂最好的方法，就是在木材砍伐後進行乾燥時，利用蒸氣加熱法或蒸氣減壓

般鐵污染是呈青黑色的鐵銹斑，而木材中酚性物質和鐵離子反應形成錯化合物，受 pH 值的影響很大，一般木材在 pH4~6 的範圍，pH 值愈低，木材也愈易受鐵污染；去除鐵污染可以用草酸處理，它可以將黑色不溶於水的單寧鐵化合物，轉變成水溶性的單寧亞鐵化合物 (Ferrous tannate)，若受鐵污染的時間已很長，要將污染去除較為困難，此時可先用 4%草酸處理後，再用亞磷酸鈉處理，可以防止再次發生污染。

藍斑是松類及白色木材，尤其是邊材最容易發生，木材砍伐時，因含水率高，青變菌的黑素 (Melanine) 色素侵入而產生青黑變色的現象；青變菌的菌絲如果

法，並加熱至 100°C以上的溫度處理，但此兩種方法無法用於欲行塗裝前處理階段已經乾燥的木材。

一般處理油脂的方法，若已流出的樹脂以刀片刮除，條狀或點狀樹脂可以用醇類、酮類，汽油或拉卡香蕉水等有機溶劑，或用鹼液擦拭，可將主成分為樹脂酸的樹脂溶出，但以鹼液處理時，雖其效果優良，成本低廉，但容易引起鹼液污染，宜特別注意。若樹脂特別多時，以上述溶劑加上鋸屑，加以揉擦，之後再以聚胺基甲酸酯 (PU) 頭度底漆塗裝，即可抑制樹脂滲出。

17.2.2 材面研磨

材面研磨是塗裝工程中最重要的步驟之一，乃是要把會招致塗裝障害的缺點加以去除，如果不精細研磨，只想靠塗裝來修補材面不良的缺點，是一項非常錯誤的決定，不但會使工程複雜且效率降低，更無法得到優良的塗裝，所以正確的研磨才是成功塗裝基本且重要的條件。

材面研磨的目的如下：

一、去除刮傷、刀痕、鉋痕等各種凹凸，使成平滑的塗面。

二、去除各種前處理所產生的突起纖維毛。木材經刀具切削後，表面有很多倒伏的纖維毛，經著色或塗料塗佈或水濕潤後，纖維毛會突起而成粗糙的材面，若不經研磨則著色或塗裝後，易產生色環或凹凸塗膜。

三、去除各種污染 (機械式)。將加工作業中殘存的膠合劑、機械油、手垢、塵土等去除，使成為清潔的材面。

四、將素材表面活性化，增加塗膜附著性。木材含有羥基 (-OH)、羧基 (-COOH) 等極性基，可增加塗膜的附著性，但經前處理的木材表面，若長時間放置，則此具有活性的極性基會吸附水分、氣體及各種污染而慢慢喪失其活性，因此，材面研磨可以將不活性的材面重新變成塗膜易附著的活性表面。

五、研磨後木材表面有無數非常細的傷痕，可增加塗料的接觸面積，提高塗膜附著性。

17.2.3 素材著色

木材著色依著色劑的種類，可以分為染料著色、顏料著色及化學著色等 3 種；又因著色劑定著的位置，分為將著色劑直接施於木材的素材著色，著色劑將導管等填充，使年輪及木理更為明顯的填充著色，將著色劑與透明塗料混合而塗裝的塗膜著色，以及利用藥品和木材中單寧成分等起化學反應而著色的化學著色等多種。

素材著色的目的如下：

一、強調木材天然紋理及色調的美，使木材製品更具有價值感。

二、仿高級木材色調；如紫檀、黑檀、

紅木等高級木材嚴重短缺，價格高昂，可以低級材仿其色調，以提高產品的價值。

三、調合心邊材色調；邊心材混合使用時，可著色使其色調均一，若能配合漂白處理，效果更佳。

四、增加木材新鮮感；將木材原來色調加以改變，以符合現代求新求變的設計需求。

五、防止木材變色；木材易受光的影響而變色，著色可以防止木材材色的經時變化，或變色時較不易察覺。

17.2.4 填充與填充著色

填充作業的目的如下：

一、鏡面塗裝時做成平滑的表面；若依塗膜在素材上形成的狀態予以分類，一般塗裝可以分成

❶ 塗料滲透型塗裝

❷ 開紋孔 (Open porous) 塗裝

❸ 半開紋孔 (Semi-open porous) 塗裝

❹ 鏡面 (閉紋孔、Close porous) 塗裝等 4 類。

其中的鏡面塗裝若不行填充處理，僅以塗料作業，則必須相當多的塗裝次數，尤其對導管大的樹種，行填充作業簡單且重要。

二、填充可以減少塗膜中產生針孔；平常看似平滑的塗膜，其實有很多針孔存在，特別是高光澤鏡面塗裝時，針孔尤易顯現；針孔發生的原因之一是導管中含有空氣，當塗料乾燥時，因加熱而使空氣膨脹並往外散逸，在未乾燥的的塗膜上產生開孔，若行填充作業，導管中則無空氣，可以防止產生針孔。

三、經塗裝的素材塗料滲透量少，易作成塗膜。

四、填充可以減少產生色環；例如無導管針葉樹，填充劑可以將將春材部較大的孔隙填充可抑制著色劑過度滲透，而防止著色色環，尤其使用微粒子顏料填充劑最有效果。

五、填充著色可以顯現素材的紋理美；利用較素材深色的著色顏料作為著色填充劑，將導管填充而強調木理，並具有立體感，如櫸木之環孔材，以此法處理，最能發揮塗裝效果；填充著色是將導管以深色著色，而和周邊色調成對比以強調其立體感，與單純之填充作業不同。

六、填充著色可以防止變色；填充劑中之耐光性顏料，填入木材各種孔隙及微量分佈於素材表面，可以遮蔽紫外線而防止素材變色。

17.2.5 下塗作業

下塗是相對於中塗及上塗而言的用詞，一般在填充作業、素材著色、素材研磨

等材面整修前的塗裝處理稱為材面膠固 (Washcoat)，而素材著色後，接著塗裝以抑制色滲出者稱為下塗，其實下塗本來的目的是將材面固化，而現今將材面整修前及素材著色後的塗裝處理均稱為下塗；下塗作業所用的塗料稱為頭度底漆 (Wood sealer)。

17.2.7 中塗作業

下塗後直接於其上層用塗料塗裝的作業稱之為中塗，若行透明塗裝時，所用的塗料稱為二度底漆 (Sanding sealer)，若行不透明塗裝時，所用的塗料則稱為整面塗料 (Surfacer)。

17.2.8 上塗作業

上塗是附予被塗物塗膜的最後工程，從材面整修開始，經過種種工程，才到上塗作業，一般塗裝作業到此步驟即為塗裝終了，製品完成。

上塗作業之目的如下：

一、美觀、保護及機能性之塗裝 3 大目的，從材面整修經各步驟到上塗得以達成。

二、以較下塗及中塗緻密的上塗塗料 (面漆) 塗裝，可以防止水分及各種氣體滲透至素材。

三、上塗塗膜較為強固，耐藥品性及其他性能較佳，例如，以鋼絲絨擦拭，亦不致損傷塗膜的硬質塗料塗裝，可以提高塗膜耐刮傷性。

四、可用透明消光塗料塗裝，進而得到各種光澤的塗膜。

五、使用各種機能性塗料，則可得到富各種機能的塗膜。

17.2.9 拋光作業 (Polishing)

拋光作業的目的

一、達到所需的光澤度。

二、作成平滑的塗面。

① 說明做為膠合劑的物質須具備哪幾項性質要求。

② 列出五種木材工業常用的木材膠合劑，並說明其相關之木材加工產品。

③ 說明尿素膠應用於木材加工時，如何克服或降低甲醛氣體釋出及膠合層老化的問題。

④ 行木材塗裝作業時，木材需要有適當含水率的理由？

⑤ 木材塗裝行研磨作業的目為何？素材研磨及塗膜研磨各有何需注意事項？

⑥ 木材塗裝作業中，下塗、中塗及上塗作業的目的各為何？各作業所採用的塗料如何稱呼？

📖 延伸閱讀 / 參考書目

🌲 陳嘉明 (1996) 木材膠合劑 --- 合成、化學、工藝。國立編譯館。P1-487。

🌲 鄒茂雄 木材膠合實務。淑馨出版社。P1-398。

🌲 劉正字等人 (1993) 木材膠合技術及應用。中華民國林產事業協會。P1-234。

🌲 劉正字 (1984) 木器用膠合劑之種類及性質。林產工業 3(1)：92-98。

🌲 劉正字 (1986) 木材膠合最近的發展趨勢。林產工業 5(1)：51-58。

🌲 劉正字 (1988) 木工膠合實務。木工家具雜誌 47：80-95。

🌲 劉正字 (1989) 家具工業之膠合與用膠。木工家具雜誌 63：54-62。

🌲 劉正字 (1999) 家具工業之膠合及其膠合劑。台灣家具通鑑，台灣區家具工業同業公會，P198-210。

🌲 劉正字 (2005) 功能性膠合劑及其應用。木工家具 257：19-25。

🌲 劉正字、盧崑宗 編著 (2002) 木材塗裝工程。藝軒圖書出版社，台北。P21-54。

🌲 Pizzi, A. (1983) Wood Adhesives -Chemistry and Technology. Marcel Dekker, Inc.

🌲 Pizzi, A., Mittal, K.L. (2010) Wood Adhesives. Koninklijke Brill, Leiden, The Netherlands.

森林蘊育著豐富的天然資源，整個森林生態系包含林木、林地及其中生存的植物、動物、微生物等，並涉及水資源、土石資源、空氣資源等非生物資源。其中除蓄積量豐富的木竹材外，並有其他多樣性的生物資源可供利用。根據行政院農業委員會「國有林林產物處分規則」可將林產物區分為主產物及副產物兩大類，其中主產物主要指生立、枯損、倒伏之竹木及餘留之根株、殘材，副產物則包含樹皮、樹脂、種實、落枝、樹葉、灌藤、竹筍、草類、菌類及其他主產物以外之林產物。而林產特產物的利用則包含森林副產物，進一步涵蓋主產物經特殊程序，改變木材型態或組成，而將其應用於非傳統木材加工領域者。

18.1　林產特產物之分類

根據葉綠舒在「世界維管束植物大盤點」文中指出，依據「the Royal Botanical Gardens」的調查報告，全世界共有 390,900 種維管束植物，其中種子植物有 369,000 種，佔 94.4%。而植物細胞壁主要由纖維素、半纖維素及木質素三種化學組成分所構成，其間並存在二次代謝產物之抽出成分。依植物種類不同，其形體及所含抽出成分種類及含量有很大的差異。在眾多維管束植物中，人類只應用了約 30,000 種，其中做為藥用植物者所佔最多，共達約 17,800 種，而做為食用植物者則約有 5,500 種，做為材料用途者則約有 11,400 種。

林產物中主產物主要做為結構用材、室內裝潢、家具製造、木質板材製造及製漿造紙原料等用途，而副產物則具備更

多樣性用途。姚鶴年曾將副產物區分為染料類、飲料類、工藝原料類、果品類、藥材類、建築材料類、竹筍類、脂類及其他等九大類。胡大維在「森林副產物的開發和利用」一文中將副產物依其用途區分為工業及手工藝原料植物、食用植物、藥用植物、精油及香料樹種、油脂及漆料樹種、單寧及染料植物、培養菌菇用樹種、飼料樹種、觀賞樹種等九大類。林維治在「森林副產物」一文依植物之部位將副產物區分為根及地下莖、莖（幹）、樹皮、樹液、枝、葉、花、果實及種子、草木類及其他。連錦張及李國忠在其所撰「台灣主要非木材森林產物之產地分布」一文則將副產物區分為藥用類、食用類、工藝原料類、香料類、油脂類、單寧及染料類、飼料類、觀賞

類等八大類。高清在「森林副產物學」則將其區分為油料作物、工業原料、食用菌類、山蔬及樹實、藥用植物及動物性森林副產物。郭寶章在「特用林產之意義與種類 - 提升森林資源之多目標利用」一文將其利用區分為食用植物、化學利用、產業原料及美化觀賞四大領域，其中食用植物可進一步區分為樹果類、野菜類、乾菜類、青菜類、藥用植物、油脂植物、香料植物、飼料植物，化學利用可區分為油脂類、精油類、染料類，產業原料包含纖維類、香菇段木、茸築屋頂、工藝原料及橡膠植物，而美化觀賞類則包含觀賞植物、園藝材料、裝飾奇木及野生動物。劉正字在「中華民國台灣森林志」一書「森林副產物」一章中將森林副產物依其用途別區分為工藝材料類、食用類、藥用類、香料類、油脂類、樹脂類、單寧及染料類、飼料類、觀賞樹種類及動物類等十大類。

前述森林副產物乃針對木材型態、可利用部位或其組成分進行分類，然目前亦有將森林主產物之木材經特殊程序改變木材型態或組成分而獲得生質燃料或各類化學品等特殊林產物，並將其應用於非傳統木材加工領域，此包含物理轉換、熱化學轉換、生物化學轉換等技術。物理轉換主要將木材經破碎、篩分、乾燥等處理，再重新壓製組合成木質顆粒燃料。熱化學轉換則包含焙燒、熱裂解、氣化、液化及轉脂化等多項技術，其中木質材料經焙燒處理可獲得生質炭；炭化處理行熱裂解及氣化則依加熱溫度及熱解成分滯留時間而可獲得不同組成比例之固體炭材料的木炭、液體的木醋液、生質油及氣體的木燃氣；液化處理則可將固態木質材料全量轉化成液態，此液態產物可應用於合成樹脂製備；而轉脂化則主要將植物種子油與甲醇或乙醇反應而形成生質柴油。生物化學轉換則主要利用發酵技術將木質材料降解，並轉化成乙醇或乳酸，並可分別做為生質汽油及應用於聚乳酸樹脂合成。

18.2 林產特產物在工藝產品及特殊產品開發利用

森林主產物之林木主要利用其樹幹部位，經製材加工後應用於木構建築、家具製造或單板切削，而枝條或加工殘材則可應用於粒片板或纖維板等木質板材製造，但並非每一物種之森林產物都能提供此加工適性。然有些物種雖不適合應用於典型的木材加工，但因其具備特殊的組織結構或強度性質，因此可應用於工藝製品之開發。

18.2.1 林產特產物在工藝產品開發

劉正字在「中華民國台灣森林志」一

書中曾列舉台灣森林產物中可應用於工藝材料之樹種，其文中指出諸如狗骨仔 (Tricalysia dubia) 及大丁黃 (Euonymus laxiflorus) 雖無法獲得大尺寸材，但其材質細緻、材色淡黃優雅，為優良的雕刻用材，而其強韌的木材機械性能則使其成為製作手杖的優良材料。月橘 (Murraya paniculata) 除做為庭園造景樹種外，由於其材質緻密、堅硬，亦可用於雕刻或製作農具木柄等用途。而藤類植物如黃藤 (Calamus orientalis Chang)，其稈徑雖僅有 1～4 cm，然其木質部分具備柔軟、高度韌性之特質，因此廣泛被應用為編織材料。藤之利用型態包含整體藤條利用或進一步區分為藤心及藤皮再分別利用。其中藤皮可編織成藤蓆、藤籃及家具之椅面或靠背，而藤心因具備柔軟之特性，應用於編織家具製造時，其造型可不受木工機械加工能力之限制，因此可容許所製作家具有更多元的造型設計。菊花木 (Bauhinia championi) 為豆科之攀緣性常綠藤本植物，由於其莖部的木質部與韌皮部交錯生長而形成一種特殊構造，橫斷面呈現菊花狀之美麗花紋。其橫切面可直接或經膠合後製作成為杯墊、果盤、煙盒、筆架及其他裝飾用工藝品。蓪草 (Tetrapanax papyriferus) 則為常綠灌木或小喬木，幹細直，叢生，高可達 6 m，直徑約 10 cm，具有特大的髓心，砍伐後切成適當長條，再以木條將髓心頂出。此圓形狀髓心的顏色白皙、質輕、柔軟而緻密，可做為軟木栓之

替代品，上色後可做為手工藝品製作材料，切削成單板後可做為彩繪用蓪草紙，亦可攪碎壓縮成板，並做為輕質隔音、隔熱材料。筆筒樹 (Alsophila pustuiosa) 為木本羊齒植物，又稱蛇木，幹直，高可達 10 m，去除莖內部的白色髓部後可供作插花筒或筆筒，其莖幹下半部有層層的氣生根，此氣生根削下之後稱為蛇木，常被用來栽培蘭花。山棕 (Arenga engleri) 為棕櫚科植物，莖矮小，叢生，葉呈羽狀裂葉，葉長可達 2～3 m，葉曬乾後可紮成掃把，葉片及棕毛可供作掃帚、棕衣、刷子、繩索等用。栓皮櫟 (Quercus variabilis) 為殼斗科植物，其樹皮具有厚的木栓層，具有保溫、防濕、隔音、抗壓等特性，除可供作軟木塞外，在工藝及工業上之用途至廣。直接從樹皮割取所得木栓層，未經特殊加工或僅進行簡單加工者稱為天然軟木，而將木栓層破碎成粒狀或粉狀，再直接加壓或添加膠合劑後加壓所得者稱為凝聚軟木，此加工處理可獲得較大厚度及面積之軟木材料。

18.2.2 森林產物在特殊林產品開發利用

森林主產物之木竹材除直接利用於各類產品開發外，藉由特殊處理程序改變其型態或組成則可應用於非傳統木材加工領域。木材之組成分由其化學結構可區分為碳水化合物 (Carbohydrate；包含纖維素、半纖維素、澱粉、樹膠質等)、酚類化合物 (Phenolic compound；包含

木質素、黃酮類化合物、單寧、呈色物質等）、萜類化合物（Terpenoid；主要為精油）、脂肪酸（Fatty acid；但一般很少以游離酸形態存在，如與草酸結合形成之鈣鹽、與碳水化合物結合形成半纖維素之乙醯基）、油脂類（Fat and oil；主要為植物種子油與蠟）、含氮化合物（主要為蛋白質及生物鹼）及無機成分之灰分等。而其利用型態可概分為以木材整體為原料、以碳水化合物為原料、以木質素為原料、以特殊成分（抽出成分，Extractive compound）為原料及利用無機物（Inorganic compound）為原料。

18.2.2.1 以木材整體為原料

將木材透過熱化學轉換可獲得生質燃料及各類化學品，依處理條件不同可區分為焙燒、炭化、氣化及液化等多項技術。一般將木材透過熱處理製作熱處理材（Heat treat wood）所採用的加熱溫度在250℃以下，而焙燒乃將木材在常壓、缺氧、約250~300℃條件下進行熱處理，此過程可去除水分及大部分可揮發物質，並減少生質物體積、提升產品能源密度，其產物為一種生質炭（Biochar）。

熱裂解及氣化則在無氧或限制空氣條件下以400~500℃進行熱處理，此即傳統的炭化，生質物中的木質素、纖維素、半纖維素在此溫度下將發生降解及裂解而形成較小分子的氣體產物及殘留的固體炭材料，此氣體產物藉由冷凝可獲得液體的木醋液及木焦油，及無法冷凝的木燃氣。木醋液主要成分為醋酸及甲醇，並可進一步分離出少量的甲酸、丙酸、丁酸、戊酸、己酸等酸化合物，醋酸甲酯、甲酸甲酯等酸衍生物，丙酮、甲乙酮等酮類化合物，甲醛、乙醛、呋喃醛、甲基呋喃醛等醛類化合物。而木焦油則含有沸點200℃以下的輕油（Light oil）、200~300℃之重油（Heavy oil）及360℃以上之殘留瀝青（Pitch），其中輕油主要含苯、甲苯、二甲苯等低分子量物質，重油則主要為酚、甲基酚、二甲酚、木焦油酚、愈創木酚、鄰苯二酚、鄰苯三酚、萘等酚類化合物及碳氫化合物中之Retene等分子量較大者，其他成分則包含分子量較大之醇類、醛類、酮類、酸類、酯類化合物。木燃氣則以二氧化碳、一氧化碳、甲烷、乙烯、氫氣為主，並有少量乙炔、丙烯、丁烯、氧氣等。而

固體炭材料經活化處理則可獲得高孔隙度、高吸附能力的活性碳。

溶劑液化處理亦為木質材料熱化學轉換的一種方法，透過此方法可將固態木質材料全量轉化成液態，常用的液化溶劑為酚及多元醇兩大類，並以鹽酸或硫酸等無機酸為催化劑，在 110～150℃加熱處理過程中，酸催化劑將降解木材組成分，液化藥劑則與木材組成分反應形成酚或多元醇衍生物，其中酚液化木材可做為 Novolak 及 Resol 型酚醛樹脂 (Phenol-formaldehyde resin；PF) 之製備原料，而多元醇液化木材可做為聚胺基甲酸酯樹脂 (Polyurethane resin；PU) 製備原料。

18.2.2.2 以碳水化合物為原料

植物體的碳水化合物主要為構成細胞壁的纖維素及半纖維素，另有少量的澱粉及樹膠質 (Gum)，此類碳水化合物屬於一種多醣類高分子化合物。其中澱粉除做為食用外，亦做為澱粉膠合劑或合成樹脂填料。樹膠質本身可做為膠合劑，亦可做為食品添加物或做為藥物賦形之結合劑。纖維素及半纖維素除做為製漿造紙原料外，透過酯化或醚化等化學改質處理可使其具備熱可熔或溶劑可溶解之特性，其產物主要有硝化纖維素、酯化纖維素、醚化纖維素、硫化纖維素、銅胺纖維素等，此類改質纖維素可做為膠合劑、塗料、樹脂材料等，並可藉由抽絲紡紗而製作紡織纖維製品。而藉由

酸處理則可將高分子多醣降解成寡糖及各類單糖，並應用於製糖工業，其中五碳糖及六碳糖可進一步轉換成呋喃醛及呋喃甲醇等重要的化工原料，並可進一步轉化成高反應性乙醯丙酸 (Levulinic acid) 而應用於樹脂工業。而將纖維素透過熱降解處理形成葡萄糖，再藉由分子內脫水可形成左旋葡萄糖 (脫水葡萄糖；Levoglucosan)，此左旋葡萄糖可進行開環聚合 (Ring-opening polymerization) 而獲得具反應性的 Levoglucosan 衍生物，並可藉以形成高分子聚合物。另可將此碳水化合物藉由生物化學轉換技術之發酵程序將高分子多醣降解成單糖，再進一步發酵轉化成乙醇或乳酸，其中乙醇可做為生質汽油，並可進一步轉換成乙烯、乙醛及丁二烯等化工原料，乳酸則可應用於生物可降解的環保型聚乳酸樹脂合成。

18.2.2.3 以木質素為原料

木質素為植物細胞壁構成要素之一，乃苯基丙烷為單元所構成的三次元網狀高分子，其主要供應來源為製漿工業之廢液。由於木質素屬於一種酚類化物，因此可用以取代酚而做為 PF 樹脂製備時之替代原料，此廢液回收之木質素並可做為水泥分散劑、鑽探油井之凝結劑、橡膠工業碳黑之分散劑、紡織工業的染料摻合劑、礦砂浮選劑、瀝青乳化劑、皮革工業的鞣革助劑等用途。而將製漿黑液藉由萃取方式可回收酚、甲基

酚、愈創木酚、香草精 (Vanillin) 等化合物；透過蒸氣熱解則可藉熱降解作用產生特定之酚類化合物。Laurichess 和 Averous(2014) 指出木質素可藉由熱解、氣化、氫化、水解、氧化、微生物轉換、酵素氧化而獲得酚、甲基酚等酚類化合物，甲醇、正丙醇等醇類化合物，醋酸、丁香酸、香草酸、阿魏酸 (Ferulic acid)、香豆酸 (p-Coumaric acid) 等酸性化合物，4- 羥基苯甲醛、香草精等醛類化合物，及二甲基甲醯胺 (Dimethylformamide；DMF)、二甲基亞碸 (Dimethyl sulfoxide，DMSO) 等化學品。而將未改質木質素與合成樹脂混合則可做為合成樹脂的 UV 降解安定劑及熱氧化安定劑。另木質素具備吸附重金屬離子的能力，可將其應用於廢水淨化處理。又木質素含有 50~60% 的碳元素，可做為碳材料之前驅物，並用以製作活性碳及碳纖維。

18.2.2.4 以抽出成分為原料

抽出成分為植物體的二次代謝產物，一般指可以利用水或有機溶劑將其由木材中萃取分離出來之成分，其種類中含油脂 (Oil and Fat)、蠟 (Wax)、樹脂 (Resin)、精油 (Essential oil)、黃酮類化合物 (Flavonoid)、單寧 (Tannin)、含氮物 (Nitrogen compound)、有機酸 (Organic acid) 及其他成分。抽出成分種類繁多，依樹種不同，其所含有抽出成分種類及含量將有所差異，而同一樹種的不同部位，其所含有的抽出成分亦有所不同，甚至在不同環境成長的相同樹種，其抽出成分亦略有不同。以下將針對植物油脂、樹脂、單寧、著色成分之特性及應用做進一步說明。

18.3　植物種子油之特性及應用

18.3.1 油脂之定義

植物所含的酯類化合物包含油脂 (Oil and fat) 及蠟 (Wax) 兩大類，其中油脂為 1 分子甘油與 3 分子脂肪酸結合而形成的三酸甘油酯，通常在常溫 (20°C) 下呈現液體狀者稱為油，呈現固體狀者則稱為脂，主要由植物的果實或種子等經壓榨或萃取而得，此油脂可溶於乙醚、石油醚、苯、三氯甲烷、四氯化碳、二硫化碳等溶劑，難溶於酒精 (蓖麻油則可溶)，而不溶於水。不同種類油脂之差異主要在其構成之脂肪酸 (R-COOH) 種類不同。而蠟則為碳數較多的一元醇或二元醇與高級脂肪酸所構成的酯類化合物，不同種類的蠟其構成之醇類及脂肪酸亦有所不同。

18.3.2 天然油脂之製取法

植物種子用於製取油脂前需先經過清洗、

搗碎、部分蒸煮等程序,製取所得油脂經過濾後為粗油脂,而依用途不同,再分別以酸、鹼或機械法加以精練。將油脂油種子中分離製取方法有壓榨法、萃取法、混合法及熔出法等方法,食用油採用壓榨法取得,主要利用壓力將種子壓榨取油,一般經加熱者為熱壓法,未經加熱者則為冷壓法,加熱可提高油的收率,但品質有時會因加熱而改變。萃取法又稱抽出法,乃以適當溶劑行抽出處理,所選擇之溶劑必須容易將油脂溶出,萃取後又易與油脂分離,且不會與油脂發生反應,常用溶劑有醚、石油醚、二硫化碳、四氯化碳、甲烷、己烷、苯、三氯甲烷等。此法收率約 95~98 %,但其溶劑不易由油脂中完全去除,故不適用於食用油的萃取。混合法則先以壓榨

法取得不含溶劑之食用油,隨後再以萃取法抽出殘留油脂而將其用於工業用途。熔出法乃將原料搗碎後置於釜中火烤加熱,使所含油脂融熔流出。

18.3.3 天然油脂之分類

植物種子油依其形態可區分為液體脂肪 (Oil) 及固體脂肪 (Fat),前者又依其乾燥性區分為乾性油、半乾性油及不乾性油。

18.3.3.1 液體態乾性油

為含有較多雙鍵之植物油,碘價在 130 以上,當暴露在空氣中其表面會發生氧化聚合而逐漸高分子化,黏度增加甚而固化,代表性油種類包含桐油 (Tung oil)、亞麻仁油 (Linseed oil)、胡桃油

(Walnut oil) 及烏桕油 (Chinese Tallow oil) 等。桐油為油桐種子所榨取之油脂，其主要成分為桐酸所形成之甘油酯，但因含有肥皂精 (Saponin) 而不可食用，但因桐酸具有三個共軛雙鍵而能快速乾燥硬化，可用於製作油紙 (Oil paper)、塗料、人造象牙之原料、醫藥之瀉劑或吐劑。亞麻仁油為亞麻種子所榨取而得之油脂，為重要的乾性油，主要成分為含有兩個及三個雙鍵的亞麻仁油酸及次亞麻仁油酸所形成之甘油酯。除供做食用油外，主要用來製造油漆。胡桃油為胡桃科胡桃屬植物之果實及核仁所榨取油脂，其組成油脂種類包含肉豆蔻酯、月桂酯、亞麻仁酯及次亞麻仁酯，品質佳者可供食用，為白色塗料之原料，並用以製造肥皂。烏桕油為烏桕種子去除外表被覆白色蠟質後，經壓榨所的油脂，碘價 155～163，主要為亞麻仁油酸及次亞麻仁油酸所形成之甘油酯，為優良之油變性塗料之原料。

18.3.3.2 液體態半乾性油

為碘價在 100~130 之間的油脂，當暴露在空氣中只有黏度增加，或僅稍具乾燥性者，代表性油種類為大豆油 (Soybean oil)，組成油脂以含有一個雙鍵及兩個雙鍵的油酸及亞麻仁油酸為主，大豆油為重要的食用油及食品加工，並被用於製造肥皂、油漆、凡立水等。

18.3.3.3 液體態不乾性油

為不具備乾燥性的植物種子油，碘價在

100 以下，代表性油種類為橄欖油 (Olive oil)、茶子油 (Tea-seed oil) 及篦麻油 (Castor oil)，其中橄欖油及茶子油以含有一個雙鍵的油酯 (Olein) 為主，另含有部分飽和酸所形成的軟酯 (Palmitin) 及硬酯 (Stearin)，及少量具備兩個雙鍵的亞麻仁酯 (Linolein)。由於其主要為具備一個雙鍵的不飽和酸所構成，不易凝結成固體態，而僅具備一個雙鍵則減少氧化聚合的機會，因此為一種健康的高級食用油。篦麻油則為一種特殊的植物種子油，其構成油脂之脂肪酸為含有一個雙鍵及一個 OH 基之篦麻油酸為主，然因種仁含有篦麻毒素而不可做為食用油，早期醫學上當作瀉藥，而因其 OH 基為具備反應性的官能基，可直接做為 PU 樹脂之多元醇原料，亦可做為醇酸樹脂等合成樹脂之變性劑。而將篦麻油經高溫處理時此 OH 基可脫水而形成新的雙鍵結構。

18.3.3.4 固體植物脂肪

以飽和酸為主的油脂在常溫下多呈現固體態，常見的椰子油 (Palm fat；棕櫚仁油) 為椰子果肉所榨取的油脂，構成之脂肪酸以飽和的軟脂酸 (十六酸) 及含一個雙鍵的油酸為主，因其具有良好味道及堅果風味，廣泛用於人造奶油、糖果工業、沙拉油、烹調油、酥烤油，尚可做為製造甘油、肥皂、洗髮精、蠟燭之原料。可可椰子油 (Coconut oil) 為可可椰子內果皮之椰子肉 (Coconut meat)，經乾燥壓榨而得之油脂，於 20°C 以下會呈現固狀。主要構成之脂肪酸為月桂酸

(44～52%)、肉豆蔻酸(13～19%)、棕櫚酸(7.5～10.5%)、辛酸(5.5～9.5%)、癸酸(4.5～9.5%)、硬脂酸(1～3%)等飽和酸及少量十六烯酸(0～1.3%)、油酸(1.5～2.5%)、亞麻仁油酸(1.5～2.5%)等不飽和酸。主要用於製作肥皂、化粧品或盥洗用品、製造潤滑油脂及製造脂肪酸、脂肪醇、甲基酯類等。精煉可可椰子油可以食用,並用在人造奶油、膳食補充等產品。烏桕皮油為烏桕種子外層包覆的白色蠟質所製得之脂肪,為質優之蠟燭原料。

18.3.4 天然油脂之用途

與油脂相關之工業可區分為製油工業及油脂加工品製造業兩大部門,天然植物油除供做食用油外,由油脂衍生之產品種類眾多,其相關產業包含人造牛酪、人造奶油工業、肥皂及其他清潔用品工業、硬化油工業、表面活性劑工業、脂肪酸衍生物製造工業、塗料製造工業、生質柴油工業等。以下僅就油脂在塗料工業及生質柴油應用做介紹。

18.3.4.1 以油為基質之塗料製造

由於乾性油具備氧化聚合而乾燥成膜的能力,因此傳統上將其應用於塗料調配,為促進塗膜乾燥性,通常先將油脂行加熱處理以提高其黏度及分子量。乾性油與乾燥劑(鉛、鈷、錳)在100～300℃的空氣中加熱所得煮油(Boiled oil)為油漆(Paint)調配時之展色劑,與顏料及稀釋劑混合後可調配不同色彩的調和漆。而將乾性油與天然樹脂混合加熱使發生酯交換反應,再加入乾燥劑及稀釋劑可得油性清漆(Oil varnish)。

18.3.4.2 天然油脂在合成樹脂塗料之應用

木材工業所採用之塗料主要為硝化纖維素塗料(NC lacquer)、胺基醇酸樹脂塗料(Amino alkyd resin coating; AA)、聚胺基甲酸酯塗料(Polyurethane resin coating; PU)及不飽和聚酯樹脂塗料(Unsaturated polyester resin coating; PE),為改良其性質,常在此類合成樹脂製備過程中加入天然植物油以增加其塗膜之韌性及附著性。其應用說明如下:

❶ 利用乾性油、多鹽基酸、多元醇反應製備常溫硬化型醇酸樹脂塗料。

❷ 添加乾性油製造一液型油變性聚胺基甲酸酯塗料。

❸ 利用半乾性油、不乾性油製造油變性酸硬化胺基醇酸樹脂塗料。

❹ 利用蓖麻油之OH基做為聚胺基甲酸酯樹脂調配時之主劑。

❺ 硝化纖維素塗料(NC lacquer)調配時,加入天然植物油做為可塑劑。

18.3.4.3 天然油脂製備生質柴油

將植物油脂與甲醇或乙醇反應,一分子的植物油脂可藉由轉酯化反應產生三分子的脂肪酸甲酯或乙酯及一分子的甘油,由於所得脂肪酸酯之碳的數量與柴油相

近，可做為柴油之替代原料，而甘油則為用途廣泛之工業原料。此生質柴油與化石柴油之品質相當，且燃燒排氣中不含鉛、二氧化硫、鹵化物，並可降低碳煙、硫化物、未燃碳氫化合物、一氧化碳等物質，為一環保型再生燃料。

18.4 植物單寧之特性及應用

18.4.1 植物單寧之定義

單寧為植物體的二次代謝產物，為一種微酸而具澀味、收斂性的植物成分的總稱。在植物體之樹皮、木材、枝條、葉及果實中均可發現單寧成分，其中尤以未成熟果實中含量最多，另許多樹種之樹皮中亦發現有大量的單寧含量。

單寧為一種以多元酚 (Polyhydroxyphenyl) 為基本骨架，分子量約 600～2000 的複雜構造之無定形酚類化合物，可利用冷水、溫水、醇、1% 氫氧化鈉等液體將其由植物體中萃取出來。一般多採用冷水及熱水萃取單寧，但其萃取液中會混雜部分非單寧之成分。而較大分子量之單寧成分，如 Phlobaphene，因不溶於水而無法以熱水抽出，必須利用醇為其萃取液。

18.4.2 單寧之通性及用途

❶ 無定形、非結晶，其水溶液呈微酸性，具收斂性，組成元素為 C、H、O。

❷ 可溶於冷水、熱水、醇、丙酮、醚、醋酸等，難溶或不溶於石油醚、氯仿、苯、二硫化碳等。

❸ 可與蛋白質作用而結合，並形成水不溶蛋白質。單寧最大用途乃做為鞣皮藥劑，此乃利用單寧與生皮 (Hide) 之蛋白質結合而形成水不可溶之皮革 (Leather)，故單寧又稱鞣質或鞣酸 (Tannic acid)。

❹ 單寧具備解毒作用：各種胺類、醯胺類、氨類及吡啶 (Pyridine)、喹啉 (Guinoline)、安替比林 (Antipirin)、咖啡因 (Caffeing) 等含氮物質常為有毒成分之有毒結構，將其與單寧作用時會產生沉澱，故可藉單寧與其作用改變其分子結構而解其毒性，故可在醫療上做為解毒劑。

❺ 金屬離子沉澱劑：單寧可與重金屬鹽類作用而生沉澱，可做為含重金屬工業廢水之淨水處理劑，亦可用於金屬離子之分離與定量。

❻ 呈色作用：可做為墨水及染料之原料，單寧水溶液與二價亞鐵鹽 (Ferrous salt) 作用呈淡綠至青色，與三價鐵鹽 (Ferric salt) 作用呈綠至藍黑色，與赤血鹽 (Potassium ferricyanide; $K_3Fe(CN_6)$) 及氫氧化銨 (NH_4OH) 作用呈深紅色。

❼ 可與甲醛反應：此方法可製造單寧甲醛膠合劑 (Tannin-formaldehyde resin adhesive) 或取代部分酚製造酚 - 單寧 - 甲醛膠。

❽ 乾餾時會分解成許多酚類化合物，如鄰苯二酚 (Catechol)、鄰苯三酚 (Pyrogallol)、間苯三酚 (Phloroglucinol) 等。

❾ 與酸一起加熱作用：加水分解型單寧產生各種酸及葡萄糖，縮合型單寧則聚合成 Phlobaphene。

❿ 鄰苯二酚型單寧加入氫氧化鉀直接加熱則成熔融狀，並分解產生鄰苯二酚，鄰苯三酚型單寧則分解產生鄰苯三酚。

18.4.3 單寧樹種

單寧乃利用植物樹皮、枝幹、根、葉、果等為原料以熱水抽出而得，工業用單寧一般取自樹皮或材部。臺灣產或栽培植物中較具代表性之含單寧植物如下：

❶ 相思樹、栲皮樹、化香樹、紅茄苳、茄藤樹、金龜樹、柯子等之樹皮。

❷ 兒茶心材之熱水抽出物叫阿仙藥 (catechu)，含有兒茶精 (catechin) 2 〜 12 % 外，尚有單寧 25 〜 33 %。

❸ 紅樹之樹皮、根、葉均富含單寧。

❹ 薯榔之單寧則含於其塊根。

❺ 油苷之材部及葉可提取單寧。

18.5 植物樹脂之分類及應用

天然樹脂乃植物因生理或病理作用而生成的一種固體物質，並無一特定的化學構造，在分類上亦不具備某種特定的化學或物理上獨立的分類基礎，可視為具備某些相同特性的許多物質的總稱，亦即天然樹脂乃許多複雜化合物混合之總稱。一般而言，天然樹脂所具備之共同特性為無定形、非揮發性物質，可溶於醇類、醚類等，溶劑揮發後可乾燥成膜，但不溶於水；乾燥樹脂加熱可軟化成熔融物質，軟化點約 60 ～ 130°C，而更高溫則可燃燒。

18.5.1 植物樹脂採取方法

樹脂之種類繁多，不同樹種的樹脂在植物體中存在部位亦異，因此樹脂之採集方式亦因其存在部位而異。

❶ 存在於皮層及邊皮者：例如松脂、橡膠、漆等，一般採割取法，於樹幹切割出一溝槽，並使深達皮層，其內部之樹脂液體會沿刀口流出。

❷ 存在於心材者：例如癒瘡木樹脂（又稱蘇合香），將整株樹砍伐後，取其心材部位，以溫水浸出或水煮抽出，為一種萃取法。亦有同 1 之切割法採集者，但其切口需較深，並於其四周加熱。

❸ 存在於葉或根者：例如白世香之葉，以壓榨法萃取。

❹ 存在於果實或果鱗者：例如麒麟果，

將果鱗打碎後，直接加熱熔出。

❺ 存在於枝條者：例如麥加香膠，收集枝條，打碎後水煮萃取。

18.5.2 植物樹脂之性質

❶ 無定形（Amorphous）：分泌之初可呈流動性，但於大氣中久置後，其中所含有之精油及其他可蒸發物會揮發散失，並可能發生氧化聚合而成塊狀之固體成分，但可藉由其他物質之添加，如 NH_3，使其保持液體態。

❷ 無色：純的樹脂多無色，但一般因樹脂中會含有色素等雜質而呈色，又樹脂與空氣接觸時亦可能會發生氧化作用而呈色，其顏色由淡黃色、淡褐色、褐綠色至乳白色均有。

❸ 溶解性：依樹脂成份不同而異，一般不溶於水，可溶於乙醇、乙醚、苯、石油醚、二硫化碳等溶劑。

❹ 軟化及成膜性：一般樹脂為無定形物質，故無明顯熔點，但有一定之軟化溫度範圍，約 60~130°C，當加熱至軟化溫度時會開始軟化，繼續加溫，則融熔成液體狀，將其塗佈於其他物體表面時，冷卻或溶劑揮發後會形成一層薄膜。

❺ 比重：約 0.916~1.316，因樹脂分泌物常與精油混合，精油含量多者，其比重較低，但精油揮發後比重會增大。

❻ 硬度：以 Mohs' scale of hardness

法表示之硬度約介於 2.5~2 之間。

❼ 電導性：為電的不良導體。

❽ 折射率：1.53~1.66。

18.5.3 植物樹脂之分類及用途

由於天然樹脂非化學分類上具備特定結構的一族物質，實為具備某些共同特性物質的總稱，亦即天然樹脂為包含許多不同結構類型的複雜化合物，一般將具備乾燥成膜特性的物質稱為樹脂。以下將依其結構特性，就常見樹脂簡介其主成分及用途。

18.5.3.1 單寧性樹脂

為樹脂單寧醇 (Resinotannol) 所構成之酯類化合物，此類樹脂具有單寧特有之呈色特性。安息香樹脂 (Siam benzoin) 為安息香樹 (Styran benzoin) 割劃樹幹後之病理分泌物，為著名的芳香材。初分泌之樹脂呈現紅色或褐色，具濃郁芳香味，乾燥後可溶於酒精。其成分主要為樹脂單寧醇 (Siaresinotannol; $C_{12}H_{13}O(OH)$; 56.7%) 及安息香樹脂醇 (Benzoresinol; $C_{16}H_{25}O(OH)$; 5.1%) 與安息香酸 (38.2 %) 反應所形成之酯類。可應用於香料、化粧品、醫藥用，並可製作清漆，及做為苯甲酸之原料。

18.5.3.2 中性物樹脂

含有較多中性的樹脂，又稱為氧化樹脂或鹼不溶樹脂，為一種不活潑，不易發生反應之樹脂。越列蜜樹脂 (Elemi resin)，又稱欖香酯，由橄欖科植物可取得。主要成分包含香樹脂醇 (Amyrin; $C_{30}H_{49}OH$) 和欖香酸 (Elemic acid; $C_{36}H_{56}O_4$) 所形成的酯類，為一種中性樹脂 (Resene)，另含有 Elemin($C_4OH_{68}O_4$) 及精油。主要用於芳香材及外科用軟膏，並可應用於印刷及毛織工業。

18.5.3.3 樹脂酸樹脂

為含有多量樹脂酸的樹脂，僅少量或不含由樹脂酸所形成的酯類。代表性樹脂為松脂，在松樹的樹幹上鋸割 V 字形溝，由傷口流出之液體初期呈現透明液狀膠質，其中精油成分隨時間經過而漸揮發，最終結成淡黃色固體塊狀物，此稱之為松脂或生松香。松脂以水蒸氣蒸餾時，餾出液為松節油 (Terpentine oil)，而殘留之固體則為松香 (Rosin)。松節油主要成分為精油，為合成樟腦、龍腦 (Borneol) 之製造原料，並可做為塗料之溶劑。松香為淡黃色或褐色透明固體，融點 90 ～ 100°C，主要成分為三環構造之松脂酸，其結構中含有兩個不飽和雙鍵及一個羧酸基，可溶於甲醇、乙醇、乙醚、苯、丙酮、松節油等。可做為造紙的松香上膠劑，纖維板製造的防水劑，墨水、殺蟲劑、膠帶的黏著劑，亦可做為橡膠軟化劑及製備松香皂。而溶解後之松香可直接做為清漆 (Varnish) 塗料，由於其結構具備羧酸基及雙鍵，可透過反應形成酯化松脂 (酯橡膠；Ester gum)、松香變性順丁烯二酸酯 (Rosin maleic ester)、金屬鹽松香 (Metal salt rosin)、酚化松香 (Phenol type rosin)、

氫化松香 (Hydrogenated rosin)、聚合松香 (Polymerized rosin) 以進一步改善其塗料及塗膜性質。

18.5.3.4 樹脂醇樹脂

含有多量樹脂醇，而少含樹脂酸或游離酸之樹脂，代表性樹脂為蘇合香樹脂 (Liquidambar orientalis) 所分泌蘇合香樹脂 (Storax)。初夏將其樹皮擊傷或割破深達木部促進樹脂分泌，至秋季時再剝下樹皮並榨取蘇合香樹脂，而殘留樹皮可加水煮後再次壓榨。蘇合香樹脂主要成分為蘇合香醇 (Storesinol; $C_{36}H_{57}O_2 \cdot OH$) 及由蘇合香醇與桂皮酸 (Cinnarmic acid) 所形成之酯類 (Storesin)，其他成分則包含精油、香草醛 (Vanillin)、桂皮酸桂皮酯 (Styracine) 等，蘇合香樹脂可做為薰香、香料、化妝品之香料原料，並開發對心血管疾病有療效的藥品。

18.5.3.5 脂肪酸樹脂

代表性樹脂為蟲膠 (Shellac)，為介殼科昆蟲寄生於大戟科、桑科、鼠李科、無患子科、荳科等植物之幼枝，刺激其分泌的黃褐色至淡黃色樹脂成分。主要成分為油桐酸 (Aleurite acid; 三羥基十六烷酸)、蟲膠酸 (Shelloic acid)、蟲膠樹脂酸 (Schellac resin acid)。另含有蛋白質 2~6%，蠟 4~8%，色素 0.6~3 %。蟲漆樹脂溶於酒精可調配成蟲膠清漆，俗稱凡立水或洋乾漆，可用於木器塗裝

18.5.3.6 顏料樹脂

含有多量色素之樹脂，又稱色素樹脂。藤黃 (Gamboge) 為金絲桃科藤黃屬植物， 如：Garcinia morella、Garcinia hanburyi 等，樹幹滲出的樹脂。其樹脂主成分為藤黃酸 (Gambogic acid; $C_{38}H_{44}O_8$) 和阿拉伯酸 (Aarabic acid; $C_5H_{10}O_6$)，約占 70 ～ 80 %，另含有樹膠質 (Gum)15 ～ 25 %，水 5 %。可做為黃色原料，亦可藥用，但有毒性。

18.5.3.7 酵素樹脂

含酵素 (Laccase) 之樹脂，此酵素具有氧化作用，又稱氧化酵素 (Oxidase)。生漆為漆樹所分泌之汁液，產自其內皮，主成分之漆酚 (Urushiol; $C_6H_3(OH)(OH) \cdot R$; R: $C_{15}H_{25}$~31, 以 H27 為多) 占 60 ～ 80 %，另含有水 10 ～ 34%、樹膠質 (Gum)3 ～ 6%、含氮物 1 ～ 3%。新鮮之漆液為灰白色乳狀液體，加熱去水後形成深褐色液體，樹膠質內含有漆酶 (Laccase)，為一種含氮的氧化酵素，無需另外添加乾燥劑或硬化劑即可促使漆酚進行氧化聚合作用，但此反應需在適當溫度 (25 ～ 30℃) 及濕度 (R.H. 75 ～ 85%) 環境下，酵素才能作用使漆酚完全乾燥。生漆主要作為木器塗裝的高級塗料。

18.5.3.8 乳狀 (液) 樹脂

以乳液形態存在於水相樹汁液的樹脂，代表性樹脂為橡膠樹所分泌之橡膠乳液 (Latex)，另大戟科、夾竹桃科、桑科、菊科等植物均可分泌此種乳液樹脂。新鮮橡膠乳液中，固體的樹脂成分僅佔

30～40%，其餘為水（60～70%）、碳水化合物、蛋白質、色素、無機物；而橡膠樹脂（Rubber）中 90% 為異戊二烯（Isoprene）之聚合物。橡膠乳液可直接或濃縮後加以利用，或加酸後使之凝固做成生橡膠，可供做各種橡膠工業的原料。

染料為重要的民生及工業用原料，天然染料可區分為礦物性染料、植物性染料及動物性染料三類，其中植物性染料因取得容易，且可透過栽培而大量收集，故應用最廣。在自然界中，植物的葉、花、果、種子、根、莖等部位常含有各種不同顏色之色素，而有些原本為無色的植物抽出物質經處理後將轉變成色物質，這些天然之植物色素或色素原料，均可供各種染料之製造。

18.6　植物性著色成分之組成及應用

18.6.1 植物染料的應用

人類應用植物染料已有非常悠久的歷史，中國的染織工藝在古時曾聞名中外，植物染料亦為重要的出口商品，16 世紀時，東方靛藍曾大量輸往歐洲，在清光緒年間，紅花、茜草、紫草、五倍子、鬱金和靛藍每年都有千擔甚至萬擔以上的輸出記錄。而在世界各地用以製作染料之植物種類各異，例如，東南亞的僧侶利用波羅密（*Artocarpus heterophyllus*）木材取得的染料製作黃色袈裟；印尼及爪哇等地利用細蕊紅樹（*Ceriops tagal*）、拓樹（*Maclura cochinchinensis*）、盾柱木（*Peltophorum pterocarpum*）的樹皮做為蠟染的褐色原料，檄樹（*Morinda citrifolia*）的根做為蠟染的紅色原料；在墨西哥則利用狄薇豆（*Caesalpinia coriaria*）的莢果萃取黑色染料做為墨水使用。

大部分的植物色素利用熱水萃取即可溶出，然許多植物色素則要經過特殊處理才能呈色，或藉由媒染劑使獲得不同顏色。例如：靛藍為無色的靛藍苷經過醱酵氧化而形成的藍色染料；而紅花中的黃色素可以利用清水浸洗而取得，紅色素則須先利用鹼溶液析出，再以酸置換而獲得。

18.6.2 植物染料的組成分

由植物體萃取的染料可區分為單色性染料與多色性染料，其中單色性染料萃取後直接呈色，而多色性染料則須藉由媒染劑顯色，並可利用不同媒染劑轉變色相。媒染劑可增加染料之著色性，提高

顏色的鮮明度，同一種染材可因媒染劑不同而呈現出不同的色彩。明礬、醋酸鋁等鋁媒染劑可賦予明亮色彩，醋酸銅媒染劑則可染出褐色等深色調，醋酸鐵媒染劑可染出灰色、深茶褐色、黑色調，錫酸鈉媒染劑可提供黃、紅、粉紅等明亮色彩。

18.6.3 染料植物種類

植物體的根、莖、葉、根、花、果、種子等部位均存在色素成分，常見可用於萃取染色成分之植物種類及部位概述如下：

❶ 木材：巴西蘇木、蘇木、墨水樹、龍眼樹、鹽膚木、紫檀木、福木、栗樹等。

❷ 樹皮：楊梅、樟樹、鳳凰木、福木、相思樹、胡桃、柿子樹、栓皮櫟、橡木、栗樹、白樺樹、鹽膚木、烤皮樹、紅樹、長青樹、柳樹等。

❸ 根部：檄樹、羊角藤、薑黃、茜草、紫草等。

❹ 莖、柄、葉：山藍、木藍、菘藍、蓼藍、龍眼樹、鹽膚木、小佛提樹、冬青、桃金孃、向日葵、木犀草等。

❺ 花、果實、漿果和種子：龍船花、指甲花、紅花、黃梔、石榴、檳榔、胡桃、薯榔、榕樹、仙人掌、桑果、胭脂樹、胡蘿蔔、南瓜果肉、橘皮等。

18.6.4 植物染料的色相轉變

墨水樹 (*Haematoxylon campechiamin*) 心材同時含有蘇木色素 (Haematoxylin; $C_{16}H_{14}O_6$) 及蘇木紅 (Haematein; $C_{16}H_{12}O_6$) 兩種色素成分，其中蘇木素原為無色至淡黃色結晶，易溶於熱水，在鹼溶液呈現紫紅色，與鋁作用可呈現紫色，與銅作用則呈現深藍色，與重鉻酸鉀作用呈現紫色，可做為酸鹼指示劑，酸性下為黃色，鹼性下為紫色。蘇木因則為紅色結晶，難溶於水及有機溶劑，溶於氨水呈褐紫色，溶於強鹼液呈紫青色。蘇木素經氧化處理後可轉變成蘇木因。

木藍 (*Indigofera tinctoria*) 的葉及莖皮中含有靛藍苷 (Indican; $C_{14}H_{17}NO_6$)，此為白色絹絲狀結晶狀物，可溶於水、甲醇、乙醇、丙酮等溶劑。做為染料時須先經過稀酸加水分解脫去葡萄糖，形成 Indoxyl(C_8H_7NO) 中間物質，再進一步氧化後形成靛藍 (Indigo; $C_{16}H_{10}N_2O_2$)，此時才呈現具有金屬光澤的藍色。

楊梅 (*Myrica rubra*) 樹皮經萃取可得黃酮配糖體的楊梅苷 (Myricitrin)，在稀酸溶液中加水分解脫去葡萄糖後可得楊梅黃酮 (Myricetin; $C_{15}H_{10}O_8$) 的深黃色結晶物，溶於乙醇後為黃色染料，加入氯化鐵則轉變成褐色，溶於 10% NaOH(aq) 則由黃色轉變成綠色。

檄樹 (*Morinda citrifolia*) 及羊角籐 (*Morinda umbellata*) 之根部含橙黃色結晶之檄樹苷 (Morindin)，經加水分解可得橙紅色結晶之檄樹醌 (Morindone; $C_{15}H_{10}O_5$)，將檄樹醌溶於鹼水溶液呈紫青色，溶於濃硫酸呈紫紅色，遇氯化鐵則

呈現綠黑色。薑黃 (*Curcuma longa*) 之根莖含有薑黃素 (Curcumin；$C_{21}H_{20}O_6$)，為橙色柱狀結晶，溶於鹼液呈紅褐色，中和後轉變成黃色，與硼酸作用後呈現紅褐色，在轉變成鹼性時則變成藍黑色。

黃梔子 (*Gardenia jasminoids*) 之果實含有黃色結晶之 Gardenin(梔子素)，可溶於熱鹼溶液，與氯化鐵作用呈橄欖綠色，在乙醇中以鎂及鹽酸作用則還原而呈紅色。胭脂樹 (*Bixa orellana*) 的紅色外果皮含有胭脂樹素 (Bixin)，為濃紫色柱狀結晶，在三氯甲烷溶液中以碘加以異性化可轉變為安定型的紫紅色咽脂樹素。

▲ 黃梔子之果實

① 木材除直接利用製材加工、製作木質板材、做為製漿造紙原料等傳統木材加工領域外，請說明可藉由那些處理程序改變其型態或組成而開發特殊產物。

② 解釋植物種子油之組成，並說明種子油除為食用油外，尚可應用於在那些工業產品之開發。

③ 說明單寧的分類、化學結構及用途。

📖 延伸閱讀／參考書目

🌲 葉綠舒 (2016) 世界維管束植物大盤點。CASE 報科學，台大科學教育發展中心

🌲 劉正字 (1993) 森林副產物。「中華民國台灣森林志」，中華林學會出版 P488-523。

🌲 Bowter, J.L., Shmulsky, R., Haygreen, J.G. (2003) Forest Products and Science: An Introduction. (Fourth edition) Blackwell Publishing, P1-554.

🌲 Bhat, S.V., Nagasampagi, B.A., Sivakumar, M. (2005) Chemistry of Natural Products. Narosa Publishung House, P1-840.

19.1 製漿與漂白技術

紙漿係將木材或其他植物纖維原料分散之產物，為纖維原料能用於製造紙張或紙板的中間產品，其製造程序可分為化學法、機械法，及介於兩者之間的化學機械法與半化學法。

機械法係藉由機械力量在稍高溫度 (90-145°C) 下將纖維分離，除一部分水溶性物質被溶出外，原料中其他成份幾均留存於紙漿纖維中，得率在 90-98% 之間。目前所使用的製程包括：磨石磨木漿 (stone ground wood，SGW)、壓力磨木漿 (pressurized ground wood、PGW)、機械磨木漿 (refiner mechanical pulp，RMP)、熱磨機械漿 (thermo mechanical pulp，TMP)、熱磨磨木漿 (thermo ground wood) 等等，各製程均不添加使原料柔軟或除去一部分木質素的化學藥品。

化學機械漿 (chemi-mechanical pulp，CMP) 係指以少量化學藥品，在壓力或高溫下使原料柔軟化或去除一部份木質素後，藉由機械力量 (鍊漿機)，使纖維分散而得紙漿，得率在 80-92% 之間。目前所使用的製程包括：化學熱磨漿 (chemi-thermo-mechanical pulp，CTMP)、漂白化學熱磨漿 (BCTMP)、化學機械漿 (CMP)、與衍生之 CRMP、TCMP、OPCO、LFCMP、CTLP、APP、BAPP、APMP 等等。後三種製程以 $NaOH+H_2O_2$ 預處理後磨漿，適用於闊葉樹漿，可得到較高白度的紙漿。

高得率化學漿法 (high yield chemical pulping，HYCP) 比半化學漿的處理條件較為接近化學漿法的製漿製程，得率在 55-70% 之間。較常用者有高得率硫酸鹽法 (high yield sulfate)、高得率亞硫酸鹽法 (high yield sulfite)、高得率重亞硫酸鹽法 (high yield bisulfite) 等。蒸煮後仍須用少量動力將之磨散。

化學漿 (chemical pulp) 係指藉化學藥品之反應，使纖維與纖維間之木質素及一部分碳水化合物成為溶於水或其他溶劑而分離。未漂前得率約在 45-55% 之間。目前所使用的製程包括：硫酸鹽法 (sulfate(Kraft)process，KP)、亞硫酸鹽法 (sulfite process，SP)、鹼法 (alkali process，AP) 或稱蘇打法 (soda process) 等傳統製漿法，與所衍生的多硫化法 (polysulfide process)、重亞硫酸鹽法 (bisulfite process)、鹼性亞硫酸鹽法 (alkaline sulfite process) 等等。

19.1.1 原料製備

不論何種纖維原料在製漿之前，均須經過適當的處理，以使該原料所帶的雜質減至最低，並將其形狀處理成適於製漿之用。

紙漿廠所用木材可以原木、枝梢、製材廠邊皮材與木片等之形狀運至紙漿廠。製程使用則分為圓木段與木片兩種形狀，由原材料製成製漿用原料的流程說明如圖 19-1。

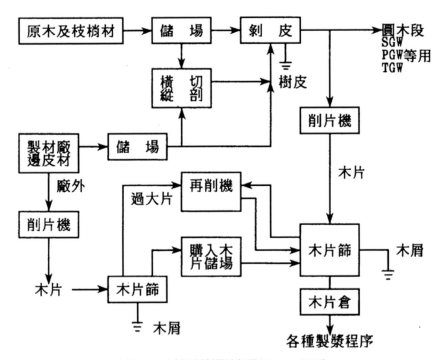

▲ 圖 19-1 木材原料製備流程圖 (Smook, 2016)

19.1.2 硫酸鹽法

由於硫酸鹽法紙漿製出的紙張韌性強，於是就引用瑞典文字中有 " 強 " 意思的 "Kraft" 與以命名，俗稱牛皮製漿法，簡稱 KP，以凸顯它的紙張特性。同時也因為在回收過程中加入硫酸鹽，因此統稱為硫酸鹽法。於 1930 年代，硫酸鹽法中蒸煮黑液的回收製程漸趨完善，可以有

效減少污染並降低成本，再加上硫酸鹽法可用的原料遠比當時盛行的酸性亞硫酸鹽法廣泛，所以迅速發展。其後，更由於二氧化氯漂白單元的發展，使得牛皮漿在漂白單元可以生產更符合商品化的白度要求。而在二氧化氯的製備製程中，有芒硝 (glauber，結晶硫酸鈉) 的副產品產生，使得整體牛皮漿廠的藥液循

環系統更加完備。目前牛皮漿廠已成為化學漿的主流製程。

一個完整的現代化牛皮漿廠，除了做為主體的製漿廠外，還必須具有藥液回收系統、漂白藥品製備系統，以及包括汽電共生、水處理、廢水處理等的公用設備，才能構成一周密的循環迴路。全世界 80% 以上的製漿廠會配套造紙廠，稱為漿紙一貫廠。典型牛皮漿漿紙一貫廠製造流程說明如圖 19-2。

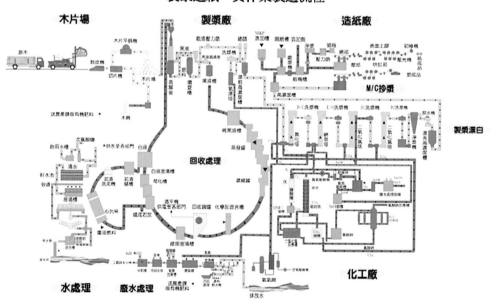

▲ 圖 19-2 牛皮漿漿紙一貫廠製造流程圖 [造紙公會，2007]

19.1.2.1 製漿廠

❶木片廠：國內以進口木片為原料，只有木片儲存、運送等單元。

❷蒸煮單元：木片經由帶式輸送機送入批式蒸煮釜中（註：國外先進的牛皮製漿廠皆使用連續式蒸煮釜），並將含 NaOH 及 Na$_2$S 的白液及部份循環的黑液加入蒸煮釜中，再以間接的蒸汽加溫至 160-170°C，壓力維持在 7 kg/cm^2，至一定時間（約 2 h）後降壓，打開釜底的凡而，將內部漿料噴出至噴漿槽內，使木片完全解離漿化。

❸篩選單元：將蒸煮不完全的木片或木節，經由除節機及其他如離心篩、壓力篩等篩選機篩除，以利後段洗漿及漂白作業。

❹洗漿單元：使用與漿料流向相反的清水，將漿料中溶於藥液中的木質素及藥液置換出來，洗漿機性能的優劣，將會影響藥液的流失量。

❺氧去木質素單元：為降低漂白藥液用量及降低廢水中的 BOD，使用氧氣與氧化白液或燒鹼，將未漂漿中的木質素再予去除，可以進一步降低卡巴值（Kappa number，代表木質素含量）40-50%。此作業亦有稱為氧預漂單元。

❻漂白單元：目前漂白作業世界趨勢可以區分為 ECF 漿（elemental chlorine free）及 TCF 漿（total chlorine free）兩種。ECF 漿主要在北美洲，國內亦同，在漂白段不使用元素氯（Cl$_2$），大部分使用氧漂（O）或二氧化氯漂（D）來移除木質素，通常使用漂白段 DED 來增白，過氧漂（P）主要應用在強化氧漂（O）或鹼萃段（E）。TCF 漿主要在北歐地區，在漂白段完全不使用含氯藥品，不會產生 AOX（absorbable organically bound halogens），所以漂白段的排放水可以使用燃燒方法處理，來達到零排放，典型漂白段為 Oq(OP)(ZQ)(PO)。目前所面臨的障礙為達到需求白度時，會明顯造成紙力下降。

❼淨漿單元：經漂白後的紙漿，在市售紙漿所要求的主要規格 - 白度、強度、污點三項指標中，已達成前二項，而第三項的污點部分則須藉助淨漿機（cleaner），將漂後漿中殘存的樹脂、木絲、砂等不純物去除，才能達到市售漿不透視污點在 4.0 mm^2/m^2 以下的要求。

❽抄漿單元：抄漿主要是將製漿單元中約 3% 漿料的纖維懸浮液，抄造成為 50% 含水量的半濕漿（國內使用）或再經烘缸段抄造成含水率 20% 以下的乾漿，以利長途運輸及儲存。

19.1.2.2 藥液回收

藥液回收在整體牛皮漿廠中，除了可充分利用木片中 50-55% 的木質素、半纖維素、降解之纖維素等有機物溶解於藥液中而形成的黑液（black liquor），經濃縮後，於回收鍋爐燃燒產生蒸汽外，同時將鹼成份回收。既可節省大量成本外，又可避免黑液排放所造成的環境污染。藥液回收流程說明如圖 19-3。

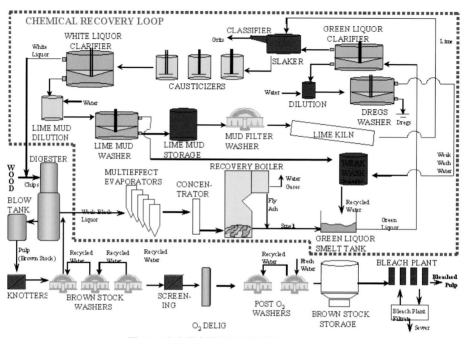

▲ 圖 19-3 牛皮漿廠藥液回收流程圖 (Smook, 2016)

經蒸發罐濃縮的濃黑液，送入回收鍋爐燃燒時，除需補充蒸煮藥劑不足所添加的硫酸鈉外，硫酸鈉會跟有機物分解所生成的碳 (C) 發生下列化學反應：

$$Na_2SO_4 + 2C \rightarrow Na_2S + 2CO_2$$

而其他無機物則還原成為碳酸鈉 (Na_2CO_3)。燃燒所產生的熔渣 (smelt)，溶解於水中形成綠液 (green liquor)，主要的內含物為碳酸鈉與硫化鈉。

苛化單元 (caustizing) 係以白液澄清槽沉降分離之碳酸鈣，經洗滌後，與補充用石灰合併送入旋窯 (lime kiln) 中燒成生石灰，再加入水消機 (slaker) 中，將綠液中的碳酸鈉置換成為氫氧化鈉，此時便成為白液 (white liquor)。白液中的碳酸鈣則在澄清槽中沉降於槽底，經分離並洗滌後，再送至旋窯 (lime kiln) 煅燒成生石灰。其上層澄清液 (白液) 即可供蒸煮單元使用。苛化的化學反應式說明如下：

$$Na_2CO_3 + Ca(OH)_2$$
$$\rightarrow CaCO_3 + 2NaOH$$

19.1.2.3 漂白藥品製備

由於漂白藥品運輸上的不便，特別是二氧化氯，因此只要稍具規模的漂白漿廠，都會建置有製備漂白所需藥品的工廠。

❶ 氧氣：可外購高純度的液態氧，亦可視本身的使用規模，使用空氣真空式交替吸附法 (vacuum swing adsorption，VSA) 或壓力式交替吸附法 (pressure swing adsorption，PSA)，來生產純度約 93% 的氣態氧使用。

❷ 氯氣及燒鹼：主要來源為氯化鈉食鹽水電解，在陽極產生氯氣，陰極產生燒鹼。電解槽使用離子交換膜來減少鹼液中的 NaCl 的含量，電解後的溶液即可使用。

❸ 二氧化氯：氯化鈉食鹽水電解時，陰陽極不分開即產生氯酸鈉，再以此為主原料，視不同製程加入不同的副原料，製成常溫下為氣態，須以 10°C冷水吸收製成 8 g/L 濃度的溶液，直接送往漂白工場使用。副產品芒硝則送入黑液系統中做為藥液補充用。

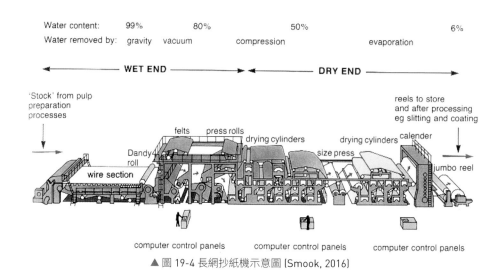

▲ 圖 19-4 長網抄紙機示意圖（Smook, 2016）

真正的造紙工藝在西元前 100 年起源於中國，當時的造紙法為在懸浮的紙漿（竹子內皮浸軟後獲得）溶液中，利用細篩過濾後得到纖維墊，此墊再經過壓榨及乾燥程序，被發現適合用來書寫及畫圖。

雖然 Louis Robert 已在 1799 年註冊第一台連續式抄紙機專利，但是手工造紙工藝仍然持續至 19 世紀初。直到 1804 年 Fourdrinier 兄弟成功的把連續式抄紙機商業化。

從 Louis Robert's 專利開始，長網抄紙機（Fourdrinier paper machine）經過多次的進化及改善，現代長網抄紙機基本的單元請參考圖 19-4，說明如下：

❶進料分佈器（flow spreader）：主要目的為漿料經過進料管後能均勻的分佈在抄紙機的縱向（MD）。

❷頭箱（headbox）：壓力式頭箱，把紙漿橫向（CD）均勻分佈在移動網上。

❸長網（Fourdrinier wire）：連續不間斷的移動網，可以讓漿料利用重力或抽吸方式脫水，已達到把纖維成型為紙匹的目的。

❹壓水部（press section）：紙匹經過數段的壓榨輥，不僅可以去除更多的水份，同時把紙匹更加緊緻化（亦即纖維被迫使緊密接觸，強化鍵結）。

❺乾燥部（dryer section）：紙匹經過一連串蒸汽加熱的烘缸（cylinders），不僅蒸發去除大部份殘留的水份，同時使纖維鍵結發展成紙。

❻壓光部（calender section）：紙經過一組或數組金屬輥的壓光作業，來降低及管控紙的厚度及平滑紙面。

❼捲紙（reel）：乾燥及壓光後的紙，捲成捲筒狀。

❽上述的長網抄紙機，可以視為抄紙機基本單元，適用在極大範圍的紙種。但是隨著不同紙種及紙速的需求，會有不同單元配備的發展，例如表面上膠（surface sizing），表面塗佈（surface coating）及特殊壓光單元等。

19.2.1 濕部操作

19.2.1.1 流漿系統

流漿系統（approach system）通常定義範圍在扇泵迴路，其中漿料經過計量、稀釋、混合添加物，篩選及淨漿到噴流至長網前。流漿系統可以延伸到紙機槽及頭箱唇板（slice lip）。有時候，部份漿槽及磨漿機（refiner）也會被列入流漿系統。

雖然傳送到抄紙機的漿料論理上應該不含有不純物，但是大部份抄紙機的流漿系統配置有篩選機（screen）及淨漿機（cleaner）來確保不受外來不純物的影響。實務上，篩選機功能為去除大塊不純物及預防纖維反絮凝（defloc）作用，而淨漿機則是設計來去除細小不純物。壓力篩（pressure screen）通常操作在少量排渣條件。相對大口徑的淨漿機則利用來去除粗絲（shives）及木絲（slivers）。

流漿系統的心臟為扇泵（fan pump），主要功能為使漿料與白水均勻混合，穩定的輸送到頭箱。扇泵為抄紙機中最大的泵，其設計量必須相當的準確。揚程及揚量必須相當穩定，不能有悸動（pulsations）或波動（surges）的產生，同時要滿足抄紙機所有基重變化的需求。通常抄紙機只配置一台扇泵，但有時候二台扇泵會串聯使用，特別在利用真空方式去除空氣的流程。

為了確保漿料均勻輸送到頭箱，漿料先進料到配漿槽（stuff box），維持固定的水位（head），再經過基重控制閥（basis weight valve）。

19.2.1.2 進料分佈器（頭箱進流）

雖然近代的進料分佈器被設計成頭箱的一部份，但是有時會被單獨考量，因為在高速抄紙機中，其功能相當關鍵，同時其功能可以被分開評估。漿流形成管道流均勻分佈在抄紙機的橫向的設計障礙，直到 1950 年中期由 J. Mardon 導入多管回流式錐型歧管才得以解決。今日的回流分佈器已成為頭箱的主流，均勻的漿流從合適設計的歧管而獲得。這發展導致其它的設計過時，同時延伸出水力式頭箱的發展。歧管的管集箱可以是圓形或是長方體形的，大部份的設計為在上面用厚片板，可準確的鑽孔及正確的佈管位置。

19.2.1.3 頭箱

頭箱的功能為把扇泵輸送的漿料，轉化成管道流 (pipeline flow) 成為均勻，等寬度的長方型流體進入抄紙機，同時要在抄紙機縱向平均等速度。成品紙的交織 (formation) 及均勻度跟纖維及填料的平均分佈有關，因此設計及操作頭箱成為抄紙機成功條件最重要的一環。

頭箱依車速及交織需求的設計可以概分為二大類：開放式及壓力式。壓力式頭箱又可劃分為二大類：傳統氣墊式 (密閉箱配置可控制液位) 及較新型水力箱設計。目前最先進的設計為稀釋水頭箱。

19.2.1.4 乾線定義

當從長網上端往下看，可以看到明顯的境界線 (通常在第二乾燥箱附近)，這表示在該點或線紙漿表面玻璃狀的水份已被去除。乾線 (dry line) 的形狀及位置為抄紙機濕部操作控制的主要參數。任何乾線位置的變化，表示漿料脫水率的改變，必須調整頭箱濃度或乾燥箱真空度來補償。任何不規則乾線的產生，可能有許多因素，但是大部份肇因於頭箱漿料輸送的不均勻。一般而言，乾線的不規則跟紙捲基重橫向分佈有相關性。

19.2.1.5 長網部

典型長網部的成形網為連續不間斷金屬 / 塑膠所織成的織物。在 1960 前，只有金屬網可使用 (通常為磷化銅)。目前塑膠網已取代絕大部份的金屬網，因為有較長的使用壽命 (高至 10 倍以上)。

成形網由二支大輥所帶動，胸輥 (breast roll) 在頭箱側，另一端則為伏輥 (couch roll)。胸輥為實心輥，在長網機中只作為支撐長網用 (在其它抄紙機，胸輥可作為抽吸成形機)。伏輥為溝紋輥，多孔外殼，包含 1 或 2 高真空抽吸箱來脫水。大部份的抄紙機，長網部的傳動動力在伏輥及網迴轉輥 (wire turning roll)。

在胸輥及伏輥之間的單元，大部份功能為協助支撐及脫水。依據不同的需求會有不同的排列。今日大部份的抄紙機在胸輥後，緊接著為成形板 (forming board)，接著為多支脫水板 (foil)。長網通過一系列的真空抽吸單元，從低真空 (濕箱，wet box) 到高真空 (乾箱，dry box)，最終通過高真空的伏輥。

網迴轉輥把長網傳送回到胸輥。伸張輥 (stretch roll) 及導輥 (guide roll) 自動調整長網的張力，同時確保長網運轉時維持正確的位置。一系列的噴淋管維持長網的潔淨度及去除累積物。一些車速較慢的抄紙機 (車速高至 400 m/min)，通常配置有振動設備，可以使長網橫向振動來改善交織。

有些在長網邊還有橡膠的定邊條 (deckles)，在脫水初期協同保留纖維。振動器及定邊條在高速紙機並不需要，因為纖維在脫水初期就被固定了。

一些長網機在長網部上面配置有修飾輥，在抽吸箱段，騎過紙匹。骨骼輥 (skeletal roll) 由毛毯包覆，可以使紙匹較緊細，同時改善面層交織。一些修飾輥在網面有樣板 (pattern)，可以轉印到紙匹，提供水印作為一些特殊用途。

傳統上在進入伏輥前兩邊的窄條將會修邊。因為兩邊的基重較低，紙力弱，交織差，可能會成為在紙匹導紙時斷紙的來源。修邊藉由兩支高壓水流稱為噴切器 (squirts)，位於網後及伏輥前，切邊紙匹傳送至伏輥後沖洗至伏輥坑，隨後再散漿，回流到損紙系統。

19.2.1.6 脫水元件

長網部的脫水藉由壓力梯度來達成，此梯度的產生不是在網上漿料的重力或是漿料在唇板噴流的力量，而是在網下的脫水元件 (drainage elements)。在自由脫水段，壓力梯度由水力抽吸力來產生，長網通過固定的等高支撐 (contoured support) 脫水板 (foil) 來脫水。再進一步，利用不同的真空設備來去除更多的水份。

有些抄紙機可以藉於修飾輥或碎塊輥 (lump break roll) 所產生的壓力來補強。典型長網機脫水元件排列依序為成型板、案輥、脫水板、低真空抽吸箱、高真空抽吸箱、真空伏輥等。

19.2.1.7 成形網

抄紙機的成形網 (forming fabric) 是由 PE 單線編織而成的網，利用接縫 (seam) 形成連續皮帶。網孔設計不僅需足夠脫水，而且能夠保留纖維，成形網的設計依不同的紙別有不同的編織形狀、網目、線徑、編織摺皺程度等。成形網包括經線 (warp)(紙機方向) 及緯線 (weft，shute，filling)。經線關節指摺皺部份通過緯線上或下面，緯線關節部份與緯線類似。

傳統金屬網通常利用三線設計，經線通過上一緯線、下二緯線，三分之二的經線在網的下半部。今日趨勢為 4 或 5 線設計，亦即經線通過上一緯線，下三或四緯線。近年來雙層網設計被引進，上層為紙匹成形，下層為傳動抗磨耗。

19.2.1.8 雙網成形

在 1950 年代前，所有的抄紙機都使用長網或圓網成形。因為傳統成形方式有車速及品質的限制，因此業界對於開發新成形方式的研究投入大量的人力及金錢，直到雙網成形部的問世才開花結果。新成形方式的應用分類如下：(1) 取代或改良長網、(2) 家庭用紙成形、(3) 多層成形。在此必需要說明的是，雖然新式成形部的問世，但是傳統的長網成形亦有改良，因此傳統的長網仍然能與新式成形部相競爭，並不能視為已過時。

19.2.1.9 壓水部

壓水部的目的為去除水份及讓紙匹更密實，其它目的依需求有表面平滑、降低鬆度、提高濕紙匹強度，以提昇乾燥部的操作性。紙匹從成形部經過一連串的毛毯及不同的壓水輥再傳送到乾燥部。

壓水部可以視為成形部脫水的延伸。利用機械力來脫水遠比用蒸發方式經濟，因此抄紙業界無不設法提昇壓水部的效率，降低乾燥部的蒸發負荷。因為抄紙機的水份去除必須均勻，因此在進入乾燥部前壓水部的水份分佈必須調控。

目前最有效的壓水輥為第一段壓水輥，亦即流動限制狀態，使用雙毛毯，雙捏縫設計。不僅縮短橫向流動的距離，同時脫水作用可在雙面進行，因此縮短垂直流動的距離。近年來的研究，雙毛毯設計在厚磅紙時（高於 130 g/m²），亦可使用在第二段及第三段壓水輥。

近年來較新的壓水輥設計為 Beloit 公司在 1981 年引進的延伸捏縫壓水輥 (extended nip press，shoe press)，亦稱為靴壓 (shoe press)，提供較寬的捏縫，使紙匹在高壓的時間增長。此種設計不僅提供較寬的紙匹，同時因為較密緻化，提供較佳的鍵結紙力。主要的設計為固定式壓力靴及不滲透性的彈性皮帶，位於雙毛毯捏縫的下方。壓力靴連續用油潤滑，作為彈性皮帶的滑移軸承。

19.2.1.10 紙匹從網部傳送到壓水部

傳統長網抄紙機，紙匹從網部傳送到壓水部的方法有二種，開放式牽引 (open draw) 及抽吸揭紙 (suction pickup)。早期，所有的長網抄紙機都是開放式牽引，由壓水部及網部速差所產生的張力來把紙匹從網面掀起。開放式牽引通常使用在厚磅紙，雖然仍然有部份輕磅紙使用，但因為車速的限制目前已淘汰了。開放式牽引會受到漿料濾水度，品質及交織等因素所影響。抽吸揭紙自 1954 年引進，到目前為止，成為輕磅抄紙機不可或缺的一部份。紙匹自網面的掀起，亦經由毛毯被覆在抽吸輥上。紙匹則被毛毯傳送到第一段壓水部。

19.2.1.11 壓水部毛毯

雖然濕部毛毯的特性需求會隨著供應商及抄紙機而異，但是下列的特性為毛毯所必須具備的：(1) 長操作壽命（耐磨性，免阻塞）、(2) 足夠透氣度提供水流移動、(3) 細緻及平滑表面提供紙匹平滑面及再

濕性最小化、(4) 不可壓縮的基材，提供儲存水份空間、(5) 具彈性，容易覆蓋。毛毯覆蓋性有助於傳統式舊紙機更換毛毯，部份新式毛毯不具覆蓋性，因此必須利用特定的設備來更換毛毯。

目前有許多毛毯設計可供選擇，例如 fillingless，baseless 及 double-layered 等。雖然毛毯的選擇可由經驗及資料所得，但不可避免的必須在抄紙機上測試，才能決定最適的毛毯規格。

19.2.1.12 真空系統

在抄紙機中最適真空設計及操作性，才能得到最佳的經濟效應。足夠的真空泵能力提供長網部及壓水部的真空脫水元件，抽吸箱及毛毯網濕箱等使用。有許多真空系統可資利用，最常用的為正壓移動，水封式真空泵 (positive-displacement，liquid-ring vacuum pump) 及渦輪鼓風機 (turbo blower) 二種。此泵可提供較大範圍的真空需求及容易操作在水及空氣混合溶液。

19.2.2 乾部操作

19.2.2.1 乾燥部

濕紙匹通過壓水部，其水份約在 50-60%，再通過一連串的蒸汽加熱烘缸 (通常 60 或 72 英吋)，其水份被蒸發，而被通風空氣帶走。濕紙匹則被帆布緊緊包覆在烘缸表面。

典型烘缸部的排列，大部份抄紙機有 3~5 組獨立帆布系統，每組具有獨立的傳動來維持紙匹張力及紙匹收縮時調整用。上及下帆布都配置有緊張輥及定位輥。通常 3~5 組烘缸群亦有獨立控制的蒸汽系統；這可以跟帆布系統一樣或不同配置。

紙匹乾燥過程可視為二階段來進行，第一階段紙匹當與烘缸面接觸時吸收潛熱；第二階段為紙匹蒸發水份至上／下烘缸群間的汽袋 (pocket)，導致紙匹溫度降低，再循環吸收潛熱。

烘缸橫切面的溫度分佈，其主要的熱阻力為烘缸內冷凝水膜，烘缸表面的髒層及空氣層。髒層可能存在一些紙機中，必須利用刮刀來保持缸面清潔。空氣層的熱阻力可以用足夠的毛毯張力，儘量把紙匹貼緊烘缸面，來降至最低。一些報導中顯示，當張力高至某臨界點，並不會再降低空氣層，張力會跟車速及缸徑有關。冷凝水膜可能是影響熱傳導最大的阻力。另外烘缸內累積不可冷凝的氣體，對於熱傳導亦會受到影響，亦可能會導致不均勻乾燥。當水份蒸發到汽袋時，濕度會相對提高導致壓力差下降，因此需要在汽袋中維持足夠的通風。

19.2.2.2 蒸汽及冷凝水系統

紙匹蒸發水份的熱量來自烘缸內蒸汽釋放熱，成為冷凝水。蒸汽及冷凝水特性請參考蒸汽表 (steam tables)。蒸汽在當時壓力的飽和溫度下冷凝，這對於控制橫向乾燥均勻度相當重要。蒸汽通常傳送在過飽和狀態，以避免在管路中產生冷凝水。

烘缸內冷凝水的移除，係利用虹吸管組 (siphon)。如何儘快把冷凝水移除，使冷凝水膜降至最低，對於烘缸作業是相當重要的。在低速抄紙機，冷凝水累積在烘缸下方形成水坑狀 (puddle)，通常利用固定式虹吸管排放即可。當車速增加時，通過過渡區後，因為離心力的關係，會形成膜狀，就必須使用轉動式虹吸管。在大部份的紙機，蒸汽進汽及冷凝水排放都配置在同一側，通常在傳動側。但是在紙幅較寬的紙機，此種排列，較易累積不可冷凝的氣體。所以目前的設計為在傳動側蒸汽進汽而冷凝水排放則在前側。

烘缸內需要足夠的壓力差才能把冷凝水泵出烘缸，特別在高速紙機時，需要相當大的壓力差（例如，20 psi 在 3500 ft/min）。實務上，蒸汽會夾帶出冷凝水，而降低有效密度，進而有效的降低壓力差。蒸汽夾帶冷凝水出烘缸，稱為直接通過蒸汽 (blow-through steam)，同時可有效的清空不可冷凝的氣體。

目前直接通過蒸汽的利用有二種方式：(1) 串級系統 (cascade System)，蒸汽與冷凝水分離後，再回用到較低壓力烘缸群。串級系統主要的缺點為各段不能獨立控制，只有在最高壓力群才能調控。(2) 熱壓機 (thermo-compressor) 系統。直接通過較低壓力的蒸汽，利用高壓蒸汽升壓 (boosted) 後再利用，通常利用在同一群烘缸組。此系統的優點為各群能夠獨立控制，但是必須耗損高壓蒸汽的成本。

19.2.2.3 汽袋通風

在 1960 年代早期，傳統帆布逐漸由透氣度較佳的合成纖維來取代。此種較開放的帆布被發現可以自動傳送空氣進出汽袋。許多報告中顯示，被置換的空氣量跟帆布透氣及車速有關。

可透氣的帆布在各供應商逐步開發下，目前熱且乾燥的空氣可直接導入汽袋。導入的方式有二種：經由帆布輥及從外部管道導入。各段供應可調控的空氣量，可以進而調整全幅水份分佈。汽袋通風系統在近代帆布及通氣系統的開發，已有效的提高蒸發速率。

19.2.2.4 烘缸罩通風

在紙匹乾燥過程中，空氣占了非常重要的角色。跟烘缸罩的形式有關，蒸發 1 lb 的水份，需要空氣 7~20 lb。空氣量的供應必須足夠，以避免烘缸罩內滴水、累積及腐蝕。空氣的供應必須在最具經濟效應下調控。

烘缸罩的演進，早期只有天花板及抽風扇，所有的空氣被抽到紙機間，而無法有效利用。半密閉式稍微改善，但是全密閉式提供較佳的供應及排放控制，可使空氣亂流降至最低，以避免紙匹乾燥不均勻。

最新式的烘缸罩設計，稱為高露點烘缸罩 (high dew-point hoods)，完全密閉及保溫，空氣擴散可完全避免，操作在高溫及部份回流，所需求的空氣量可有效的減少。

19.2.2.5 壓光部

壓光作業（calendering）為用輥來壓平紙匹的通稱。紙及紙板作業有許多不同壓光方式，例如機上壓光（machine），超壓光（super），光澤壓光（gloss），雪面壓光（matt），磨擦壓光（friction）及刷式壓光（brush）等。最常使用的為機上壓光，紙匹通過一組或多組捏縫的鐵輥，多半在機上作業。

機上壓光主要目的為降低張匹厚度至需求範圍，整平厚度橫向變異及改善表面性質（主要是平滑度）。網痕及毯痕經過壓光作業後，很明顯會被整平。

典型壓光機每組有 1~7 支輥，依據加工的需求，抄紙機使用 1~3 組壓光機。壓光輥自重可能足夠提供所需的捏縫壓力或是需另外加壓。線壓解除（nip relieving）利用來調整軸承及兩端的受力，以得到較均勻的線壓分布。

溫度在壓光作業為另一重要的變數，大部份的壓光機配置有 1~2 支控制溫度輥。輥加熱主要的方法為在輥中間通蒸汽，此方法通常受到加熱的均勻性及程度所限制。最近發展的設計利用熱水通過設計的孔槽來控制。

冷空氣可應用在一或二支壓光輥上，利用歧管來控制橫向分布。冷空氣可以帶走因不平點（較高部份）摩擦所產生的熱，而得到較平整的線壓。一些壓光機利用熱空氣或摩擦墊來膨脹較低點。雖然膨脹及收縮的部位非常小，但是足夠改善厚度橫向分布。

壓光部的趨勢為較少捏縫組及提高捏縫壓力。固定后輥壓光（fixed-queen calender），新一代的壓光方式，可在上端及底端加壓，依需求可經過一道捏縫或三道捏縫。

19.2.2.6 捲紙

在乾燥部及壓光部作業後，紙匹必須以較簡便的方式收集整理，以作為下一步加工使用。大部份的紙機配置有初捲機（pope reel）設備來收集紙匹。

初捲機為馬達帶動，在足夠負荷下，使從壓光部傳來紙匹有足夠的張力。在正常操作下，紙匹順著捲紙筒捲曲，進紙到捲紙筒及由第二支架支撐的捲紙軸之間的捏縫。紙匹在捲紙軸成捲，而空的紙芯管則在第一支架定位備用。

在紙捲快達到需求的直徑時，新的紙芯管則利用橡膠輪加速到與紙機同速，然後利用第一支架在捲紙筒上加壓。當紙紙達到需求的直徑時，第二支架放鬆對捲紙筒的壓力，導致紙捲減速，紙匹在捲紙筒及捲紙軸之間利用空氣噴流吹起。在適當時刻，看紙工把紙打斷，紙匹自然包覆新紙芯管。完成的紙捲則利用吊車吊離捲紙軸軌道。

當紙匹完成包覆在新紙芯管，第一支架則會下降，把紙芯管置放在捲紙軸軌道上。第二支架則把芯管維持捲紙軸在捲紙筒的傳動壓力。第一支架則釋放回到

向上位置來接受新紙芯管。

在紙捲形成過程中，任何明顯厚度或密度的橫向變化，看紙工可以用手或木棒敲打紙面，很容易觀察得到。通常矯正措施有調整唇板，變化壓水輥中高，去除壓水毛毯的條痕，乾燥部的水份分佈調整，最直接的調整為變化壓光輥的冷空氣量。目前紙捲分佈的檢測儀器，可以顯示濕度、基重、厚度及紙捲硬度分佈，可以直接明確的協助操作員研判不均勻分佈的來源，進而迅速進行矯正行動。

19.2.2.7 紙機傳動

紙機傳動系統必須具備可以個別控制各段的速度在極大的速度範圍及在很窄的控制範圍的能力。在紙匹通紙時，必須施加部份程度的張力來拉紙。假如不能適時修正各段的速度，將會把紙匹拉斷及產生積紙現象。

目前抄紙機有二種傳動系統：機械式傳動及分段式電子傳動。機械式傳動系統為整台抄紙機利用單一馬達或是汽渦輪，經由線軸（line shaft）來傳動。各段的內傳動則利用機械方式來調整速度。通常為固定比例傳動，線軸通過齒輪單元，各段的速度調整則利用齒輪結合。在汽渦輪系統，低壓排放蒸汽可以傳送到烘缸群來應用。

分段式電子傳動系統，通常由一系列的 DC 馬達，各段可以獨立操作在需求的速度。各段基本的控制單元有馬達電源（例如閘流子，thyristor），速度回饋速度計及調整器等。

19.3　漿紙產業廢棄物處理及再利用

19.3.1 固體廢棄物處理流程

造紙產業 2016 年消費量為 4,208,389 噸，其中生產量為 3,937,591 噸，外銷量為 1,253,320 噸，進口量為 1,524,118 噸。生產量中以紙板為大宗佔 76.4%（3,009,502 噸）、紙張佔 23.6%（928,089 噸）。造紙原料耗用量為 4,555,277 噸，其中原生紙漿佔 21.2%（966,468 噸），廢紙漿佔 78.8%（3,588,809 噸）。廢紙漿中國內收集量為 2,880,000 噸（80.2%），進口量為 708,809 噸（19.8%）。出口量為 116,997 噸，佔國內收集量的 4.1%。廢紙漿主要進口國為美國 275,145 噸（38.8%），日本 239,979 噸（33.9%），其他地區 193,685 噸（27.3%）。廢紙漿進口類別以紙箱類佔了 97.3%（690,029 噸）、其他依序為牛皮紙類 0.7%（4,834 噸）、書報雜誌類 0.4%（2,708 噸）、脫墨紙類 0.4%（2,655 噸）、代漿紙類 0.2%（1,531 噸）、其他 1.0%（7,052 噸）（造紙公會 2017 統計資料）。

廢紙經由散漿機處理所產生的排渣說明如圖 19-5。典型造紙廠主要的固體廢棄物可概分為 4 類：(1) 製程排渣：重渣、重質排渣 (砂)、輕質排渣 (渣漿)、粗渣 (塑料片)、除繩器 (ragger)、鐵絲、脫墨排渣等；(2) 廢水處理場所產生的污泥：漿紙污泥 (R-0904)、有機污泥 (D-0901)、無機污泥 (D-0902) 等；(3) 汽電或鍋爐或焚化爐排渣：燃煤飛灰 (R1106)、燃煤底灰 (R1107)、焚化爐飛灰 (D1001)、集塵灰或其混合物 (D1099)、爐渣 (D1101)、重油灰渣 (D1102)、焚化爐底渣 (D1103)、飛灰或底渣混合物 (D1199)、其他等；(4) 生活廢棄物。

▲ 圖 19-5 廢紙經由散漿機處理所產生的排渣 (彭元興，2018)

典型工業用紙造紙廠固體廢棄物處理流程說明如圖 19-6，製漿重質廢棄物經由壓榨機脫水，再經人工篩選，不可燃及不可回收廢棄物，委外處理、金屬物回收販賣、可燃物則再經撕碎機進一步處理。製漿輕質廢棄物經螺旋壓榨機 (screw press) 處理，經撕碎機進一步處理，再經磁選後，製成衍生性燃料 (refuse derived fuel，RDF)，做為汽電共生廠替代燃料。廢鐵束 (ragger) 則經由粗破碎、細破碎處理，再經震動篩及風選處理，可燃物則送至撕碎機處理、金屬物回收販賣。初級污泥及生物污泥，經由濾帶式壓水機、螺旋壓榨機處理，做為汽電共生替代燃料。汽電共生廠的飛灰及底灰則送至水泥廠再利用。

19.3.2 工紙廠能資源整合

台灣工業用紙造紙廠的產量約佔總產量的 75%，為提升工紙廠的國際競爭力，歷經四十餘年的努力，目前已成功整合全廠能資源系統，說明如圖 19-7 及 19-8，達到可燃廢棄物零排放的製程。工紙廠能資源整合系統包括：

(1) 廢紙回收製造紙廠做為原料

(2) 製程排渣及污泥等固體廢棄物進一步分類處理，可燃廢棄物製成衍生性燃料，做為汽電共生廠替代燃料

(3) 用水系統回收再利用，達到單位用水量 3-7 噸水 / 噸紙的國際標竿。

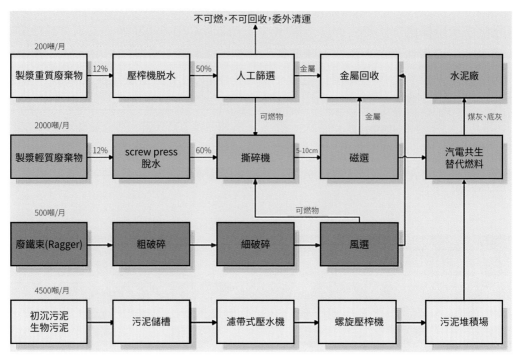

不可燃，不可回收，委外清運

| 200噸/月 | | | | |
製漿重質廢棄物 →12%→ 壓榨機脫水 →50%→ 人工篩選 →金屬→ 金屬回收 ‖ 水泥廠

| 2000噸/月 | | | | 可燃物 | | 金屬 | | 煤灰、底灰 |
製漿輕質廢棄物 →12%→ screw press 脫水 →60%→ 撕碎機 →5-10cm→ 磁選 → 汽電共生替代燃料

| 500噸/月 |
廢鐵束(Ragger) → 粗破碎 → 細破碎 →可燃物→ 風選

| 4500噸/月 |
初沉污泥 生物污泥 → 污泥儲槽 → 濾帶式壓水機 → 螺旋壓榨機 → 污泥堆積場

▲ 圖 19-6 工業用紙造紙廠固體廢棄物處理流程案例〔彭元興，2018〕

19.4 紙張性質分析及檢測

19.4.1 紙張的規格及品質標準

紙的規格 (specifications) 及品質標準 (quality standards)，係依據紙的用途而決定。紙雖然名目繁多，種類複雜，但每種紙都有其特定的用途。生產時必須有其預定的目標，目標決定後，方可依據目標的特性，擬定品質標準，在生產時加以管制。

擬定品質標準時，既要考慮周到，又要符合實用。例如生產帳簿用紙時，目標特性有：(1) 要不化水，(2) 要耐橡皮擦的摩擦，(3) 字跡不可透過反面，(4) 要翻閱單張紙需容易揭開，也不會捲邊等。而白度不需過高，過高的白度會刺眼。同時也不能過份光滑，紙面太光滑，寫字不方便。於於這些應用特性，故應規定：(1) 抗水度、(2) 耐摩強度、(3) 不透明度、(4) 剛挺度、(5) 白度、(6) 平滑度等。又由於帳簿需長年保存及翻閱，故也需具有良好的 (7) 抗張強度、(8) 撕裂強度、(9) 破裂強度等。這些規定就是帳簿用紙的品質標準。

紙除需規定品質標準外，尚需在度、量、衡各方面的規定，例如：基重、尺寸、厚度、

密度、水份、包裝方法等，有時甚至需規定生產此種紙所用的紙漿種類，這些規定稱為規格。紙的品質標準與規格，合稱為紙類標準 (paper standards)。

標準檢驗局職司國家標準的制定、修訂、廢止、確認等業務。其所製訂的紙業標準中，均會明列：(1) 適用範圍、(2) 原料、(3) 尺度、(4) 基重、(5) 品質、(6) 檢驗法等。至民國九十九年七月為止，共有紙業標準 199 種，其中一般 (尺度、名詞等)6 種、紙類標準 63 種、檢驗法 130 種。有關紙業國家標準，請至國家標準局網站查閱 http://www.cnsonline.com.tw/index.html。

19.5　練習題

① 請說明從森林到製漿到造紙的流程圖。
② 請說明牛皮漿 (硫酸鹽法) 漿紙一貫廠製造流程圖
③ 請說明抄紙機主要的單元。
④ 請說明工業用紙造紙廠固體廢棄物典型處理流程。
⑤ 請說明紙張的規格。

延伸閱讀 / 參考書目

🌲 台灣區造紙工業同業公會 (2007) 台灣造紙六十年。

🌲 蔡東和 (2017) 造紙業廢棄物循環利用及能源回收，環境工程會刊。

🌲 榮成紙業網站 (2018) https://www.longchenpaper.com/main_index_ch.asp。

🌲 Smook G.A., (2016) Handbook for Pulp and Paper Technologists, 4th ed., TAPPI & CPPA.

20.1　木竹生質能源之定義

生質能的應用由來已久，鑽木取火是最原始的應用方式之一，生質物 (biomass) 早期的利用技術在廿世紀前是作為熱利用 (烹煮)、食物及飼料等用途，廿世紀晚期已擴大至發電利用及運輸燃料之製備。2000 年以後，因石油日益短缺與價格上揚，以及氣候變遷等環境因素之影響，生質物的利用技術更已擴大至化學品的製備，範圍相當廣泛 (吳耿東，2008)。

生質能源 (biomass energy 或 bioenergy) 的基本觀念來自利用過程的二氧化碳淨排放被視為零；當植物行光合作用，吸收陽光、二氧化碳及水分後，產生氧氣，並促進了植物的生長；而後再將植物取之作為燃料，在產生能源利用的過程中，其所釋放之二氧化碳再回到大氣中，形成一沒有增加二氧化碳淨排放的循環，因此，生質能被列為再生能源的一種 (吳耿東，2008)。根據國際能源總署 (International Energy Agency，IEA) 最新統計資料顯示，目前生質能為全球第四大能源，僅次於石油、煤及天然氣，供應全球約 9.7% 的初級能源 (primary energy) 需求，為目前最廣泛使用的一種再生能源，約佔世界所有再生能源應用的 71% 左右 (IEA, 2017)，也顯現其重要性。

依據行政院「再生能源發展條例」第 3 條第 2 款的定義，生質能為「農林植物、沼氣及國內有機廢棄物直接利用或經處理所產生之能源。」簡言之，亦即將生質物轉換為可作為熱、電、運輸燃料之可用能源，稱之為「生質能」(吳耿東，2014)。上述經轉換為生質能源的生質物則泛指由生物產生的有機物質，例如木材與林業廢棄物如木屑等；農作物與農業廢棄物如黃豆、玉米、稻殼、蔗渣等；畜牧業廢棄物如動物屍體、廢水處理所產生的沼氣；都市垃圾 (即一般廢棄物) 與垃圾掩埋場與下水道污泥處理廠所產生的沼氣；工業有機廢棄物 (即一般事業廢棄物) 如有機污泥、廢紙、黑液等，皆屬生質物 (吳耿東、李宏台，2004)。

一般取之於森林，作為燃料的木質生質物 (woody biomass) 可區分為能源森林 (energy forest) 與森林生質物 (forest biomass) 兩大類 (R^ser et al., 2008)。能源森林係指快速生長、短輪伐期 (約 2-5 年) 的樹種，如白楊 (poplar)、柳樹 (willow)、桉樹 (eucalyptus) 等，專供燃料利用，以產生熱電供住家或工廠使用；森林生質物則可分為作為烹煮或熱利用之傳統薪材 (traditional firewood)，以及林地砍伐後的樹木枝條等初級剩餘資材 (primary residues)；木材廠製材或家具廠製作家具所剩之下腳料或木屑、木粉等二級剩餘資材 (secondary residues)；無法再使用之廢棄家具或廢建材等三級剩餘資材 (tertiary residues)。

此外，依據近年的統計分析，每年我國可供生質能源利用之剩餘資材計有林木剩餘資材 312 公噸、竹林剩餘資材 53,198 公噸、果樹剪定枝 256,732 公噸、漂流雜木 10,688 公噸，雜糧作物剩餘資材 259,591 公噸，合計共 580,521 公噸，占約 39.5%；其餘 60.5% 為稻草及稻殼，計有 695,256 公噸 (錢建嵩，2011)。

一般生質物在轉換為生質能源前，都會進行元素分析 (ultimate analysis)、近似分析 (或稱工業分析)(proximate analysis)，以及熱值 (heating value) 分析；元素分析及近似分析以重量百分比為單位 (wt.%)，熱值以單位重量所含之燃燒熱為單位 (MJ/kg 或 kcal/kg)，必要時亦會進行生質物的金屬成份或灰分的金屬氧化物成分分析。木竹生質物一般主要由纖維素、半纖維素和木質素組成，主要包含的組成元素為 C、H 及 O，另外亦含還有 N、S 及 Cl 等其它元素。不同生質物內其組成元素比例皆有所不同，因此需藉由元素分析所得元素組成比例。近似分析則包括水分 (moisture)、揮發成分 (volatile matter)、固定碳 (fixed carbon) 和灰分 (ash)，根據不同的近似分析結果，可讓燃料之使用者進一步判斷燃料的優劣以及其使用條件。

木竹生質物的水分即原料的含水率，揮發成分為經熱解所產生的氣態產物 (gases & vapors)、固定碳是生質物無法揮發的部分，灰分則為燃燒後所殘餘的無機成分。生質物的熱值一般分為高熱值 (higher heating value，HHV) 及低熱值 (lower heating value，LHV)，兩者之差為水分的蒸發潛熱 (latent heat of vaporization)；在實際應用時，通常以低熱值作為計算標準，但一般偵測熱值的熱卡計 (calorimeter)，其所量測熱值為高熱值，因此需進行計算轉換。

近似分析通常有幾個量測的基準，如收到基 (as received base)，註記為「ar」，即包含水分、揮發分、固定碳和灰分 (ash)，但因水分會隨環境溫度而有所變

化，因此大部分的分析會採用乾基 (dry base)，常註記為「dry」或「db」、「d」，即扣除水分後之揮發成分、固定碳和灰分的總合。另外，乾燥無灰基 (dry and ash free)，註記為「daf」，即僅含揮發成分及固定碳，通常就是乾基的元素組成。

20.3 木竹生質物之前處理技術

木竹生質物及其廢棄物之料源多樣複雜，且具高含水率、低熱值等特性，造成儲存與運輸不便，以及能源效率不佳等問題。為提昇生質物之燃料特性，增加能源效率，生質物需先進行前處理 (吳耿東，2014)。常見的木竹生質物前處理技術主要包括造粒 (pelletization)、焙燒 (torrefaction) 及炭化 (carbonization) 等。

造粒技術係以木竹生質材料為主要原料，通常係利用專屬的能源作物 (energy crop)，或木材廠的鋸木屑或木粉或其他木材廢料，經破碎及粉碎後，再經造粒機壓製而成一圓柱形式之緻密性生質燃料，即木質顆粒 (wood pellet)，可作為生產熱電的工業鍋爐燃料，或供家用供暖鍋爐之用。木質顆粒一般的尺寸範圍為直徑約 6.35-7.25 mm，長度小於 2.5 cm，單位比重為 1-1.4 g/cm^3；除顆粒形狀外，亦有廠商透過壓鑄生產塊狀 (briquettes) 產品 (林裕仁，2009)。木質造粒前的木質粉末原料通常會先調濕至含水率約 12% 左右，即可直接送至造粒機進行成型，一般不需添加其他黏著成

分，這是因為木質材料本身所含的木質素即具有黏合的作用。目前國際訂有不同之木質顆粒標準，亦有通用之標準，即 ISO 17225-2，其品質規範包括密度 (density)、顆粒尺寸 (dimensions)、細粒料量 (fines)、含水率 (moisture)、熱值、氯含量、、灰分含量及金屬含量等基本性質，檢驗項目則依各國之規範有所差異 (林裕仁，2009)；國內的木質顆粒燃料標準則正在草擬之中，預期在 2019 年可望通過實施。

焙燒則為將木竹生質物轉換成高品質固態燃料的熱化學前處理技術，係在常壓缺氧條件下進行溫和熱解反應，主要反應溫度約在 200-350°C 之間，持溫時間大約在 30 分鐘至 1 小時左右。與原料的性質比較，焙燒可大幅提昇其燃料品質，焙燒後產物的碳含量、灰分、熱值及哈氏可磨性指數 (Hardgrove Grindability Index, HGI)(指煤炭或生質物磨碎成粉的難易程度，當 HGI 值越高時，材料越容易研磨) 皆隨焙燒反應溫度及滯留時間的增加而上升；但氫及氧含量、含水率、

揮發分，以及固態焙燒物產率則是隨著焙燒反應溫度與滯留時間的增加而下降（蔡佳儒、吳耿東，2012）。

整體而言，生質物焙燒後的產物包括固態、氣態和液態三種，但主要以固態之焙燒生質物（torrefied biomass）為主，佔約80% 左右。在固態方面，組成中包含了原來的糖類結構、反應產物所聚合成的結構、焦炭（char）以及灰分等；氣態產物則是主要包含了 CO_2、CO、微量的 CH_4、H_2 氣體以及一些分子量較小的芳香族成分。由揮發物所冷凝下來的液態產物中，水分為熱處理中分解脫水後所得，而有機物則是在去揮發作用與炭化作用時形成（蔡佳儒、吳耿東，2012）。

由於台灣目前的大型燃煤發電廠大部分為粉煤（pulverized coal）鍋爐，無法直接固體木竹生質物進行混燒（co-firing），因此需先將生質物進行焙燒，再研磨後與粉煤摻配混合進料。一般而言，亞煙煤（Sub-bituminous coal）的 HGI 值約為50，這也是磨煤機可接受的值，因此若焙燒生質物的 HGI 可達一般煤炭的標準，則不需另設專屬的焙燒物研磨機，即可與煤炭一起摻配在磨煤機內進行研磨，不需對鍋爐進行任何改裝，亦不會增加設備成本。

炭化（carbonization）係生產木炭（charcoal）的程序，以木竹生質物為原料，在常壓缺氧的環境下進行熱解反應，主要反應溫

度約在 500-600℃之間，持溫時間需在大約在 1 小時至數天左右，其主要的固態木炭產品約占 1/3，氣態和液態產物亦各占 1/3，性質與焙燒程序之氣態和液態產物相似。近年來，木炭亦可供作生物炭 (biochar) 使用，與土壤摻配，作為土壤改良材料，具有復育土壤、促進作物生長及固碳之效果。根據國際生物碳倡議組織 (International Biochar Initiative, IBI) 所採用的定義中，作為農業資材之生物炭為一種纖細且具有多孔性結構的顆粒，外觀與一般燃燒所產生之木炭類似，並且由生質物在反應溫度小於 700℃並於密閉空間中，限制氧氣的狀況下加熱分解所產生的固態物質，而這些物質必需要有目的地應用在農業土壤以及環境保護上，即可稱為生物炭 (Lehmann and Joseph, 2009；蔡佳儒、吳耿東，2016)。

生物炭的原料範圍分布相當的廣泛，例如木材碎屑、稻稈、椰子殼、稻殼等生質物，目前大多利用農業廢棄物作為原料以降低成本。但現階段國際間未並開發專門生產生物炭之商業化設備，因此生物炭的來源大都由生質物的熱化學能源轉換設備取得，但這些設備在不同操作程序，以及不同的反應溫度及持溫時間下，其所得之固態生物炭、液態焦油及氣態產物之比例均有很大的差異 (吳耿東等，2011)。

目前大部分用於農田或進行研究之生物炭大都來自生質物裂解 (pyrolysis) 設備的副產物，主要原因係其操作溫度較高，生物炭的產量較多、品質佳，且屬粉末狀，較易利用；而經炭化製程所生產的木炭，要添加於土壤前需先行破碎，且木炭是炭化程序的主要產品，供作燃料之用 (烹煮用居多)，價格較貴，用於土壤會增加種植成本。此外，新近發展的生質物焙燒技術，雖可作為農業廢棄物之前處理技術，以供能源利用，但其操作溫度較低，生物炭的品質較差，並不太適合供土壤添加使用 (蔡佳儒、吳耿東，2016)。因此，若能開發專供土壤添加用生物炭的生產設備，則除可生產生物炭為其主產品外，其液體副產物，即高酸性之酢液、木竹餾油則可收集，成為綠色化學品，作為促進植物生長、防除雜草、消臭、殺菌、防霉、防蟲、醫藥等環保、農業、醫療之用；至於產出之氣體副產物也可回收作為能源之用。

木竹生質物之生質熱化學轉換技術，主要包括直接燃燒 (combustion)、裂解 (pyrolysis 或稱液化 liquefaction)、氣化 (gasification) 程序等，而非如前處理技術，以提昇木竹生質物固態燃料品質為目標。熱化學轉換技術可將木質生質物轉換生成合成之生質燃油 (bio-oil) 或合成氣 (syngas)(如瓦斯)，可作為燃燒與發電設備之燃料，或可再精煉轉製為汽柴油或其他特用化學品 (fine chemicals)。

生質物直接燃燒為一種放熱的化學反應，會產出大量高溫煙氣 (二氧化碳及水)，可加熱排管中的冷水 (即進行熱交換) 成為高溫蒸汽，再進行熱利用 (如食品廠殺菌或供應暖氣)，或推動蒸汽引擎 / 渦輪進行發電利用，如現有的大型垃圾焚化廠，即以焚化垃圾進行發電 (吳耿東、李宏台，2007)。

裂解程序係指由木竹生質物經無氧熱裂解 (thermal pyrolysis) 製成的液態生質燃料。木竹生質物經過熱裂解化學反應會產生油氣，再經過冷凝後成為合成燃油與不可燃之氣體。此項技術之優點是以易於儲存運輸與使用的燃油為主要產品且系統容量不需太大即具經濟性等；其缺點則在於因需維持燃油的產率、裂解溫度不能太高 (約 300-500 ℃)、若原料中含有的重金屬與硫、氯等成分會部分留在產品油內，而限制了用途；同時若進料中雜質過多或成分複雜，會造成產品油的性質不穩定。因此，一般而言，組成較單純之料源，較適合作為裂解產製合成燃油之進料。現階段所發展的快速裂解技術則係在高溫、缺氧狀態下，快速加熱廢棄物，並快速冷凝其所產生的氣體，以獲得合成燃油，且其產品非僅限於能源產品，如可生產高附加價值的特用化學品。快速裂解的主要操作溫度略高於傳統裂解方法，約在 450℃ 至 600℃ 之間，持溫時間則小於一秒，由於快速升溫、迅速冷卻，避免二次裂解 (cracking)，因此可獲取最大液體產量，約達 75% 左右，另伴隨約 15% 的產氣及約 10% 的焦碳；而「最大液體產量」即可作為快速裂解的定義 (吳耿東，2008)。

在商業製程方面，加拿大 Dynamotive(達

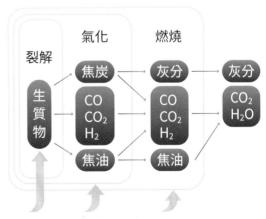

▲ 圖 20-1 生質物熱化學反應原理

茂）公司已於 2005 年 5 月建造全球第一座處理量每日 100 噸的商業化快速裂解產製生質燃油工廠，以木材製造廠 Erie Flooring 公司的木材廢料轉製成生質燃油，並供應驅動渦輪機發電的燃料，其發電量最高可達 2,500 kWe，並產製每小時 12,000 lb/hr 的蒸汽，除了供給 Erie Flooring 公司本身使用外，其餘電力則出售給安大略省 (Ontario) 的電力公司 (Barynin, 2007)。

氣化程序亦是一個古老的技術，始於 1669 年，係指在高溫下進行非催化性的部分氧化反應（亦即不完全燃燒），將含碳物質（如生質物／廢棄物或煤炭等）轉換成以一氧化碳、氫氣、甲烷等為主之氣態產物，稱之為合成氣，可作直接為鍋爐與發電機組之燃料，供應所需之蒸汽及電力，或再進行轉化成為液態燃油，或其他特用化學品等（吳耿東、李宏台，2001）。前述之「部分氧化」係指反應所需之空氣量（即含氧量）較其完全燃燒所需之計量 (stoichiometric) 空氣為少，因此氣化之最終之產物及其比例乃依不同之媒介與操作條件而有所不同，而進行非催化性部分氧化反應的介質一般為空氣、氧氣、氫氣、蒸汽、或上述之混合物等。但若空氣等值比為零，即在無氧加熱狀況下，即上述所稱之為裂解程序，但若送入過量的空氣，則為燃燒反應，其產物主要為二氧化碳及水蒸汽。圖 20-1 即為裂解、氣化、燃燒之熱化學反應原理的示意圖。

一般氣化反應的程序主要可分為四個階段（吳耿東、李宏台，2001；吳耿東，2010）。第一階段為乾燥反應，以蒸發反應物（即原料）所含之水氣，溫度約為 100-150°C；在此階段，反應物並未被分解。第二階段為裂解反應，係對反應物進行熱分解，溫度約為 150-700°C；會產生氣體、揮發性焦油 (tar) 或燃料油及焦碳 (char) 殘留物。第三階段為氧化反應 (oxidation)，即是對裂解產生之焦碳、焦油及氣體進行氣化或部分氧化，為一種燃燒的放熱 (exothermic) 反應，溫度約為 700-2,000°C。第四階段為還原反應 (reduction)，在缺氧的狀況下進行高溫的化學反應，但因是吸熱反應 (endothermic)，所以溫度較氧化反應階段為低，約為 800-1,100°C。此部分的熱源可以由氧化（燃燒）階段來提供。

木竹生質物氣化技術具有不少優點，包括可有效回收及利用廢棄物所蘊藏之能源；氣化爐爐體構造簡單，操作容易；進料彈性大，用途廣；所需空氣量較直接燃燒時少，除塵設備投資低；氮氧化物及二氧化碳產量少，較少污染；反應為部分氧化，剩餘氧量很少，可避免戴奧辛前驅物氯酚之產生（吳耿東、李宏台，2001）。另一方面，由於氣化過程中會產生焦油，而導致合成氣較難應用在直接發電上，也造成木竹生質物氣化全面商業化的進程緩慢，因此淨氣 (gas cleaning) 程序，或稱之為除焦 (tar removal) 程序成為氣化能否成功利用的

一大關鍵。生質物氣化所產生之焦油係指分子量大於苯 (C6H6，分子量為 78) 而存於合成氣中之碳氫化合物，雖然其熱值高，仍可適合作為直接混燒之鍋爐輔助燃料，但若合成氣欲直接作為燃氣引擎或燃氣渦輪機之燃料，則不能含有過量之焦油。因此，現階段全球在木竹生質物的氣化利用上，係以氣化混燒 (co-firing) 發電為主要發展目標之一 (Kwant and Knoef, 2002)，亦即先將木竹生質物進行氣化，將其產生之合成氣送入燃煤 (油、氣) 鍋爐內作為輔助燃料進行燃燒或發電。位於芬蘭拉第 (Lahti) 的 138 MWe 的粉煤鍋爐發電廠內，就建有一座 70 MWth 生質物氣化爐，即是採用氣化混燒方式，將合成氣注入粉煤鍋爐中，為目前全球生質物氣化發展中最為成功者。

表 20-1 為木竹生質物熱化學轉換技術操作條件與產物一覽表 (吳耿東等，2012)，包括焙燒及炭化之前處理技術。

表 20-1 木竹生質物熱化學轉換技術操作條件與產物一覽表

熱轉換技術	操作條件			產物		
	需氧量	溫度	停滯時間	液體	固體	氣體
焙燒	0%	200-350°C	0.5-2 hr	10%	85%	5%
炭化	0%	400-600°C	1 hr - 數天	30%	35%	35%
裂解	0%	~ 500°C	~ 10-20 s	50%	20%	30%
快速裂解	0%	~ 500°C	~ 1-2 s	75%	12%	13%
氣化	15-40%	800-1,000°C	~ 1-2 s	5%	10%	85%
燃燒	120-150%	800-1,200°C	~ 1-2 s	水分	灰分	CO₂

20.5 木竹生質物之生物化學轉化技術

生物化學 (biochemical) 轉換技術係指將生質物以生物方法，即利用微生物，來將生質物轉換為可利用之能源，現階段以生物化學技術所產生的能源產品，除大都作為熱電利用的沼氣 (biogas) 外，以運輸用之液態生質燃料，如酒精及生質柴油為大宗，其主要核心技術為醱酵。

依據我國「酒精汽油與生質柴油及廢棄物回收產生石油等再生能源生產業產銷管理辦法」(經濟部，2004) 的定義，「酒精汽油」(gasohol) 為以醇類混合汽油作為燃料者 (供汽車使用)，「生質柴油」為以動植物油或廢食用油脂，經轉化技術後所產生之酯類，直接使用或混合柴

油使用作為燃料者（供柴油車或柴油發電機使用）。100 vol% 純生質柴油稱之為 B100，20 vol% 生質柴油混合 80 vol% 市售柴油的燃料稱之為 B20。

現行全球的生質柴油商業化製程以鹼製程為主，乃利用油脂作物或廢食用油與甲醇進行轉酯化反應（transesterification）（非生物轉換技術），經由鹼或酸催化，可產生脂肪酸甲酯（fatty acid methyl ester，FAME）及甘油（glycerin）等產物；而經分離甘油後之上層油層，以蒸餾去除未反應完全之油脂，產生與一般柴油品質相當之液態燃料，即為生質柴油；其中觸媒一般皆使用氫氧化鈉（吳耿東，2008）。產製酒精則是人類相當古老的技術，人類最早的釀酒歷史可溯自距今 9,000 年前位於河南省漯河市舞陽縣的新石器時代賈湖遺址（McGovern et al., 2004），這裡也是世界上發現最早的種稻遺跡，而今日世界製備可摻配汽油作為燃料的生質酒精仍是利用糖質（如甘蔗與甜菜等）或澱粉作物（如甘藷、稻米、甜高粱、玉米與木薯等）經醱酵程序產製而成。

上述大量製備生質燃油的商用原料係以糧食作物為主，易造成糧食短缺、價格上漲之虞，另一方面，雨林也會因開墾種植能源作物而遭受破壞，因此，全球增加生質燃料的利用已造成「奪糧毀地」之效應。為解決前述問題，未來以非糧食作物為料源製備生質燃料將會成為趨勢，第二代生質燃料的概念即奠基於此，而「不與人爭糧、不與糧爭地」則是發展生質燃料的最高指導原則（吳耿東，2008）。為因應未來生質燃料之需求目標，以價格低廉、含豐富纖維素的非糧食作物或農林廢棄物（如麥桿、蔗渣、玉米桿、玉米穗軸、稻殼、稻草、芒草、牧草、木屑等）作為原料的第二代生質燃料技術受到矚目，特別是纖維素酒精（cellulosic ethanol）的發展技術，雖然在技術上已可利用稻草等農林廢棄物或牧草等料源所提取之纖維素進行製造，但因成本仍高，仍有不少障礙極待克服，主要在於木竹生質物本身具有難撓性（recalcitrant）直接以生物方法分離纖維素／半纖維素與木質素不易；且再經酵素水解或直接微生物轉化，即糖化（saccharification）程序所產生的五碳糖及六碳糖之混合物，也不易分離，要再同步醱酵轉化為酒精，不僅難度高，而且產率也低，距完全商業化上市的目標仍尚有一段距離。

除以生物化學轉化技術製備纖維素酒精外，熱化學轉換技術亦可合成運輸用生質燃料，例如先將含纖維素之木竹生質物或農林廢棄物，以氣化方式將之「切

成」碳、氫之小分子，如氫氣、一氧化碳等，再加以「接合」成長鏈碳氫之液態燃料，例如以費托 (Fisch-Tropsch，F-T) 合成程序產製生質柴油，但後者往往需要觸媒在高溫高壓下進行催化反應，目前因合成氣中的氫氣與一氧化碳比例調控不易，亦尚未有商業化工廠出現。

20.6　木竹生質物之生物精煉概念

為能更有效利用生質能，近年來生物精煉 (biorefineries) 的概念即被提出作為可發揮生質能最大潛力的整合型技術。所謂的生物精煉係指透過一個整合生質能轉換製程技術與設備來製備生質熱電、生質燃料及生質化學品，其概念與現行之石油精煉 (oil refinery) 大致相同，如圖 20-2 所示 (吳耿東，2008)，亦即現代的生質物「煉油」不是鑽油井，而是種出能源作物，使所製備之產品符合永續之發展觀念，而其產品亦不再只侷限於生質燃料之製備，可以與整個石化工業等量齊觀，在同時製備生質熱電、生質燃料及生質化學品，才較容易達到經濟規模，而具經濟效益 (吳耿東，2008)。

美國國家再生能源實驗室 (NREL) 在生物精煉的技術開發上定義了兩個重要技術平台，包括以生物化學轉換技術為主的糖質平台 (sugar platform) 以及以熱化學轉換技術為主的合成氣平台 (syngas platform)，即以氣化技術為發展主軸的平台 (OBP, 2008)。因此，前述製備第二代生質燃料可運用生物精煉的概念，整合生化程序及熱化學程序，使其發揮最

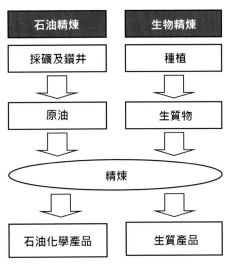

▲ 圖 20-2 石油精煉製與生物精煉之比較 (吳耿東，2008)

大之效益 (吳耿東，2008)。

與目前其他再生能源比較，生質能具有的優勢包括技術較成熟有商業化運轉能力；經濟效益較高，因使用農林廢棄物的生質能，更兼具處理農林廢棄物與回收能源的雙重效益；生質能可利用傳統能源供應架構，例如生質柴油可與市售柴油混合使用，氣化系統可與汽電共生或複循環發電系統結合。因此，將生質物轉化為類似煤、油、天然氣的衍生燃料，易於儲運並可擴大應用範圍，提高

能源效率，降低污染，同時可與資源回收再利用系統結合，並節省農林廢棄物處理成本，使生質能技術極具市場競爭力，但其應用的成功與否仍有賴料源供應、產品品質以及成本三個支柱才能架構起通往成功應用生質能之路（吳耿東，2008）。

美國前能源部部長 Samuel Bodman 在2005年於華盛頓所舉行之第一屆國際生物精煉研習會開幕致詞，提及有關發展生物精煉技術之優勢，即減少不必要之廢棄物、創造新工作及新產業、活絡鄉村經濟、開創附加價值產品、減少對化石燃料之低賴，並降低溫室氣體排放（Bodman, 2005），恰可作為發展生質能應用的指標。特別是最後兩點，也是發展生質能之最重要之目標。生質能是一種永續經營的理念，並非僅以處理為出發點，而是將生質物資源化與能源化，作最有效的利用，兼具能源與環保與經濟三重貢獻，可在政府適度的推動再生能源措施下，由民間業者投資經營，形成一完整的體系，可提昇國內發電容量，也對能源幾乎全仰賴進口的我國有極大的助益，為台灣永續發展建立良好的基礎（吳耿東，2008）。

20.7 練習題

① 依據我國再生能源發展條例第三條，生質能的定義為何？
② 請敘述生質物工業分析的內容及其定義。
③ 請描述生質物氣化與裂解程序之定義，並比較其差異。

📖 延伸閱讀／參考書目

🌲 吳耿東（2008）認識生質能源，物理雙月刊 30(4)：377-388。

🌲 吳耿東（2010）生質物熱化學轉換製氫技術，化工技術 205: 78-82。

🌲 吳耿東（2014）4.6 生質能，C4 能源技術 II（非化石能源），K-12 能源科技教育種子教師培訓教材（進階版），教育部能源科技人才培育計畫，能源科技教育師資培訓中心，中壢。

🌲 吳耿東、李宏台（2001）廢棄物氣化技術，工程月刊 74(4)：85-96。

🌲 吳耿東、李宏台（2004）生質能源 -- 化腐朽為能源，科學發展月刊 383：20-27。

🌲 吳耿東、李宏台（2007）全球生質能源應用現況與未來展望，林業研究專訊 77: 5-9。

🌲 吳耿東、楊凱成、胡博誠（2011）流體化床氣化技術，化工技術 221: 126- 137。

♠ 林裕仁 (2009) 生質能源利用新寵兒—木質顆粒，林業研究專訊 16(6): 17-19。

♠ 經濟部 (2004) 酒精汽油與生質柴油及廢棄物回收產生石油等再生能源生產業產銷管理辦法，民國 93 年 07 月 28 日修正，經濟部，台北。

♠ 蔡佳儒、吳耿東 (2012) 生質物焙燒暨其應用技術，台電工程月刊 765: 19-26。

♠ 蔡佳儒、吳耿東 (2016) 臺灣農業廢棄物製備生物炭之未來與展望，農業生技產業季刊 46: 24-28。

♠ 錢建嵩 (2011) 我國農林廢棄物料源潛力，我國垃圾焚化爐轉型為地區生質能源中心之生質物能源及資源應用發展專家諮詢研討會，臺北。

♠ Barynin, J. (2007) Evolution of Energy-Biomass to Bio-oil, Thermal Net Newsletter, Issue 4: 2.

♠ Berndes, G. (2001) Biomass in the energy system resource requirements and competition for land. Diss: Department of Physical Resource Theory, Chalmers

♠ University of Technology and Gothenburg University, Gothenburg, P150.

♠ Bodman, S. (2005) Opening Remarks, 1st International Biorefinery Workshop Washington, DC.

♠ International Energy Agency (IEA) (2017) Renewables Information 2017, IEA, Paris.

♠ Kwant, K. W. and H. Knoef (2002) Status of Gasification in Countries Participating in the IEA Bioenergy Gasification and GasNet Activity, IEA Bioenergy.

♠ Lehmann, J. and Joseph, S. (2009) Chapter 1: Biochar for environmental management: An Introduction. In: Lehmann, J. andJoseph, S. (eds.), Biochar for Environmental Management: Science and Technology. Earthscan Publications Ltd., UK. P1-9.

♠ McGovern, P. E., J. Zhang, J. Tang, Z. Zhang, G. R. Hall, R. A. Moreau, A. Nuñez, E. D. Butrym, M. P. Richards, C.-S. Wang, G. Cheng , Z. Zhao, and C, Wang (2004) Fermented Beverages of Pre- and Proto-historic China, Proceedings of the National Academy of Sciences, 101(51): 17593-17598.

♠ Office of the Biomass Program (OBP) (2008) Biomass Multi-Year Program Plan, DOE, US.

♠ Röser, D., Asikainen, A., Raulund-Rasmussen, K., Stupak, I. (Eds.) (2008) Sustainable Use of Forest Biomass for Energy - A Synthesis with Focus on the Baltic and Nordic Region, P261.

林業實務專業叢書

林產利用

國家圖書館出版品預行編目 (CIP) 資料

林產利用 = Forest Products Utilization / 王松永,
卓志隆, 劉正字, 李文昭, 盧崑宗, 陳奕君, 葉民權,
楊德新, 蘇文清, 蔡明哲, 林振榮, 吳志鴻, 彭元興,
吳耿東撰稿. -- 初版. -- 臺北市 : 行政院農業委員會
林務局, 民111.03
308 面 ; 19x26 公分. -- (林業實務專業叢書)
ISBN 978-986-5455-49-1(平裝)

1.CST: 林產利用

436   110012402

總 編 輯	黃裕星
主 編	王松永、楊德新
撰 稿	王松永、卓志隆、劉正字、李文昭、盧崑宗、陳奕君、葉民權、 楊德新、蘇文清、蔡明哲、林振榮、吳志鴻、彭元興、吳耿東、
審 稿	王松永、卓志隆、劉正字、李文昭、楊德新
編審單位	中華林學會 (本書各章節圖表由撰稿人引自參考書目或撰稿人授權提供)
出版機關	行政院農業委員會林務局 10050 台北市中正區杭州南路一段 2 號 Tel: 886-2-2351-5441
網 址	https://www.forest.gov.tw
印刷設計	碼非創意企業有限公司
展 售 處	國家書店　10455 台北市松江路 209 號 1 樓 (02)2518-0207 五南文化廣場　40042 台中市中區中山路 6 號
出版日期	中華民國 111 年 3 月　初版
I S B N	978-986-5455-49-1
G P N	1011100246